一点通系列丛书

焊工实训一点通

裘荣鹏　武　丹　马春峰　魏文逸　编著

机 械 工 业 出 版 社

本书在《中华人民共和国职业技能鉴定规范（考核大纲）：电焊工》、国家最新“学历证书+若干职业技能等级证书”（简称 1+X 证书）以及《特殊焊接技术职业技能等级标准》考核要求的基础上，结合企业实际岗位需求，详细介绍了焊工安全，以及焊条电弧焊、CO_2 气体保护焊、手工钨极氩弧焊、埋弧焊、气焊与气割的操作技巧等内容。

本书可作为焊工技能鉴定的培训教材，也可供技校、职高、中职、高职等焊接专业的师生参考。

图书在版编目（CIP）数据

焊工实训一点通/裘荣鹏等编著. —北京：机械工业出版社，2021.9

（一点通系列丛书）

ISBN 978-7-111-68748-1

Ⅰ.①焊…　Ⅱ.①裘…　Ⅲ.①焊接-教材　Ⅳ.①TG4

中国版本图书馆 CIP 数据核字（2021）第 144817 号

机械工业出版社（北京市百万庄大街 22 号　邮政编码 100037）
策划编辑：吕德齐　责任编辑：吕德齐　章承林
责任校对：梁　静　责任印制：常天培
天津嘉恒印务有限公司印刷
2021 年 10 月第 1 版第 1 次印刷
169mm×239mm · 13.75 印张 · 280 千字
0001—2500 册
标准书号：ISBN 978-7-111-68748-1
定价：55.00 元

电话服务　　　　　　　　　网络服务
客服电话：010-88361066　　机　工　官　网：www.cmpbook.com
　　　　　010-88379833　　机　工　官　博：weibo.com/cmp1952
　　　　　010-68326294　　金　书　网：www.golden-book.com
封底无防伪标均为盗版　　　机工教育服务网：www.cmpedu.com

前　言

焊工是一个在机械制造和机械加工行业中的特殊工作岗位。为提高焊工的理论水平和实际操作水平，保证焊接质量，焊工培训至关重要。本书正是为满足企业相关技术工人岗位培训和技校、中职、高职在校学生技能鉴定、职业技能等级证书考证的需要，在《中华人民共和国职业技能鉴定规范（考核大纲）：电焊工》、国家最新 1+X 证书以及《特殊焊接技术职业技能等级标准》考核要求的基础上，结合企业实际岗位需求编写而成。

本书的特点是：针对不同的焊接方法，结合焊接过程，从焊前准备、焊前清理、焊接参数的确定、焊接过程、焊接质量要求等方面分别进行了详细讲解，按照项目式任务驱动的方式进行编排；重点内容以图文并茂的形式进行表述，既注重理论知识的讲解，又与实际应用相结合，具有较强的实用性和可操作性。

本书中项目一由辽宁装备制造职业技术学院裘荣鹏编写，项目二由沈阳理工大学马春峰编写，项目三~五由沈阳理工大学武丹编写，项目六由辽宁装备制造职业技术学院魏文逸编写。全书由裘荣鹏统稿。

由于编者水平有限，漏误之处在所难免，恳请读者批评指正。

作　者

目 录

焊工安全

焊工在焊接作业过程中会经常遇到下列情况：接触电气装置，更换焊条时手直接接触焊条，站在金属工件上进行操作等；在工作过程中还会时常伴随一些金属蒸气、有害气体、烟尘、电弧光辐射等不良因素。如果焊接工人在工作时不懂得、不遵守操作规程，就可能引起触电、灼伤、中毒等事故。因此，不但要从思想上重视安全生产，更要了解安全生产的规章制度，熟悉并掌握安全生产的有效措施，从而可以有效避免和杜绝事故的发生。焊工工作现场如图 1-1 所示。

图 1-1　焊工工作现场

任务一　安全文明生产

一、防止触电

1. 电流对人体的伤害形式

电流对人体的伤害有三种形式，即电击、电伤和电磁场生理伤害。其中，电击是指电流通过人体，破坏人的心脏、肺及神经系统的正常工作。电伤是指电流的热效应、化学效应或机械效应对人体的伤害，主要是指电弧烧伤、熔化金属溅出烫伤等。电磁场生理伤害是指在高频电磁场的作用下，使人出现头晕、乏力、记忆力减退、失眠多梦等神经系统受损的症状。生活中，电流导致人伤亡的原因最为常见的就是电击，如图 1-2 所示。

在电压达到 1000V 时，所产生的电流会引起人的心室颤动而引发触电死亡。

心脏类似一个促使血液循环的泵，当有外部电流通过心脏时，原有心脏系统的正常工作受到破坏，由正常跳动变为每分钟数百次以上细微的颤动。这种细微颤动足以使心脏不能再压送血液，导致血液循环终止，大脑缺氧发生窒息死亡。

图 1-2　焊工触电示意图

焊接作业触电事故的危险程度与诸多因素有关，有通过人体的电流大小、持续作用时间长短、电流流经人体的途径、电流的频率，以及人体的健康状况等。

1）检验触电的危险程度最主要的方面就是流经人体电流的大小。试验结果表明，人体在触及工频（50Hz）交流电后有麻痹的感觉，这时人体能自主摆脱电源的最大电流约为 1mA。当电流大小达到 20~25mA 则会产生麻痹和剧痛、呼吸困难等症状，随着流经人体的电流增大，致死的时间就会缩短。

尤其在夏季，人体多汗、皮肤潮湿或沾有水、皮肤有损伤、有导电粉尘时，人体电阻值（正常值为 1000Ω 以上）均会降低，极易发生触电伤亡事故。在没有救援的情况下，超过了摆脱电流人体就不能自主地摆脱电源，就会立即造成死亡。在我国就发生过 36V 电压电击死亡的事故，因此，在出汗多、空间潮湿并且狭小时，更要重视用电安全，采取针对性安全措施，预防焊接触电事故发生。

2）研究表明，电流经过人体持续时间越长，对人体危害越大，因此当触电事故发生时，迅速地将触电者与带电体脱离是尤为必要的。

3）电流通过人体的心肌、肺部和中枢神经系统的危险性相较其他部位要大很多。共有三个危险途径：一是最危险的，即从手到脚的电流途径，因为这条途径有较多的电流通过心脏、肺部和脊柱等重要器官；二是从一只手到另一只手的电流途径；三是从一只脚到另一只脚的电流途径。后两种还容易因剧烈痉挛而摔倒，若在高处作业，会导致电流通过全身而坠落、摔伤等较为严重的二次事故。

4）无论何种电流，如直流电流、高频电流、冲击电流，均对人体有伤害作用，相比而言直流电的危险性小于交流电。但是，通常我国电气设备都采用工频（50Hz）交流电，对人体来说是危险的频率。

5）人体的健康状况与触电的危险性有很大关系。凡患有心脏病、肺病和神经系统疾病的人，无论触电等级如何，都会产生极大的危险性。

2. 电击的形式

按照人体触及带电体的方式和电流通过人体的途径，电击可以分为下列几种情况：

（1）低压单相触电　大部分触电事故都是单相触电事故。即人体在地面或其他接地导体上，人体的某一部位触及一相带电体的触电事故。

（2）低压两相触电 该类型触电事故危害很大。即人体两处同时触及两相带电体的触电事故，这时人体受到的电压可高达220V或380V。

（3）跨步电压触电 在高压故障接地处或有大电流流过的接地装置附近，均可能出现较高的跨步电压。当带电体接地有电流流入地下时，电流在接地点周围土壤中产生电压降，人在接地点周围时，两脚之间出现的电压即为跨步电压。由此引起的触电事故称为跨步电压触电。

（4）高压电击 对于1000V以上的高压电气设备，当人体近距离接近它时，高压电能将空气击穿使电流通过人体，此时还伴有高温电弧，能把人烧伤。

3. 安全电压

通过人体的电流越大，致命危险性越大；电流在人体内持续时间越长，死亡的可能性越大。能使人感觉到的最小电流值称为感知电流，交流为1mA，直流为5mA；人触电后能自己摆脱的最大电流称为摆脱电流，交流为10mA，直流为50mA；在较短的时间内危及生命的电流称为致命电流，实践证明，电流超过50mA就会使人呼吸麻痹、心脏颤抖、发生昏迷，出现致命的电灼伤。在有触电保护装置的情况下，人体允许通过的电流一般可按30mA考虑。

通过人体的电流大小取决于外加电压高低和人体电阻大小，在一般情况下人体电阻可按1000～1500Ω考虑，在不利情况下人体电阻会降低到500～650Ω。不利情况是指皮肤出汗、身上带有导电性粉尘、加大与带电体的接触面积和压力等，这些都会降低人体电阻。通常流经人体的电流大小是不可能事先计算出来的，因此在确定安全条件时，一般不计安全电流而用安全电压表示，这个安全电压数值与工作环境有关，由于在不同环境条件下人体电阻相差很大，而电对人体的作用是以电流大小来衡量的，因此不同环境条件下的安全电压各不相同。

对于触电危险性较大但比较干燥的环境（如在锅炉里焊接，四周都是金属），人体电阻可按1000～1500Ω考虑，流经人体的允许电流可按30mA考虑，则安全电压为$30\times10^{-3}A\times(1000\sim1500)\Omega=30\sim45V$，我国规定为36V。凡危险及特别危险环境里的局部照明行灯、危险环境里的手提灯、危险及特别危险环境里的携带式电动工具，均应采用36V安全电压。

对于触电危险性较大而又潮湿的环境（如阴雨天在金属容器里的焊接），人体电阻应按650Ω考虑，则安全电压为$30\times10^{-3}A\times650\Omega=19.5V$。我国规定在潮湿、窄小而触电危险性较大的环境中，安全电压为12V。凡特别危险环境里以及在金属容器、矿井、隧道里的手提灯，均应采用12V安全电压。

对于在水下或其他由于触电会导致严重二次事故的环境，流经人体的电流应按不引起强烈痉挛的5mA考虑，则安全电压为$5\times10^{-3}A\times650\Omega=3V$。对此我国尚无规定，国际电工委员会规定为2.5V以下。安全电压能限制触电时通过人体的电流在较小的范围内，从而在一定程度上保障人身安全。

4. 工作环境

焊工需要在不同的工作环境内进行操作。按照触电的危险性，考虑工作环境，如潮气、粉尘、腐蚀性气体或蒸气、高温等条件的不同，工作环境可分为以下三类。

（1）普通环境　即触电危险性小的环境，这类环境一般应具备下列条件：

1）干燥（相对湿度不超过75%）。

2）无导电粉尘。

3）由木材、沥青或瓷砖等非导电材料铺设的地面。

4）金属占有系数，即金属物品所占面积与建筑物面积之比小于20%。

（2）危险环境　凡具有下列条件之一者，均属危险环境。

1）潮湿（相对湿度超过75%）。

2）有导电粉尘。

3）由泥、砖、湿木板、钢筋混凝土、金属或其他导电材料铺设的地面。

4）金属占有系数大于20%。

5）炎热、高温（平均温度经常超过30℃）。

6）人体接触导体又同时接触电气设备的金属外壳。

（3）特别危险环境　凡具有下列条件之一者，都属于特别危险环境。

1）特别潮湿（相对湿度接近100%）。

2）有腐蚀性气体、蒸气、煤气或游离物。

3）同时具有上述危险环境两个以上的条件。

化工厂的大多数车间、锅炉房，机械厂的铸造车间、电镀车间和酸洗车间等，以及焊接操作对象是容器、管道和金属构架时，均属于特别危险环境。

5. 发生焊接触电事故的原因

（1）人体触电的原因　焊接操作中的触电事故，往往是在下列防护不好的情况下发生的。

1）手或身体其他部位接触到焊条、焊钳或焊枪的带电部分时，脚或其他部位与地面或金属结构之间绝缘不好。在化工设备、管道内焊接和在阴雨潮湿的地方焊接时，容易发生此类触电事故。

2）手或身体其他部位碰到裸露而带电的接线头、接线柱、导线、极板及绝缘失效或破损的电线而触电。

3）弧焊变压器（也称弧焊机或焊机）的一次绕组与二次绕组之间的绝缘损坏时，手或身体其他部位碰到二次线路的裸导体，而同时二次线路缺乏接地或接零保护。

4）焊机外壳漏电，而外壳又缺乏良好的接地或接零保护，人体碰触焊机外壳而触电。

（2）焊机外壳漏电的原因

1）线圈受雨淋或潮湿导致绝缘损坏而漏电。

2）焊机由于经常超负荷使用或内部短路发热，导致绝缘性能降低而漏电。焊机的超负荷是指焊接工作频繁、持续时间过长，超过了规定的负载持续率；采用粗大焊条并长时间选用大电流焊接；二次线路短路或焊条与工件长时间频繁短路等。

3）焊机安装地点和方法不良，遭受振动、碰撞，使线圈或引线绝缘造成机械性损伤，同时破损的导线与铁心或外壳相连而漏电。

4）由于工作现场管理杂乱，致使金属物，如铁丝、铜钱、切削的铁屑或小铁管头等一端碰到线头，另一端与焊机外壳或铁心相连而漏电。

焊接安全

5）由于厂房管道、轨道、天车吊钩等金属结构物体搭接作为焊接电路回线（或导线）而发生触电事故。

二、焊接中的劳动卫生问题

焊接劳动卫生的主要研究对象是熔焊，其中明弧焊的劳动保护问题最大，埋弧焊、电渣焊的问题稍小。以下选取常见问题进行介绍：

1）焊条电弧焊、碳弧气刨和 CO_2 气体保护焊等的主要有害因素是焊接过程中产生的烟尘——电弧烟尘。特别是焊条电弧焊和碳弧气刨，如果长期在空间狭小的环境里（如锅炉、船舱、密闭容器和管道等）操作，若卫生防护不利，就会对呼吸系统等造成危害，严重时会患电焊尘肺。

2）有毒气体是 CO_2 气体保护焊和等离子弧焊的一种主要有害因素，浓度比较高时会引起中毒症状。电弧高温和弧光辐射作用于空气中的氧和氮可产生臭氧和氮氧化物。

3）弧光辐射是所有明弧焊共同具有的有害因素，由此引起的电光性眼炎是明弧焊的一种特殊职业病。弧光辐射还会伤害皮肤，使焊工患皮炎、红斑和小水泡等皮肤疾病；此外，还会损坏棉织纤维。

4）非熔化极电弧弧焊和等离子弧焊，由于焊机设置高频振荡器帮助引弧，因此存在有害的高频电磁场。高频振荡器工作时间较长时，会使焊工患神经系统和血液方面的病症。

5）由于使用钍钨极，钍是放射性物质，因此存在射线辐射（α、β 和 γ 射线），在钍钨极储存和磨尖的砂轮机周围，有可能造成放射性危害。

6）等离子弧喷涂和切割时，产生强烈噪声，若防护不好，可损伤焊工的听觉神经。

7）有色金属气焊时，熔融金属蒸发于空气中形成的氧化物烟尘和来自焊剂的毒性气体，也时刻危害着焊工的健康。

各种焊接工艺方法在施焊过程中，单一有害因素存在的可能性很小，除了各自不同的主要有害因素外，上述若干其他有害因素还会同时存在。当几种有害因素同时存在时，对人体的毒性作用倍增。

1. 弧光辐射

焊条电弧焊时，电弧温度高达3000℃以上，在这种温度下将产生大量紫外线，如图1-3所示。紫外线可分为长波、中波和短波三部分。长波波长为400～320nm，中波波长为320～280nm、短波波长为280～100nm。长波紫外线对全身的生物学作用，以及对眼睛的影响都比较弱，仅在某种程度上对结膜及水晶体有些作用。中、短波紫外线，主要被角膜、房水和水晶体吸收，波长为320～250nm的紫外线在结膜和角膜上起反应，特别是波长为280～265nm的紫外线，可大量被角膜与结膜上皮吸收，使组织分子改变其运动状态，从而产生急性的角膜炎、结膜炎，这种由电弧焊弧光辐射的紫外线所引起的角膜炎、结膜炎，就叫作电光性眼炎。

图1-3 紫外线弧光辐射

一般来说，电光性眼炎的损伤程度与照射时间和电流强度成正比，与眼睛到照射源的距离的平方成反比。例如，距离2m，受弧光照射20s，即可发生电光性眼炎；如果距离15m，则受弧光照射17min可发病。另外，也与弧光的投射角度有关。弧光与角膜成直角照射时的作用最大；反之，角度越偏斜，作用也就越小。

电光性眼炎发病有一段潜伏期。一般在受到紫外线照射后6～8h发病，如果照射量过大，可短至30min即发病，但潜伏期最长不超过24h。

电光性眼炎恢复后，一般无后遗症，但少数可并发角膜溃疡、角膜浸润以及角膜遗留色素沉着。

轻症早期仅有眼部异物感和不适。重症则有眼部烧灼感和剧痛、畏光、流泪、眼睑痉挛、视物模糊不清，有时伴有鼻塞、流涕症状。检查可发现眼睑充血水肿，结膜混合充血、水肿，瞳孔痉挛性缩小，眼睑和四周皮肤呈红色，可有水泡形成。角膜上皮有点状或片状剥脱。荧光素染色后可见角膜有弥漫性点状着色。

轻症患者，大部分症状在12～18h后可自行消退，1～2天内即可恢复。重症患者，病情持续时间较久，可长达3～5天。屡次重复照射，可引起慢性睑缘炎和结膜炎，甚至产生类似结节状角膜炎的角膜变性，使视力明显下降。个别情况还可影响视网膜。短暂而重复的紫外线照射，可产生累积作用，其结果与一次较久的照射类似。

2. 烟尘和有毒气体

在焊条电弧焊过程中，除了产生大量烟尘外，还同时逸散出大量烟气，其主要成分为氧化的金属气体，如二氧化锰、氧化铁、氧化铬等，高温下产生的氟化氢气体，以及由于伴随的碳元素燃烧和在强烈的紫外线照射下产生的一氧化碳、氮氧化物和臭氧等气体，如图 1-4 所示。在露天或在通风良好的场所进行焊接时，不致形成高浓度有害气体，而在通风不良的场所，如船舱、锅炉或罐内进行焊接操作时，若缺乏相应的防护措施，由于烟尘不易降落，而长期吸入含有锰的烟尘，会发生锰中毒。

图 1-4 焊接烟气

焊接污染

焊接清洁生产

电弧焊锰中毒是个缓慢过程。其潜伏期长，起病不易被察觉，可在接触锰后 3~5 年，甚至长达十余年才逐渐发病。这与劳动条件及焊工本人体质的敏感性有一定关系。

实践 焊接过程的防护

1. 操作准备

焊接工具和防护用品如图 1-5 所示。

a) 焊机

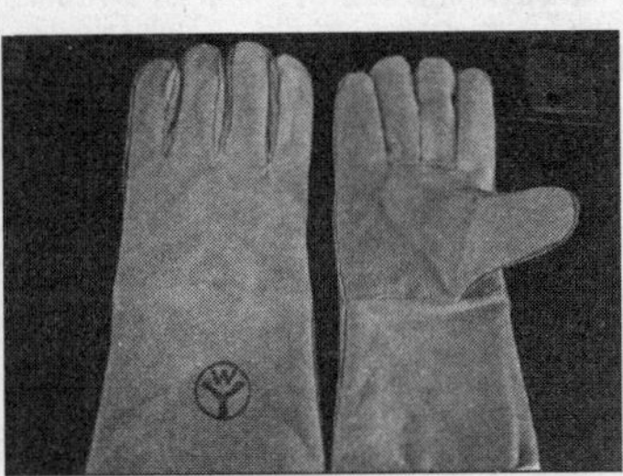

b) 焊接手套

c) 护目镜

图 1-5 焊接工具和防护用品

2. 任务分析

焊接步骤分为焊前、焊接过程和焊后，焊前需结合所学知识充分分析场地环境和焊接过程中可能出现的安全隐患，并利用现有工具进行预判及解决。

3. 操作步骤

（1）焊前

1）先检查弧焊设备和工具等是否安全可靠。

2）检查焊机外壳有无安全接地或接零，连接是否可靠；焊接线路各接线点的接触是否良好。

3）检查焊接电缆的绝缘外皮有无破损，气体保护焊、等离子弧焊和电阻焊等的焊机和焊枪供气、供水系统有无漏气、漏水现象等。一切正常后，方可开始焊接操作。

4）若所在环境触电危险性较大且比较干燥，使用36V手提工作灯；若环境潮湿、窄小且触电危险性较大，应使用12V手提工作灯。

5）加强焊工的个人防护。个人防护用具包括完好的工作服、绝缘手套、绝缘鞋等。若焊接场地狭小，触电危险性大，必须采用专门的防护措施。可采用橡胶垫或其他绝缘衬垫，并戴绝缘手套、穿胶底鞋等。不允许采用简易无绝缘外壳的焊钳。并且，要有两人轮换工作制作为安全保障。

6）绝缘手套长度不得短于300mm，应用较柔软的皮革或帆布制作，且手套应保持干燥。工作时不应穿有铁钉的鞋或布鞋，因布鞋易受潮导电。若在金属容器里操作，必须穿绝缘胶鞋。若进行普通电弧焊，需穿帆布制工作服，而氩弧焊、等离子弧焊则应穿毛料或皮革工作服等。

7）焊接电缆线横过通道或马路时，必须采取保护套等保护措施，严禁搭在气瓶、乙炔发生器或其他易燃物的容器上。

（2）焊接过程

1）推拉刀开关时，必须戴绝缘手套，头部需偏斜，眼睛不要直视，防止电火花或电弧灼伤脸部。

2）更换焊条时，焊工需戴上绝缘手套。

3）在进行空载电压和工作电压较高的焊接操作时，以及工作场地较为潮湿时，应在工作台附近地面铺橡胶垫。若是在夏天，人身体容易出汗导致衣物潮湿，切勿靠在工件、工作台上，避免触电。

4）连接焊机与焊钳必须使用软电缆线，长度一般不宜超过30m。截面面积需根据焊接电流的大小来选取，以保证电缆不致过热而损伤绝缘层。焊接电缆外皮必须完整、绝缘良好、柔软，绝缘电阻不得小于1MΩ，电缆外皮若破损应及时修补完好。

（3）焊后

1）佩戴绝缘手套切断电源。

2）整理物品，归放原处。

4. 操作注意事项

1）切记以下过程需切断电源后方可操作：

① 改变焊机的连接端头。

② 转移工作地点需搬移焊机。

③ 更换工件需改接二次线路。

④ 更换熔丝。

⑤ 工作完毕或临时离开工作现场。

⑥ 焊机发生故障需检修。

2）焊接过程中不倚靠带电工件，尤其身体出汗、衣服潮湿时。

3）切记不要用烧红的焊条头点烟。

4）焊接过程中切记心不在焉或精神不集中。

任务二 焊接设备和工具的安全、正确使用

一、焊接设备保护接地与保护接零

1. 保护接地

在不接地的低压系统中，当一相与机壳短路而人体触及机壳时，事故电流 I_d 通过人体和电网对地绝缘阻抗 Z，形成回路，如图 1-6 所示。

保护接地的作用在于用导线将焊机外壳与大地连接起来，当外壳漏电时，外壳对地形成一条良好的电流通路，当人体碰到外壳时，相对电压大幅度降低，如图 1-7 所示，从而达到防止触电的目的。

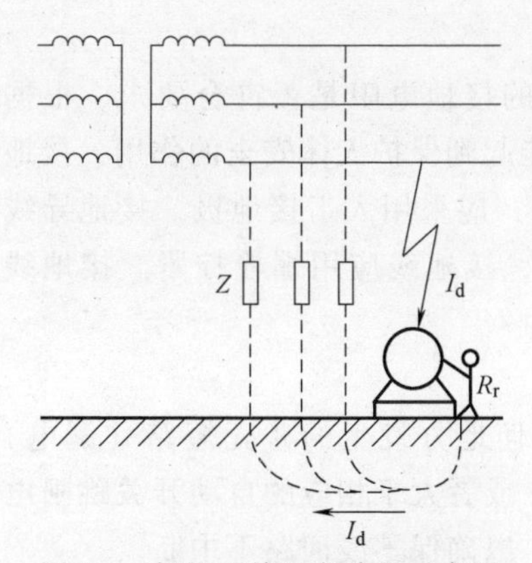

图 1-6 焊机不接地危险性示意图

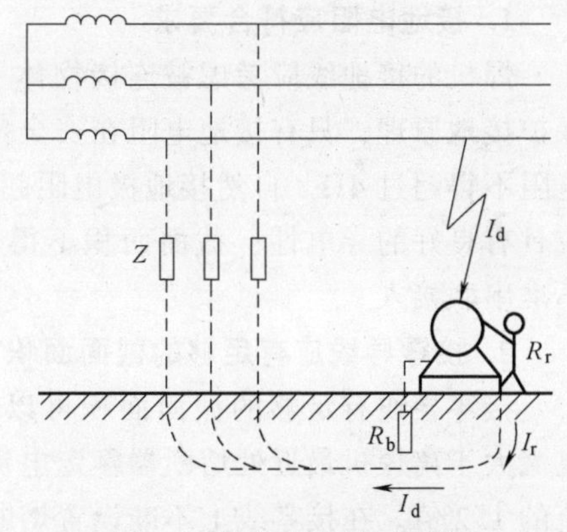

图 1-7 焊机保护接地原理

电源为三相三线制或单相制系统时，焊机外壳和二次绕组引出线的一端应设置保护接地线。接地装置可以广泛地应用自然接地极，如与大地有可靠连接的建筑物的金属结构、敷设于地下的金属管道，但氧气与乙炔等易燃易爆气体及可燃液体管道严谨作为自然接地极。

2. 保护接零

安全规则规定所有交流、直流焊接设备的外壳必须接地。在三相四线制中性点接地系统中，应安设保护接零线。

在三相四线制中性点接地供电系统上的焊接设备，如果没有采取保护接零措

施，如图1-8所示，当一相带电部分碰触焊机外壳，人体触及带电的壳体时，事故电流 I_d 经过人体和变压器工作接地构成回路，对人体安全构成威胁。

保护接零的作用是采用导线将焊机金属外壳与零线相接，一旦电气设备因绝缘损坏而外壳带电时，绝缘破坏的这一相就与零线短路，产生的强大电流使该相熔丝熔断，切断该相电源，外壳带电现象立刻终止，从而达到保证人身设备安全的目的。这种安全装置叫保护接零，其原理如图1-9所示。

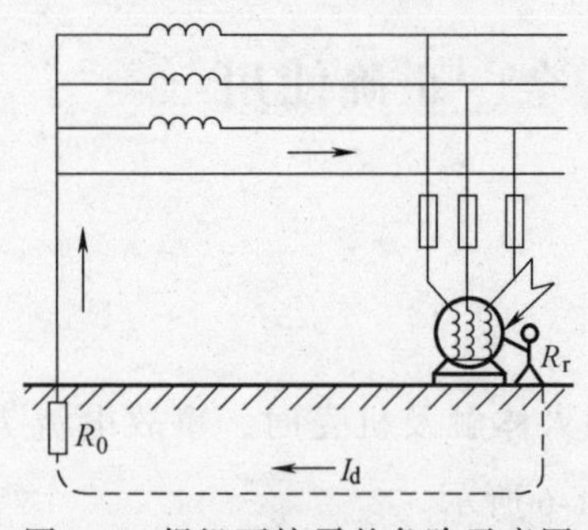

图1-8　焊机不接零的危险示意图

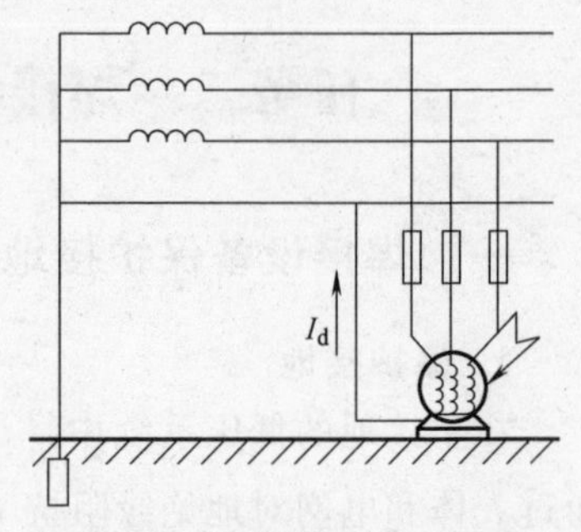

图1-9　焊机保护接零原理

二、对焊接设备保护接地与保护接零的要求

1. 接地电阻应符合要求

焊机的接地线应考虑被连接物体（接地体）的接地电阻是否符合要求。根据保护接地原理，只有接地电阻在安全范围内，才能起到保护人体安全的作用，接地电阻不得超过4Ω。自然接地极电阻超过此数值时，应采用人工接地极。接地导线应具有良好的导电性，截面面积不得小于 $12mm^2$，接地线应用螺栓拧紧。接地线不准串联接入。

2. 接零导线应有足够的截面面积

接零导线有足够的截面面积可以使线路上任何地方发生的碰壳短路（漏电）电流大于离焊机最近处熔断器额定电流的2.5倍，或者大于相应的自动开关跳闸电流的1.2倍。在接零线上不准设置熔断器或开关，以确保零线回路不中断。

3. 不应同时存在接地或接零

除焊机的外壳必须接地（或接零）外，弧焊变压器二次绕组与工件相接的一端也必须接地（或接零），这样在一次绕组与二次绕组的绝缘一旦击穿，220V或380V电压出现于二次回路时，这种接地（或接零）措施能保证焊工的安全。但是，如果二次绕组的一端接地或接零，工件则不应再接地或接零，否则一旦二次绕组回路接触不良，那么强大的焊接电流就可能将接地线或接零线熔断（图1-10），不但人身安全受到威胁，而且易引起电气火灾事故。

为此，有关规程规定，凡是对有接地或接零装置的工件（如机床部件、储罐等）进行焊接时，都应将工件的接地线或接零线暂时拆除，待焊完后再恢复

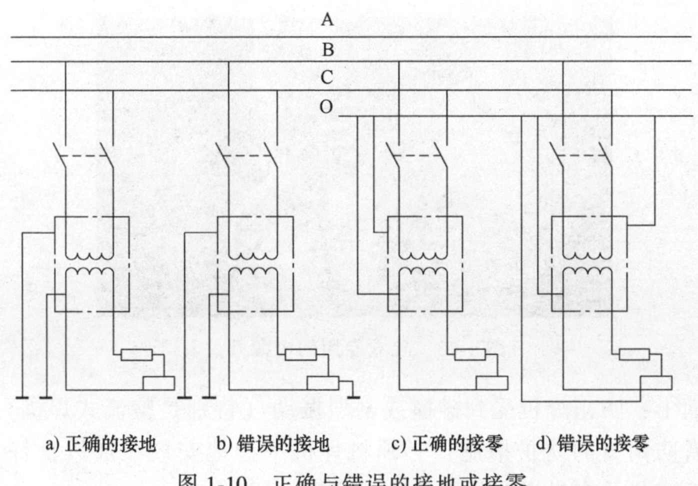

图 1-10 正确与错误的接地或接零

（图 1-11）。

图 1-11 工件接地线或接零线暂时拆除

焊接与大地紧密相连的工件（如自来水管路、埋地较深的金属结构等）时，如果工件的接地电阻小于 4Ω，则应将焊机二次绕组一端的接地线或接零线暂时解开，焊完后再恢复。

4. 注意接线的顺序

连接接地线或接零线时，应首先将导线接到接地体上或零线干线上，然后将另一端接到焊接设备外壳上，拆除接地线或接零线的顺序则恰好与此相反，应先将接地线或接零线从设备外壳上拆下，然后解除与接地体或零干线的连接，不得颠倒顺序。

三、正确使用焊接设备

图 1-12 保证接地良好

1）新焊机在使用前，应检查接线是否正确、牢固。接地必须保持良好（图 1-12），定期检测接地系统的电气性能。

2）必须装有独立的专用电源开关（图 1-13），其容量应符合要求。当焊机超负荷时，应能自动切断电源。禁止多台焊机共用一个电源开关。

3）焊机一次电源线的长度不宜超过 2m，当有临时任务需要较长的电源线时，应沿墙或立柱用瓷瓶隔离布设，其高度必须距地面 2.5m 以上，不允许将电

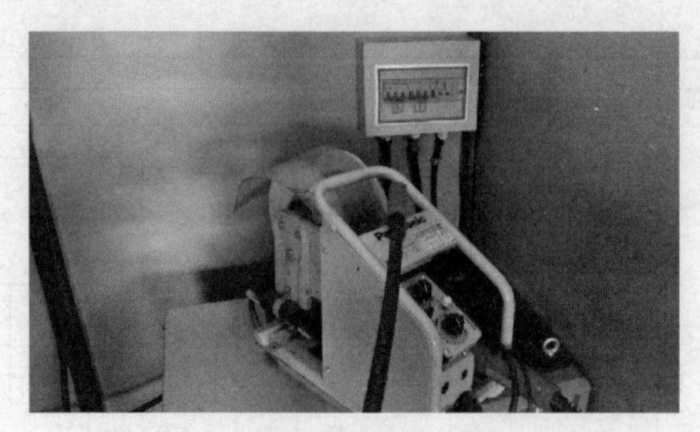

图 1-13　独立专用的电源开关

源线拖在地面上；防止焊机受到碰撞或剧烈振动（特别是整流式焊机），室外使用的焊机必须有防雨雪的防护措施；必须将焊机平稳地安放在通风良好、干燥的地方，不准靠近高热及有易燃、易爆危险的环境。

4）采用起动器起动的焊机，必须先合上电源开关，再起动焊机。推拉刀开关时，必须戴绝缘手套；同时，焊工的头需要略微偏斜，防止电弧火花灼伤脸部。

5）焊钳与工件短路时，不得起动焊机，以免起动电流过大烧坏焊机。暂停工作时宜将焊钳搁在绝缘的地方。

6）要特别注意对整流式焊机硅整流器的保养：应按照焊机的额定焊接电流和负载持续率使用，不要使焊机因过载而损坏；粗调节焊接电流时，必须在断电的情况下操作；禁止利用厂房的金属结构、管道、轨道、天车吊钩或其他金属物体搭接作为焊接电源回路；要保持焊机的清洁，定期用干燥的压缩空气吹净内部的灰尘。焊接现场有腐蚀性、导电性气体或粉尘时，必须对焊机进行隔离防护。每半年进行一次焊机维修保养；工作完毕或临时离开工作现场时，必须及时切断焊机的电源；当焊机发生故障时，应立即将电源切断，然后及时进行检查和修理。

四、焊接设备常见故障及排除

弧焊变压器的常见故障及排除方法见表 1-1。弧焊整流器的常见故障及排除方法见表 1-2。

表 1-1　弧焊变压器的常见故障及排除方法

故障特征	产生原因	排除方法
焊机过热	1. 焊机过载 2. 变压器线圈短路 3. 铁心螺杆绝缘损坏	1. 减小电流 2. 消除短路现象 3. 恢复绝缘
焊机外壳带电	1. 一次绕组或二次绕组的线圈碰壳 2. 焊接电缆碰壳 3. 电源线碰壳 4. 未安装接地线或接地线接触不良	1. 检查并消除碰壳处 2. 消除碰壳现象 3. 消除碰壳现象 4. 把接地线连接牢固

（续）

故障特征	产生原因	排除方法
接地线电流过小	1. 焊接电缆过长、压降太大 2. 焊接电缆卷成盘状,电感大 3. 电缆接线与工件接触不良	1. 减小电缆长度或加大直径 2. 将电缆放开,不形成盘状 3. 使接头处接触良好
动铁心的异响声太大	1. 动铁心的制动螺钉太松 2. 铁心活动部分的移动机构损坏	1. 旋紧螺钉,调整弹簧的拉力 2. 检查并修理移动机构

表 1-2 弧焊整流器的常见故障及排除方法

故障特征	产生原因	排除方法
风扇电动机不转	1. 熔丝烧断 2. 电动机绕组断线 3. 按钮开关触头接触不良	1. 更换熔丝 2. 修复或更换电动机 3. 修复或更换按钮
焊机电流调节不良	1. 控制线圈匝间短路 2. 电流控制器接触不良 3. 控制整流回路击穿	1. 消除短路 2. 使电流控制器接触良好 3. 更换元件
焊接电流不稳定	1. 主回路交流接触器短路 2. 风压开关短路 3. 控制绕组接触不良	1. 消除短路 2. 消除短路 3. 使控制绕组接触良好
电表无指示	1. 电表或相应的线路短路 2. 主回路出故障 3. 饱和电抗器和交流绕组断线	1. 修复电表 2. 排除故障 3. 排除故障
电流调节失灵	1. 控制绕组短路 2. 电流调节器接触不良 3. 控制整流回路元件击穿	1. 消除短路 2. 使电流调节器接触良好 3. 更换元件
空载电压太低	1. 焊机输入电压过低 2. 变压器一次绕组匝间短路 3. 电磁起动接触不良	1. 调整电压值 2. 消除短路 3. 使电磁起动器接触良好

实践 焊接操作

1. 操作准备

1）焊机：ZX5-500 型弧焊整流器。

2）焊接工具及防护用品：快速接头、焊接电缆、焊钳及防护用品（图 1-14）。

2. 任务分析

首先要熟知焊接操作过程中可能出现的安全隐患，并根据所学知识做好预防；然后根据要求调整好设备；最后根据要求进行焊接操作。

3. 操作步骤

（1）穿戴劳动保护用品　工作前要穿戴好劳动保护用品。

图 1-14　焊机、焊接工具及防护用品

（2）连接一次端电源（由指导教师及电工师傅完成）　安放焊机时，使焊机和墙壁之间的距离大于 20cm。查看焊机上面的铭牌确认输入电压是 220V，还是 380V。如果是 380V，则从焊机后面板引出一根三芯电缆连接三相 380V 电源；如果是 220V，则是两芯电缆，连接 220V 电源。整机后面板下部有一个接地螺钉，通过此螺钉使整机外壳可靠接地，并将连接部位做好绝缘处理。

（3）连接二次端电源　直流焊机外部线路的连接，应根据焊接工艺的要求来选择是正接法还是反接法。首先，确定焊机外部线路的连接采用反接法，即焊钳接正极端，地线接负极端；随后，分别将两根装有快速接头的焊接电缆按反接法连接，插入焊机的“+”极和“-”极接口处，当快速接头插入后，向右旋转一下便顺利地完成了，如图 1-15 所示；最后，将远控电缆及远控盒连接到焊接电源遥控盒插座上，并旋紧到位。连接处均应牢固，避免在焊接时松动，引起电源输出端或电缆损坏。

图 1-15　连接焊接电缆

（4）观察弧焊电源的电压、电流值

1）查看焊机铭牌：通过查看焊机上面的铭牌确定输入电源电压是 220V，还是 380V。

2）合上网侧电源开关：起动焊机后，从液晶显示屏上查看输出电压（即空载电压）、工作电压（焊接过程中）、焊接电流数值等，如图 1-16 所示。

图 1-16 焊机

3）记录：将观察到的焊机的输入电压、输出电压、焊接电流和工作电压输入记录表。

（5）焊接操作

1）选好焊接电流，并按需要调节一定的推力电流，目的是增强电弧挺度，不但有利于仰焊时根部焊缝的背面成形，而且在使用碱性焊条时，可减轻焊条黏结现象；调节引弧电流，可使引弧容易，并使引弧附加热量有利于焊缝接头熔透。

2）选择遥控，将选择开关置于“远控”位置，可通过调节远控盒上的电位器调节焊接电流的大小。

3）闭合电源开关，电源指示灯亮，冷却风机转动，此时观察空载电压为 90V，若正常即可进行焊接。

4）用焊钳夹持焊条，保证焊条角度，对准工件待焊处引燃电弧，并保持一定的弧长，控制焊接速度，采取直线运条法在工件上进行焊接操作，如图 1-17 所示。

图 1-17 在工件上进行焊接操作

5）当焊接结束时，关闭焊机电源开关，清理焊接现场，将焊接电缆和焊钳盘挂在支架上，确保焊钳没有与焊接工件接触，在离开工作场所时要切断总电源，检查现场确无火种方可离开。

4. 操作注意事项（检测与评分标准）

1）焊接工作时，应穿戴帆布工作服、手套、焊接面罩，以防止电弧光的辐射和金属飞溅，清理焊渣时，焊工应戴防护眼镜，以保护眼睛。

2）按操作程序正确操作，并注意输入电压与焊机铭牌电压相符，焊机要接好地线，接地线应用截面面积不小于 $12mm^2$ 的铜导线。

3）焊机不适宜在雨中使用。

4）焊机各个接头要定期检查，不得松动，否则易烧坏接头。

5）在工作时，焊机必须按照相应的负载持续率使用。

6）起动焊机后，如果风扇不转或风力很小，应先停机检查风机故障并修理。

7）在检查修理机器前，必须切断电源，以免触电。

焊条电弧焊

焊条电弧焊是一种用手工操作焊条进行焊接的电弧焊方法，是熔焊中最常用的一种焊接方法。它具有设备简单、操作方便、适应环境能力强等特点。焊条电弧焊适用于各种条件下的焊接，特别是结构形状复杂、焊缝短小、弯曲或各种空间位置焊缝的焊接。因而焊条电弧焊在造船、锅炉压力容器、钢结构、石油化工、电力等制造及维修行业中广泛运用。焊条电弧焊工作现场如图 2-1 所示。

a)

b)

图 2-1　焊条电弧焊工作现场

任务一　平敷焊

平敷焊是将工件置于水平位置，在工件上堆敷焊道的操作方法。它不是将两块分离的工件焊接在一起，而是在一块工件的表面用熔化焊条的方法堆敷出一条条焊道。

平敷焊是初学者进行焊接技能训练时所必须掌握的基本操作方法。平敷焊具有操作简单、成形良好的特点，它在耐蚀堆焊、模具修复中应用十分普遍。

一、焊条电弧焊的原理及特点

焊条电弧焊是用手工操纵焊条进行焊接的电弧焊方法。焊条电弧焊时，在焊条末端和工件之间燃烧的电弧所产生的高温使焊条药皮与焊芯及工件熔化，熔化的焊芯端部迅速地形成细小的金属熔滴，通过弧柱过渡到局部熔化的工件表面，融合在一起形成熔池。药皮熔化过程中产生的气体和熔渣，不仅使熔池和电弧周围的空气隔绝，而且和熔化了的焊芯、母材发生一系列冶金反应，保证所形成焊缝的性能。随着电弧以适当的弧长和速度在工件上不断地前移，熔池液态金属逐步冷却结晶，形成焊缝。焊条电弧焊的过程如图 2-2 所示。

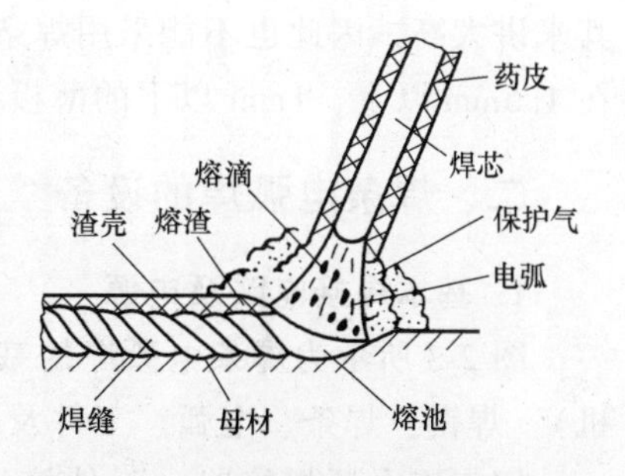

图 2-2 焊条电弧焊的过程

1. 焊条电弧焊的优点

1）使用的设备比较简单并且轻便，价格相对便宜。焊条电弧焊使用的交流和直流焊机都比较简单，焊接操作时不需要复杂的辅助设备，只需配备简单的辅助工具。因此，购置设备的投资少，而且维护方便，这是它广泛应用的原因之一。

2）不需要辅助气体防护。焊条不但能提供填充金属，而且在焊接过程中能够产生保护熔池和焊接处避免氧化的保护气体，并且具有较强的抗风能力。

3）操作灵活，适应性强。焊条电弧焊适用于焊接单件或小批量的产品，短的和不规则的空间任意位置的以及其他不易实现机械化焊接的焊缝。凡焊条能够达到的地方都能进行焊接。

4）应用范围广，适用于大多数工业用的金属和合金的焊接。焊条电弧焊选用合适的焊条可以焊接碳素钢、低合金钢、高合金钢及有色金属；不仅可以焊接同种金属，而且可以焊接异种金属；以及进行铸铁焊补和各种金属材料的堆焊等。

2. 焊条电弧焊的缺点

1）对焊工操作技术要求高，焊工培训费用高。焊条电弧焊的焊接质量，除靠选用合适的焊条、焊接参数和焊接设备外，主要靠焊工的操作技术和经验保证，即焊条电弧焊的焊接质量在一定程度上取决于焊工操作技术。因此必须经常进行焊工培训，所需要的培训费用很高。

2）劳动条件差。焊条电弧焊主要靠焊工的手工操作和眼睛观察完成全过程，焊工的劳动强度大，并且始终处于高温烘烤和有毒的烟尘环境中，劳动条件比较差，因此要加强劳动保护。

3）生产效率低。焊条电弧焊主要靠手工操作，并且焊接参数选择范围较小；另外，焊接时要经常更换焊条，并要经常进行焊道熔渣的清理，与自动焊相比焊接生产效率低。

4）不适于特殊金属以及薄板的焊接。对于活泼金属（如 Ti、Nb、Zr 等）和难熔金属（如 Ta、Mo 等），由于这些金属对氧的污染非常敏感，焊条的保护作用不足以防止这些金属氧化，保护效果不够好，焊接质量达不到要求，因此不能采用焊条电弧焊；对于低熔点金属（如 Pb、Sn、Zn）及其合金等，由于电弧的温度对其来讲太高，因此也不能采用焊条电弧焊。此外，焊条电弧焊的焊接工件厚度一般在1.5mm以上，1mm以下的薄板不适合采用焊条电弧焊。

二、焊条电弧焊的设备

1. 基本焊接电路及电源

图2-3所示为焊条电弧焊的基本焊接电路。它由交流或直流弧焊电源（电焊机）、焊钳、焊条、电弧、工件及地线组成。

用直流电源焊接时，工件接正极，焊条接负极，称为正接，反之称为反接；用交流电源焊接时，正、负极随时变化不用考虑接法。

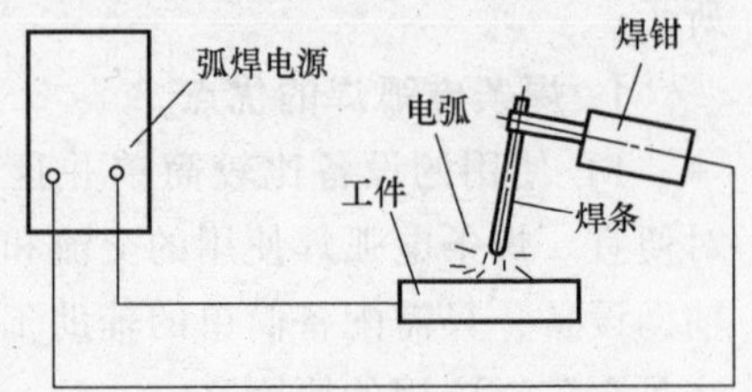

图2-3 焊条电弧焊的基本焊接电路

2. 弧焊电源的分类、特点、型号及技术参数

（1）弧焊电源的分类和特点　弧焊电源提供电流和电压，并具有适合于弧焊和类似工艺所要求的输出特性的设备。我国焊条电弧焊电源有三大类：交流弧焊变压器、直流弧焊发电机和弧焊整流器（包括逆变弧焊电源），前一种属于交流电源，后两种属于直流电源。这三类弧焊电源的特点对比见表2-1。

表2-1 三类弧焊电源的特点对比

项目	弧焊变压器	弧焊发电机	弧焊整流器	项目	弧焊变压器	弧焊发电机	弧焊整流器
焊接电流	交流	直流	直流	供电	一般为单相	三相	一般为三相
电弧稳定性	较差	好	好	功率因数	低	高	较高
极性可换性	无	有	有	空载损耗	小	较大	较小
磁偏吹	很小	较大	较大	成本	较低	高	较高
构造与维护	简单	复杂	复杂	重量	轻	较重	较轻
噪声	小	较大	较小	适用范围	一般焊接结构	一般或重要焊接结构	一般或重要焊接结构

交流焊机是焊条电弧焊中最原始的电源，由于设备简单、成本低、维修方便被广泛使用。但是，由于交流电周期性经过零点，这使得电弧的稳定性受到影响，而且交流电弧还有热惯性和波形畸变的问题，这些都限制了交流电源的使用，尤其是在焊接质量要求较高的场合（如低氢钠型碱性焊条）。

直流焊机是在交流焊机的基础上发展而来的，它充分考虑到交流焊机的缺点，将交变过零点的电流转变成稳恒的直流。这种电源稳定很好，尤其适合于碱性焊条的焊接。

弧焊变压器用以将电网的交流电变成适宜于弧焊的交流电。与直流电源相比，

具有结构简单、制作方便、使用可靠、维修容易、效率高和成本低等优点，在焊接生产中占有很大的比例。直流弧焊发电机虽然具有稳弧性好、经久耐用等优点，但是其结构复杂、成本高，因此很少使用。

用酸性焊条焊接一般钢结构，可选用交流弧焊电源，如弧焊变压器，即 BX 系列产品；用碱性焊条焊接较重要的钢结构，可选用直流弧焊电源，如弧焊整流器，即 ZX 系列产品；在无电供应的野外作业，可选用柴（汽）油直流弧焊发电机。

（2）弧焊电源的型号及技术参数

1）弧焊电源的型号。根据 GB/T 10249—2010《电焊机型号编制方法》，弧焊电源型号采用汉语拼音字母和阿拉伯数字表示。

产品型号的编排秩序如下：

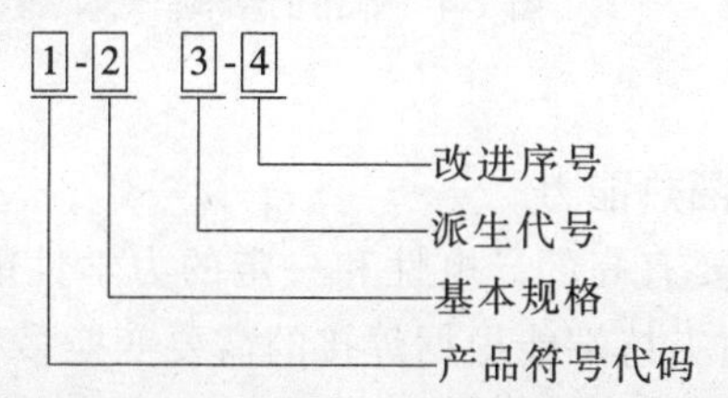

型号中 2、4 各项用阿拉伯数字表示；型号中 3 项用汉语拼音字母表示；型号中 3、4 项如果不用可空缺；改进序号按产品改进程序用阿拉伯数字连续编号。

产品符号代码的编排秩序如下：

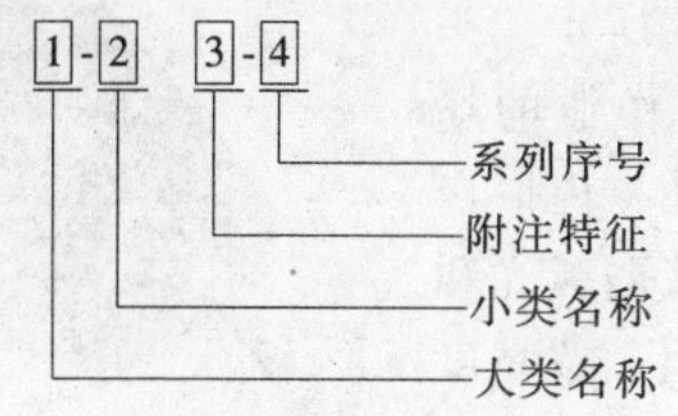

产品符号代码中 1、2、3 各项用汉语拼音字母表示；产品符号代码中 4 项用阿拉伯数字表示；附注特征和系列序号用于区别同小类的各系列和品种，包括通用和专用产品；产品符号代码中 3、4 项如果不需表示，可以只用 1、2 项；可同时兼作几大类焊机使用时，其大类名称的代表字母按适用范围选取；如果产品符号代码的 1、2、3 项的汉语拼音字母表示的内容，不能完整表达该焊机的功能或有可能存在不合理的表述时，产品的符号代码可以由该产品的产品标准规定；电焊机部分产品符号代码的代表字母及序号的编制实例见 GB/T 10249—2010 中附录 A。

例如：BX3-300 表示动圈式弧焊变压器，下降特性，额定焊接电流为 300A；ZX5-300 表示晶闸管式直流弧焊机，下降特性，额定焊接电流为 300A；ZX7-400 表示逆变式直流弧焊机，下降特性，额定焊接电流为 400A。

2）弧焊电源的技术参数。焊机除了有规定的型号外，在其外壳均标有铭牌，上面标明了主要技术参数，如负载持续率等，供安装、使用、维护等工作时参考。

3. 焊条电弧焊焊接辅助设备

焊条电弧焊焊接辅助设备包括焊钳、焊接电缆、焊条烘干箱、焊条保温筒、除湿器、焊接面罩及防护工具、清理工具、坡口加工机、夹具、胎具和量具等。

(1) 焊钳　焊钳是夹持焊条并传导电流、进行焊接的工具，它可以调整焊条的夹持角度。常用的焊钳有300A（见图2-4a）和500A（见图2-4b）两种规格。

图2-4　焊钳的结构

对焊钳的要求：

1) 良好的绝缘性和隔热能力。

2) 电焊钳钳头材料要有高的导电性和一定的力学性能，故用纯铜制造。焊钳能夹住焊条，焊条在焊钳夹持端能根据焊接的需要变换多种角度。

3) 焊钳与焊接电缆的连接应简便可靠，接触电阻小。

(2) 焊接面罩　面罩是防止焊接时的弧光、飞溅及其他辐射对焊工面部和颈部造成损伤的一种遮盖工具，有手持式和头盔式两种，如图2-5所示。头盔式面罩多用于需要双手作业的场合。面罩正面开有长方形孔，内嵌白玻璃和黑玻璃。黑玻璃起减弱弧光和过滤紫外线、红外线的作用。按亮度的深浅不同，可以将黑玻璃分为6个型号（7~12号），号数越大，色泽越深，应根据弧光强弱、视觉情况选用，一般常用9~10号。白玻璃仅起保护黑玻璃的作用。

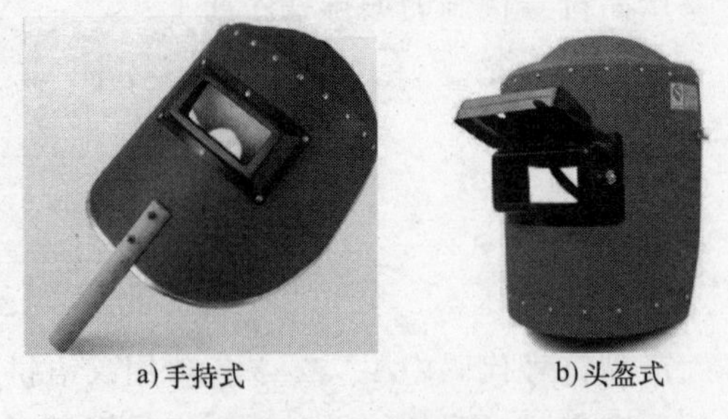

a) 手持式　b) 头盔式

图2-5　焊接面罩

(3) 焊接电缆

1) 焊接电缆内导体用多股细铜丝制成，其截面面积应根据焊接电流和导线长度来选。焊接电缆截面面积与焊接电流、电缆长度的关系见表2-2。

2) 焊接电缆外皮必须完好、柔软、绝缘性好。

3) 焊接电缆长度一般为15~25m，如果需要加长时，可将焊接电缆分为两节，连接焊钳的一节用细电缆，以减轻焊接操作工的手臂负重劳动强度，另一节按长度及使用的焊接电流选择粗一点的电缆，两节用电缆用快速接头连接。

(4) 焊条保温筒　焊条保温筒是焊接时不可缺少的工具，如图2-6所示，经过烘干后的焊条在使用过程中易再次受潮，从而使焊条的工艺性能变差和焊缝质量降

低。焊条从烘烤箱取出后，应储存在保温筒内，在焊接时随取随用。

表 2-2　焊接电缆截面面积与焊接电流、电缆长度的关系

焊接电流/A	导线长/m								
	20	30	40	50	60	70	80	90	100
	导线截面面积/mm²								
100	25	25	25	25	25	25	25	28	35
150	35	35	35	35	20	50	60	70	70
200	35	35	35	50	60	70	70	70	70
300	35	50	60	60	70	70	70	85	85
400	35	50	60	70	85	85	85	95	95
500	50	60	70	85	95	95	95	120	120
600	60	70	85	85	95	95	120	120	120

焊接时要保证焊条保温筒与焊机的输出端接通，以保证焊条保温筒内的温度始终保持在100℃以上，焊条不受潮。焊条保温筒应满足JB/T 6232—1992《电焊条保温筒　技术条件》的要求。

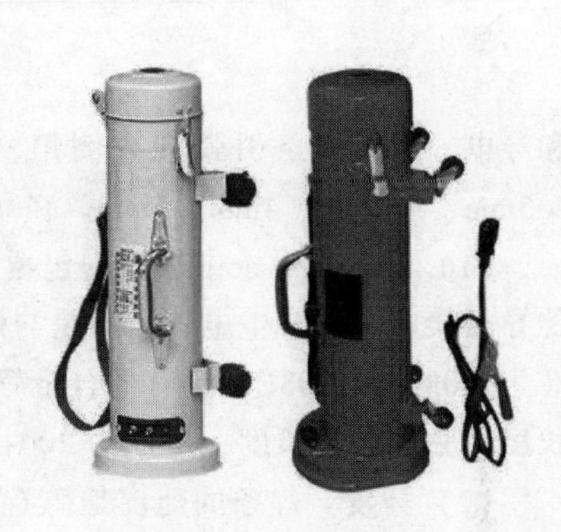
图 2-6　焊条保温筒

(5) 焊接防护服　为了防止焊接时触电及被弧光和飞溅灼伤，焊接操作人员在焊接前必须戴皮革手套、工作帽，穿好工作服（其阻燃性能应符合 GB 8965. 2—2009《防护服装　阻燃防护　第 2 部分：焊接服》的规定)、脚盖、绝缘鞋等。在敲渣时，应戴有平光眼镜。

(6) 焊条烘干箱　焊条烘干箱用于焊前对焊条的烘干，减少和防止因焊条药皮吸湿在焊接过程中造成焊缝中出现气孔、裂纹等缺陷。

(7) 其他辅具　焊接中的清理工作很重要，必须清除掉工件和前层熔敷的焊缝金属表面上的油污、焊渣和对焊接有害的杂质。

常用的焊接用手工工具如图 2-7 所示，从左到右依次是夹持钳、敲渣锤、钢丝刷、锤子、钢丝钳、錾子等。还有用于修整工件接头和坡口钝边用的角向磨光机和风铲、锉刀等。

三、焊条的组成、分类、型号及牌号

1. 焊条的组成

焊条由焊芯和药皮组成，如图 2-8 所示。焊芯是焊条中的金属芯，药皮压涂在焊芯表面。焊条头部为引弧端；尾部为夹持端，长度为 10~35mm，便于焊钳夹持

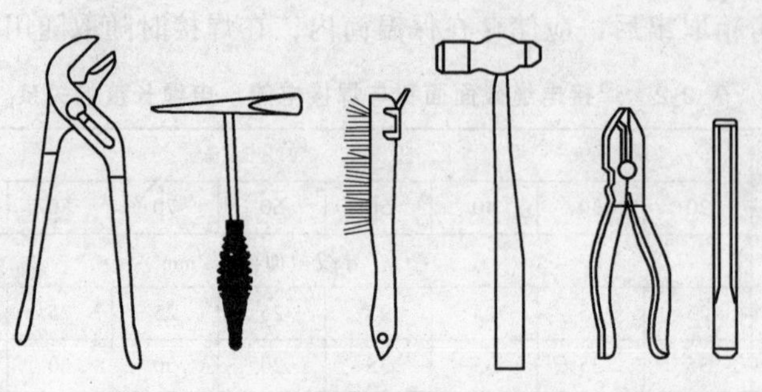
图 2-7　常用的焊接用手工工具

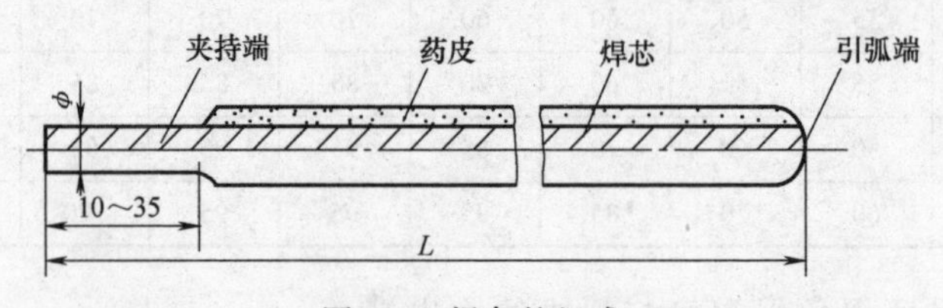

图 2-8　焊条的组成

和导电。通常焊条引弧端有倒角、露出焊芯端头；常用的焊条（焊芯）直径有 2.5mm、3.2mm、4mm、5mm。在靠近夹持端的药皮上印有焊条牌号。

（1）焊芯　焊条中被药皮包覆的金属芯称为焊芯。焊接时焊芯的作用：一是传导焊接电流，产生电弧；二是与熔化的母材熔合形成焊缝。目前常用的低碳钢焊芯为 H08A 和 H08E，还有低合金钢焊芯、不锈钢焊芯及有色金属焊芯等。焊芯的长度即是焊条的长度，一般为 200～450mm。焊芯的直径即是焊条的直径。

（2）药皮　焊条的药皮是矿石粉末、铁合金粉、有机物和化工制品等原料按一定比例配制后压涂在焊芯表面上的一层涂料。其作用如下：

1）保护作用。焊接时，药皮熔化后产生大量的气体，使熔化金属与空气隔离开来，形成一个很好的保护层。药皮熔化后形成熔渣，覆盖着熔滴和熔池，这样不仅隔离了空气中的氧气和氮气，保护了焊缝金属，并且减慢了焊缝金属的冷却速度，促进熔池中的气体逸出，减少气孔生成，并改善焊缝结晶和成形。

2）冶金处理。在焊接过程中，药皮的组成物质进行着冶金反应，其作用是去除有害杂质（如 O、N、H、S、P 等），并保护和添加有益合金元素，使焊缝具有良好的力学性能。

3）改善焊接工艺性能。药皮可以保证电弧容易引燃并能稳定地连续燃烧，减少焊接飞溅，改善熔滴过渡和焊缝成形，易于脱渣。

2. 焊条的分类

（1）按焊条的用途分类

1）结构钢焊条。主要用于焊接低碳钢和低合金高强度钢。

2）钼和铬钼耐热钢焊条。主要用于焊接珠光体耐热钢。

3）不锈钢焊条。主要用于焊接不锈钢和热强钢。

4）堆焊焊条。主要用于焊接具有耐磨、耐热、耐蚀等性能的各种合金钢零件的表面层。

5）低温钢焊条。主要用于焊接在低温条件下工作的结构件。

6）铸铁焊条。主要用于补焊各种铸铁件。

7）镍及镍合金焊条。主要用于焊接镍及镍合金，有时用于堆焊、焊补铸铁、焊接异种金属等。

8）铜及铜合金焊条。主要用于焊接铜及铜合金、异种金属、铸铁等。

9）铝及铝合金焊条。主要焊接铝及铝合金。

10）特殊用途焊条。主要用于焊接具有特殊要求及施焊部位的结构件。

（2）按熔渣的碱度分类　按熔渣的碱度，可以将焊条分为酸性焊条和碱性焊条两大类。熔渣以酸性氧化物为主的焊条称为酸性焊条，熔渣以碱性氧化物和氟化钙为主的焊条称为碱性焊条。在低碳钢焊条和低合金钢焊条中，低氢型焊条（包括低氢钠型、低氢钾型和铁粉低氢型）是碱性焊条，其他涂料类型的焊条均属于酸性焊条。

碱性焊条与强度级别相同的酸性焊条相比，其熔敷金属的延性和韧性高，扩散氢含量低，抗裂性能强。因此，当产品设计或焊接工艺规程规定用碱性焊条时，不能用酸性焊条代替。但碱性焊条的焊接工艺性能（包括稳弧性、脱渣性、飞溅等）较差，对锈、水、油污的敏感性大，容易产生气孔，有毒气体和烟尘多。酸性焊条和碱性焊条的特性对比见表 2-3。

酸性焊条与碱性焊条对比

表 2-3　酸性焊条和碱性焊条的特性对比

酸性焊条	碱性焊条
对水、铁锈产生气孔的敏感性不大，焊条在使用前经 70～150℃烘干 1～2h	对水、铁锈产生气孔的敏感性较大，要求焊条在使用前经 350～400℃烘干 1h
电弧稳定，可用交流或直流施焊	须用直流反接施焊；药皮加入稳弧剂后，可用交、直流施焊
焊接电流较大	焊接电流较同规格的酸性焊条小 10%左右
可长弧操作	须短弧操作，否则易引起气孔
合金元素过渡效果差	合金元素过渡效果好
熔池较浅，焊缝成形较好	熔池较深，焊缝成形尚好，易堆高
熔渣呈玻璃状，脱渣较方便	熔渣呈结晶状，脱渣不及酸性焊条好
焊缝的常温、低温冲击韧度一般	焊缝的常温、低温冲击韧度较高
焊缝的抗裂性能较差	焊缝的抗裂性能好
焊缝的含氢量高、影响塑性	焊缝的含氢量低、塑性好
焊接时烟尘较少	焊接时烟尘较多

（3）按焊条药皮的类型分类　按焊条药皮的类型，可以将焊条分为不定型、氧化钛型、钛钙型、钛铁矿型、氧化铁型、纤维素型、低氢钾型、低氢钠型、石墨型和盐基型等。

3. 焊条的型号

根据GB/T 5117—2012《非合金钢及细晶粒钢焊条》，焊条型号按熔敷金属力学性能、药皮类型、焊接位置、电流类型、熔敷金属化学成分和焊后状态等进行划分。

焊条型号由五部分组成：

1）第一部分用字母“E”表示焊条。

2）第二部分为字母“E”后面的紧邻两位数字，表示熔敷金属的最小抗拉强度代号。

3）第三部分为字母“E”后面的第三和第四两位数字，表示药皮类型、焊接位置和电流类型，见表2-4。

表2-4　药皮类型、焊接位置和电流类型代号

代号	药皮类型	焊接位置①	电流类型
03	钛型	全位置②	交流和直流正、反接
10	纤维素	全位置	直流反接
11	纤维素	全位置	交流和直流反接
12	金红石	全位置②	交流和直流正接
13	金红石	全位置②	交流和直流正、反接
14	金红石+铁粉	全位置②	交流和直流正、反接
15	碱性	全位置②	直流反接
16	碱性	全位置②	交流和直流反接
18	碱性+铁粉	全位置②	交流和直流反接
19	钛铁矿	全位置②	交流和直流正、反接
20	氧化铁	PA、PB	交流和直流正接
24	金红石+铁粉	PA、PB	交流和直流正、反接
27	氧化铁+铁粉	PA、PB	交流和直流正、反接
28	碱性+铁粉	PA、PB、PC	交流和直流反接
40	不做规定	由制造商确定	
45	碱性	全位置	直流反接
48	碱性	全位置	交流和直流反接

① 焊接位置见GB/T 16672—1996，其中PA=平焊、PB=平角焊、PC=横焊、PG=向下立焊。

② 此处“全位置”并不一定包含向下立焊，由制造商确定。

4）第四部分为熔敷金属的化学成分分类代号，可为“无标记”或短画线“-”后的字母、数字或字母和数字的组合。

5）第五部分为熔敷金属的化学成分代号之后的焊后状态代号，其中“无标记”表示焊态，“P”表示热处理状态，“AP”表示焊态和焊后热处理两种状态均可。

除以上强制分类代号外，根据供需双方协商，可在型号后依次附加可选代号。

1）字母“U”，表示在规定试验温度下，冲击吸收能量可以达到47J以上。

2）扩散氢代号“HX”，其中X代表15、10或5，分别表示每100g熔敷金属中扩散氢含量的最大值（mL）。

型号示例1：

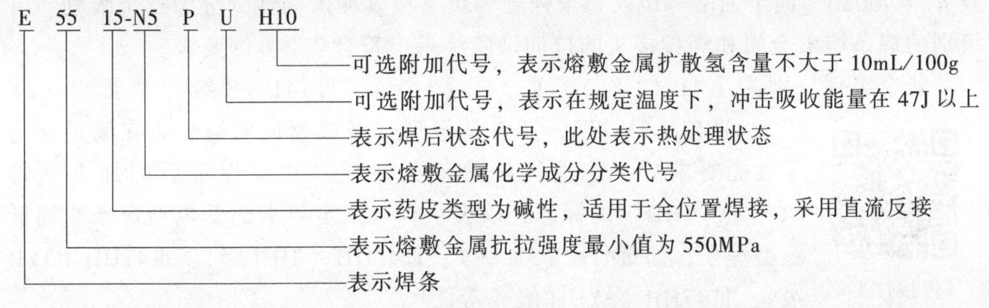

型号示例2：

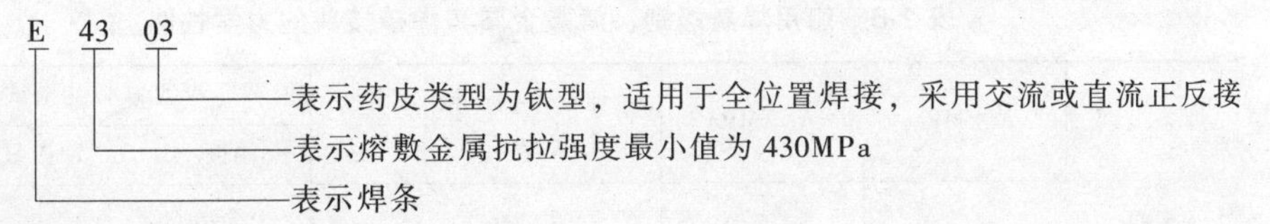

4. 焊条的牌号

焊条牌号是焊条制造商对生产的焊条所规定的统一编号。它主要根据焊条的用途及性能特点来命名，一般可分为10大类。

(1) 结构钢焊条牌号的编制　见表2-5。

表2-5　结构钢焊条牌号的编制

序号	代号	含　义
1	拼音“J”或汉字“结”	结构钢焊条
2	两位数字(J后)	表示熔敷金属的抗拉等级
3	第三位(J后)	表示药皮类型和电源种类(见表2-4)
4	元素符号(或汉字)+两位数字	符号(或汉字)表示药皮中加入的元素；两位数字表示熔敷率的1/10
5	元素符号或拼音字母	有特殊性能用途时加注起主要作用的元素符号或主要用途的拼音字母(一般不超过两个)

结构钢焊条牌号举例：

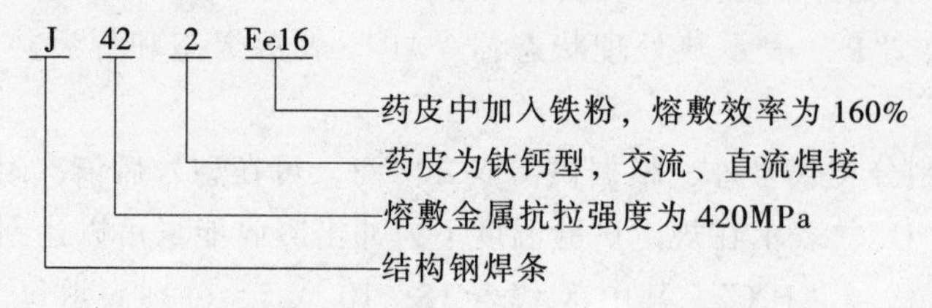

（2）船用及海上平台用焊条的级别

1）船用焊条的级别。船用焊条按其熔敷金属的抗拉强度可分为 $R_m=400\text{MPa}$ 及 $R_m=460\text{MPa}$ 两个强度等级。每个强度等级又按其冲击韧性划分为三个级别。各级别的焊条熔敷金属和焊接接头的拉伸试验结果应符合表2-6的要求。

各个级别分别为Ⅰ41（1级）、Ⅱ141（2级）、Ⅲ141（3级）和Ⅱ47（2Y级）、Ⅲ47（3Y级），所有低氢型焊条或超低氢型焊条在满足其力学性能要求后，应进行扩散氢的测定，并在焊条后面加上字母"H"或"HH"的标志，以表示符合测定要求的低氢型焊条或超低氢型焊条，如Ⅲ41H（3H级）、Ⅲ41HH（3HH级）、Ⅲ47HH（3YH级）、Ⅲ47HH（3YHH级）等。

焊接接头

表2-6　船用焊条级别、熔敷金属和焊接接头的力学性能

焊条级别	R_m/MPa	R_{eL}/MPa	伸长率（标准距离长度50mm）(%)	V型缺口冲击试验	
				温度/℃	冲击吸收能量/J
Ⅰ41 Ⅱ141 Ⅲ141	≥300	400~560	≥22	20 0 -20	≥48
Ⅱ47 Ⅲ47	≥370	460~660	≥22	0 20	≥48

注：一组3个冲击试样中，允许有一个个别值小于所需平均值，但不得小于平均值的70%。

2）海上平台用焊条的级别。按照国家相关规定，海上平台用焊条级别、熔敷金属和焊接接头的力学性能试验结果应符合表2-7的要求。

（3）钼及铬钼耐热钢焊条牌号的编制

1）牌号第一个汉语拼音大写字母"R"或汉字"热"，表示钼及铬钼耐热钢焊条。

2）"R"后面的第一位数字表示熔敷金属主要化学成分等级，见表2-8。

3）"R"后面的第二位数字表示同一熔敷金属主要化学成分等级中的不同编号。对同一种药皮类型的焊条，可有十个编号，按0、1、2、…、9的顺序编排。

4）"R"后面的第三位数字表示药皮类型和电源种类。

表 2-7 海上平台用焊条级别、熔敷金属和焊接接头的力学性能

焊条分类	拉力试验		伸长率（%）	冷弯试验	V 型缺口冲击试验	
	R_{eL}/MPa	R_{eH}/MPa			温度/℃	冲击吸收能量/J
1P	230	400~490	22	不裂	—	—
2P	230	400~490	22	不裂	0	28
3P					-20	
4P					-40	
1P32	310	440~490	22	不裂	0	32
3P32					-20	
4P32					-40	
1P36	350	490~620	21	不裂	0	35
3P36					-20	
4P36					-40	

注：焊接正弯和反弯试样的受拉面在弯曲规定的角度后，如果无超过 3mm 其他缺陷者，则认为合格。

表 2-8 钼及铬钼耐热钢焊条

牌号	熔敷金属主要化学成分等级	牌号	熔敷金属主要化学成分等级
R1××	Mo 为 0.5%	R5××	Cr 为 0.5%；Mo 为 0.5%
R2××	Cr 为 0.5%；Mo 为 0.5%	R6××	Cr 为 7%；Mo 为 1%
R3××	Cr 为 1%~2%；Mo 为 0.5%~1%	R7××	Cr 为 9%；Mo 为 1%
R4××	Cr 为 2.5%；Mo 为 1%	R8××	Cr 为 11%；Mo 为 1%

注：表中各元素的化学成分均为质量分数。

钼及铬钼耐热钢焊条牌号举例：

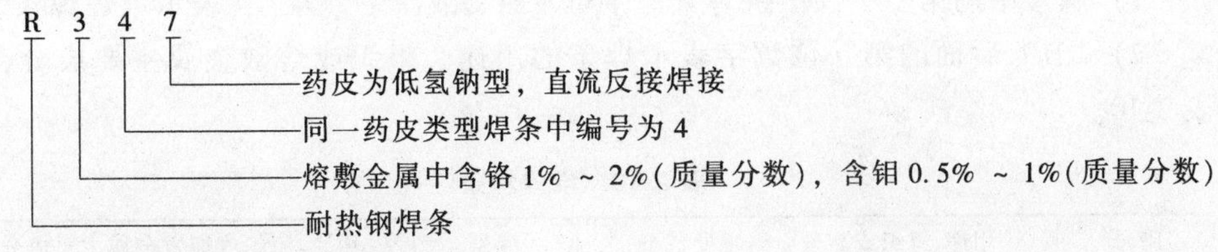

（4）不锈钢焊条牌号的编制

1）牌号中的第一个汉语拼音大写字母“G”及“A”或汉字“铬”及“奥”，表示不锈钢焊条和奥氏体不锈钢焊条。

2）“G”或“A”后面的第一位数字表示熔敷金属主要化学成分等级，见表 2-9。

3）“G”或“A”后面的第二位数字表示同一熔敷金属主要化学成分等级中的不同编号。对同一种药皮类型的焊条，可有十个编号，按 0、1、2、…、9 的顺序编排。

4）“G”或“A”后面的第三位数字表示药皮类型和电源种类。

表 2-9 不锈钢焊条

牌号	熔敷金属主要化学成分等级	牌号	熔敷金属主要化学成分等级
G2××	Cr 约为 13%	A4××	Cr 约为 25%；Ni 约为 20%
G3××	Cr 约为 17%	A5××	Cr 约为 16%；Ni 约为 25%
A0××	Cr≤0.04%（超低级）	A6××	Cr 约为 15%；Ni 约为 35%
A1××	Cr 约为 18%；Ni 约为 8%	A7××	铬锰氮不锈钢
A2××	Cr 约为 18%；Ni 约为 12%	A8××	Cr 约为 18%；Ni 约为 18%
A3××	Cr 约为 25%；Ni 约为 13%	A9××	待发展

注：表中各元素的化学成分均为质量分数。

不锈钢焊条牌号举例：

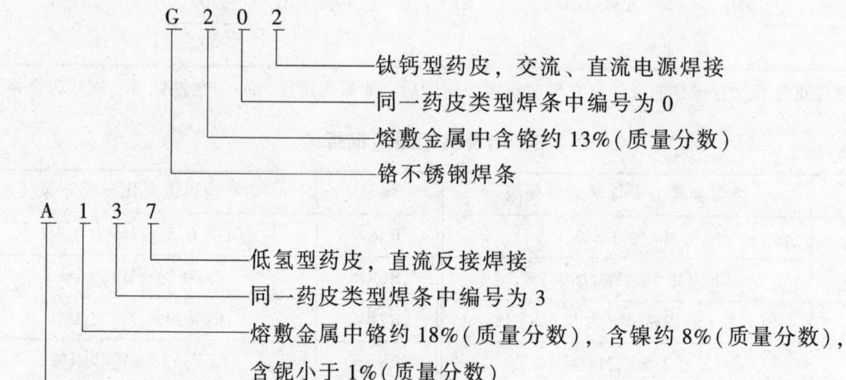

（5）堆焊焊条牌号的编制

1）牌号中的第一个汉语拼音大写字母“D”或汉字“堆”，表示堆焊焊条。

2）“D”后面的第一位数字表示焊条的用途、组织或熔敷金属主要成分，见表 2-10。

表 2-10 堆焊焊条

牌号	用途、组织或熔敷金属主要成分	牌号	用途、组织或熔敷金属主要成分
D0××	不规定	D5××	阀门用
D1××	普通常温用	D6××	合金铸铁用
D2××	普通常温用及常温高锰钢	D7××	碳化钨型
D3××	刀具及工具用	D8××	钴基合金
D4××	刀具及工具用	D9××	待发展

3）“D”后面的第二位数字表示同一用途、组织或熔敷金属主要成分中的不同编号。对同一种药皮类型的焊条，可有十个编号，按 0、1、2、…、9 的顺序编排。

4）“D”后面的第三位数字表示药皮类型和电源种类。

堆焊焊条牌号举例：

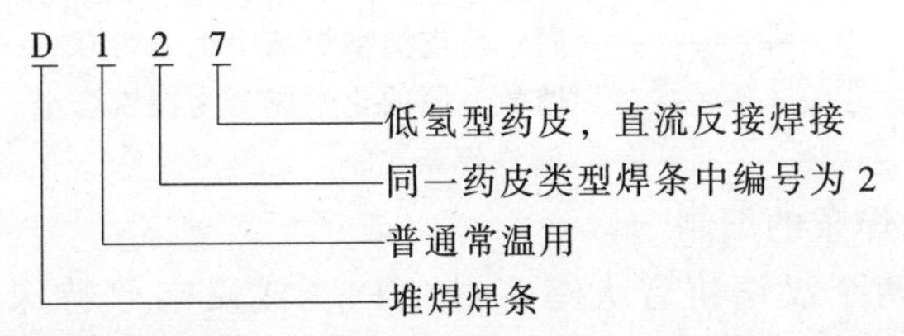

（6）低温钢焊条牌号的编制

1）牌号中的第一个汉语拼音大写字母“W”或汉字“温”，表示低温钢焊条。

2）“W”后面的两位数字表示该焊条的工作温度等级，见表2-11。

3）“W”后面的第三位数字表示药皮类型和电源种类。

表2-11 低温钢焊条

牌号	工作温度等级	牌号	工作温度等级
W70××	-70℃	W19××	-196℃
W90××	-90℃	W25××	-253℃
W11××	-110℃		

低温钢焊条牌号举例：

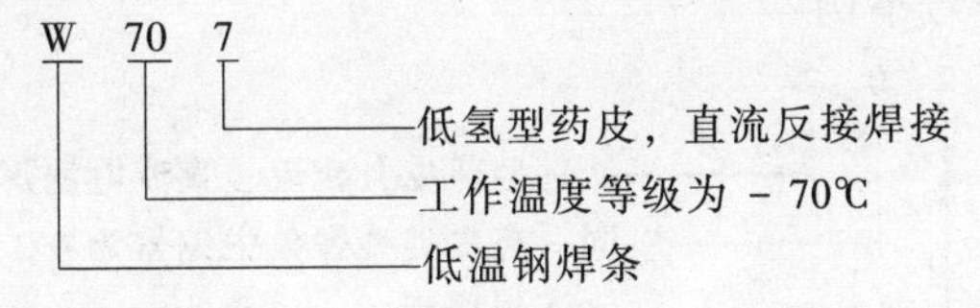

（7）铸铁焊条牌号的编制

1）牌号中的第一个汉语拼音大写字母“Z”或汉字“铸”，表示铸铁焊条。

2）“Z”后面的第一位数字表示熔敷金属主要化学成分组成类型，见表2-12。

表2-12 铸铁焊条

牌号	熔敷金属主要化学成分组成类型	牌号	熔敷金属主要化学成分组成类型
Z1××	铸铁或高钒钢	Z5××	镍铜
Z2××	铸铁(包括球墨铸铁)	Z6××	铜铁
Z3××	纯镍	Z7××	待发展
Z4××	镍铁		

3）“Z”后面的第二位数字表示同一熔敷金属主要化学成分组成类型中的不同编号。对同一种药皮类型的焊条，可有七个编号，按1、2、…、7的顺序编排。

4）“Z”后面的第三位数字表示药皮类型和电源种类。

铸铁焊条牌号举例：

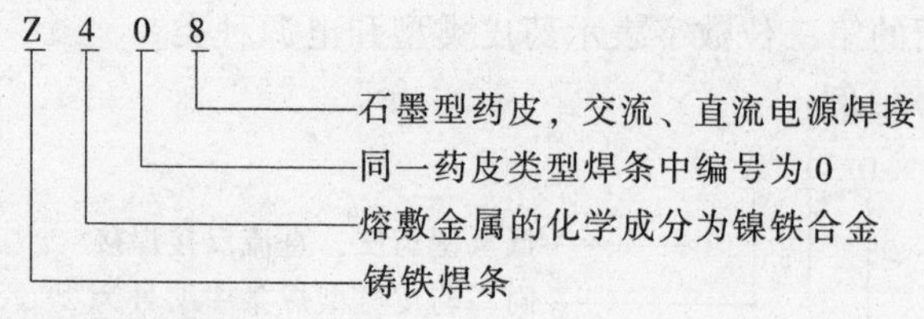

（8）特殊用途焊条的编制

1）牌号中的两个汉语拼音大写字母“TS”或汉字“特殊”，表示特殊用途焊条。

2）“TS”后面的第一位数字表示焊条的用途或熔敷金属主要成分，见表2-13。

表2-13 特殊用途焊条

牌号	用途或熔敷金属主要成分	牌号	用途或熔敷金属主要成分
TS2××	水下焊接用	TS5××	电渣焊用管状焊条
TS3××	水下切割用	TS6××	铁锰铝焊条
TS4××	铸铁件焊补前开坡口用	TS7××	高硫堆焊焊条

3）“TS”后面的第二位数字表示同一用途中的不同编号。对同一种药皮类型的焊条，可有六个编号，按2、…、7的顺序编排。

4）“TS”后面的第三位数字表示药皮类型和电源种类。

特殊用途焊条牌号举例：

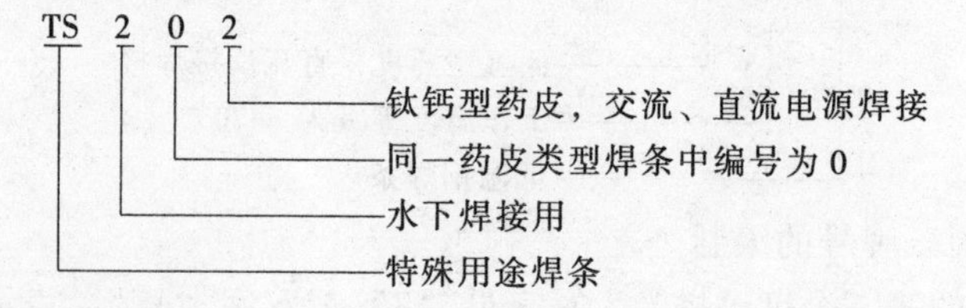

四、焊条的选用原则

焊条的种类繁多，每种焊条均有一定的特性和用途。选用焊条是焊接准备工作中一个很重要的环节。在实际工作中，除要认真了解各种焊条的成分、性能及用途以外，还应该根据被焊工件的状况、施工条件及焊接工艺等综合考虑。选用焊条时，一般考虑以下几个原则：

1. 焊接材料的力学性能和化学成分

1）对于普通结构钢，通常要求焊缝金属与母材等强度，应选用抗拉强度等于或稍高于母材的焊条。

2）对于合金结构钢，通常要求焊缝金属的主要合金成分与母材金属相同或相近。

3）在焊接结构刚度大、接头应力高、焊缝容易产生裂纹的情况下，可以考虑选用比母材强度低一级的焊条。

4）当母材中C及S、P等元素的含量偏高时，焊缝容易产生裂纹，应选用抗裂性能好的低氢型焊条。

2. 焊条的使用性能和工作条件

1）对承受动载荷和冲击载荷的构件，除满足强度要求以外，还应保证焊缝具有较好的韧性和塑性，应选用韧性和塑性指标较高的低氢型焊条。

2）接触腐蚀介质的构件，应根据介质的性质及腐蚀特征，选用相应的不锈钢焊条或其他耐蚀焊条。

3）在高温或低温条件下工作的构件，应选用相应的耐热钢或低温钢焊条。

3. 焊件的结构特点和受力状态

1）对形状复杂、刚度大及厚度大的构件，由于焊接过程中会产生很大的应力，容易使焊缝产生裂纹，因此应选用抗裂纹性能好的低氢型焊条。

2）对焊接部位难以清理干净的构件，应选用抗氧化性强，对铁锈、氧化皮、油污不敏感的酸性焊条。

3）对受条件限制不能翻转的构件，有些焊缝处于非平焊位置，应选用全位置焊接的焊条。

4. 施工条件及设备

1）在没有直流电源，而焊接结构又要求必须使用低氢型焊条的场合，应选用交、直流两用的低氢型焊条。

2）在狭小或通风条件差的场所，应选用酸性焊条或低尘焊条。

5. 改善操作工艺性能

在满足产品性能要求的条件下，尽量选用电弧稳定、飞溅少、焊缝成形均匀整齐、容易脱渣的工艺性能好的酸性焊条。焊条工艺性能要满足施焊操作的需要。例如，在非水平位置施焊时，应选用适于各种位置焊接的焊条；在向下立焊、管道焊接、底层焊接、盖面焊、重力焊时，可选用相应的专用焊条。

6. 合理的经济效益

在满足使用性能和操作工艺的条件下，尽量选用成本低、效率高的焊条。对于焊接工作量大的结构，应尽量采用高效率焊条，如铁粉焊条、高效率不锈钢焊条及重力焊条等，以提高焊接生产率。

五、焊条的管理

焊条的管理包括验收、烘干、保管、领用等方面，其控制程序如图2-9所示。

1. 焊条的验收

对于制造锅炉、压力容器等重要结构的焊条，焊前必须进行焊条的验收，也称为复验。复验前，要对焊条的质量证明书进行审查，符合要求后方可复验。复验时，应对每一批焊条编“复验编号”，并按照其标准和技术条件进行外观、理化试验等检验，复验合格后，焊条方可入一级库，否则应退货或降级使用。

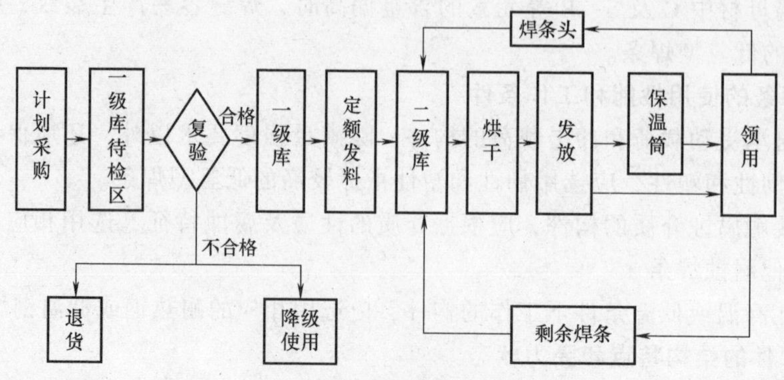

图 2-9 焊条管理的控制程序

2. 焊条的保管、领用和发放

焊条实行三级管理：一级库管理、二级库管理和焊工焊接时的管理。一、二级库内的焊条要按其型号、牌号和规格分门别类地堆放，放在离地面、墙面 300mm 以上的木架上。

一级库内应配有空调设备和去湿机，保证室温为 5~25℃，相对湿度低于 60%。

二级库应有焊条烘烤设备，焊工施焊时，也需要妥善保管好焊条。焊条要放入保温筒内，随取随用，不可随意乱放。焊条领用发放要建立严格的限额领料制度，“焊接材料领料单”应由焊工填写，二级库保管人员按焊接工艺要求和凭焊材领料单发放焊条，并审核其型号、牌号、规格是否相符。同时，还要按发放焊条根数收回焊条头。

3. 焊条烘干

焊条烘干的温度和时间应严格按标准进行，并做好记录，烘干温度不宜过高或过低。温度过高，会使焊条药皮中的一些成分发生氧化、分解而失去保护作用；温度过低，焊条药皮中的水分不能完全蒸发，焊接时就可能形成气孔、裂纹等缺陷。焊条累计烘干次数不宜超过 3 次。

六、焊接参数的选择

1. 焊接电流的选择

焊接电流的大小主要根据焊条直径来确定。焊接电流太小，焊接生产率较低，电弧不稳定；焊接电流太大，则会引起熔化金属的严重飞溅，甚至烧穿工件。

焊接电流主要由焊条直径、焊接位置、焊条种类等决定。

在实际生产中，焊条直径为 3.2~6mm 时，焊工一般可根据焊接电流经验公式选择，即

$$I=(30\sim55)d \tag{2-1}$$

式中 I——焊接电流（A）；

d——焊条直径（mm）。

先算出一个大概的焊接电流，然后在钢板上进行试焊调试，直至确定合适的焊接电流。在试焊过程中，可根据表 2-14 中所列几点来判断选择的电流是否合适。

表 2-14 判断焊接电流大小的几种方法

观察项目	电流过大	电流过小
看飞溅	有较大颗粒的钢液向熔池外飞溅，爆裂声大	熔渣和钢液不易分清
看焊缝成形	熔深大，焊缝下陷，焊缝两侧易咬边	焊缝窄而高，两侧与母材熔合不良
看焊条熔化情况	焊条熔化很快并会过早发红	电弧不稳定，焊条易黏在工件上

焊接电流按焊条直径选择一个合适的电流范围，其参考值见表 2-15。

表 2-15 各种直径的焊条适应电流的参考值

焊条直径/mm	1.6	2	2.5	3.2	4	5	5.8
焊接电流/A	25~40	40~65	50~80	100~130	160~210	200~270	260~300

2. 电弧电压的选择

焊条电弧焊的电弧电压主要由电弧长度来决定。电弧长，电弧电压高；电弧短，电弧电压低。

在焊接过程中，若电弧过长，则电弧燃烧不稳定，飞溅增多，焊缝成形不易控制，尤其对熔化金属的保护不利，而且在有害气体侵入时，还将直接影响焊缝金属的力学性能。因此，焊接时应使用短弧。

所谓短弧，一般认为其电弧长度是焊条直径的 50%~100%。

3. 焊接速度

单位时间内完成的焊缝长度称为焊接速度。焊接速度对焊缝成形的影响如图 2-10 所示。

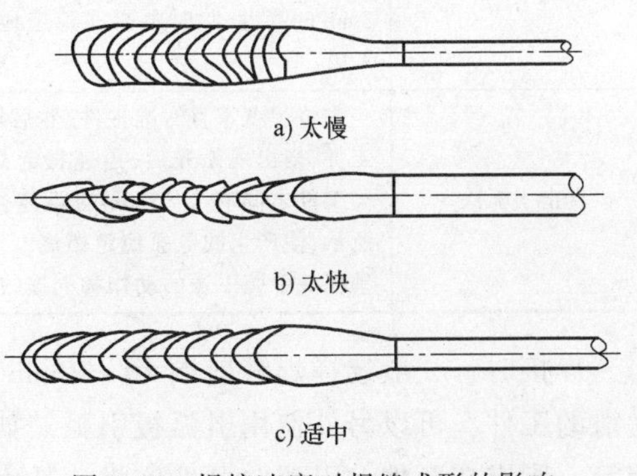

图 2-10 焊接速度对焊缝成形的影响

1）如果焊接速度过慢，高温停留时间增长，热影响区宽度增大，会导致焊接接头的晶粒变粗，力学性能降低，同时变形量增大。焊接较小薄工件时，则容易烧穿。

2）如果焊接速度过快，熔池温度不够，易造成未焊透、未熔合、焊缝成形不良等缺陷。

七、引弧

引弧就是使焊条与工件之间产生稳定的电弧，以加热焊条和工件进行焊接。

1. 操作姿势

平焊一般采取蹲式操作姿势，如图2-11a所示。蹲姿要自然，两脚的位置如图2-11所示。持焊钳的胳膊半伸开，并抬起一定的高度，以保持焊条与工件间的正确角度，保证可悬空无依托地操作。

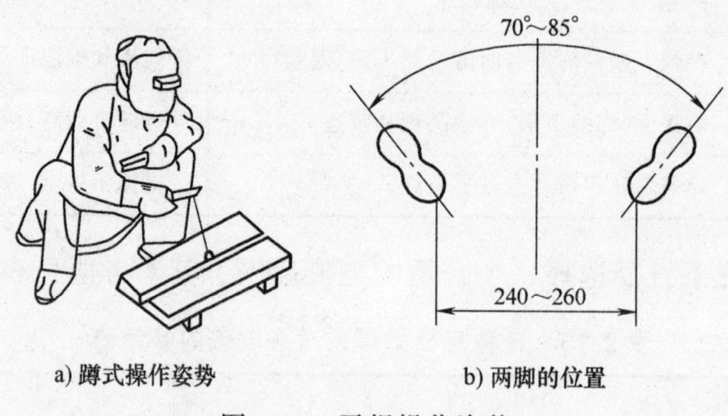

a) 蹲式操作姿势　　b) 两脚的位置

图2-11　平焊操作姿势

2. 引弧方法

常用的引弧方法有划擦引弧法和直击引弧法两种，见表2-16。

表2-16　常用的引弧方法

种类	操作方法	特点
划擦引弧法	先将焊条末端对准工件,然后像划火柴似的,将焊条在工件表面划擦,当焊条与工件接触引燃电弧后立即提起,保持电弧在2~3mm的高度,此时电弧能稳定地燃烧,如图2-12a所示	优点是电弧容易引燃,引弧成功率高;缺点是容易造成工件表面划伤,焊接正式产品时最好少用为宜
直击引弧法	先将焊条垂直对准工件,然后用焊条撞击工件,当出现弧光后,迅速提起焊条并保持与工件之间有2~3mm的距离,如图2-12b所示,使产生的电弧稳定燃烧。操作时必须掌握好手腕下送的动作和上提的距离	优点是不会使工件表面造成划伤,又不受工件表面的大小及工件形状的限制;缺点是不易掌握,往往是碰击几次才能使电弧引燃和稳定燃烧

焊接时，一般选择焊缝前端10~20mm处作为引弧的起点。对焊缝表面要求很光滑的工件，可以另外使用引弧板引弧。如果工件厚薄不一致、高低不平、间隙不相等，则应在薄件上引弧向厚件施焊，从大间隙处引弧向小间隙处施焊，由低的工件引弧向高的工件处施焊。

八、运条

焊条的操作运动简称为运条。

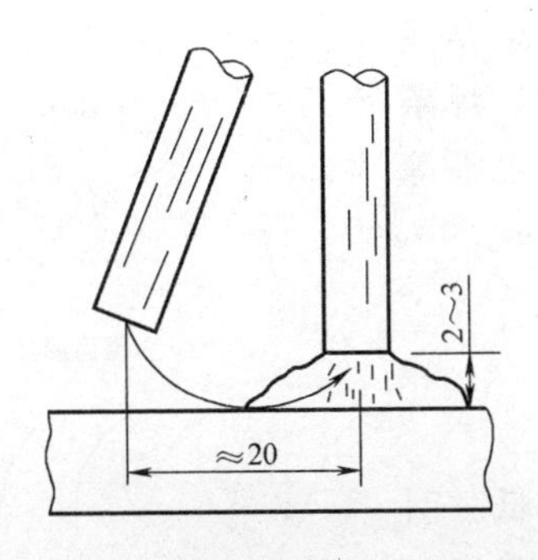

a) 划擦引弧法

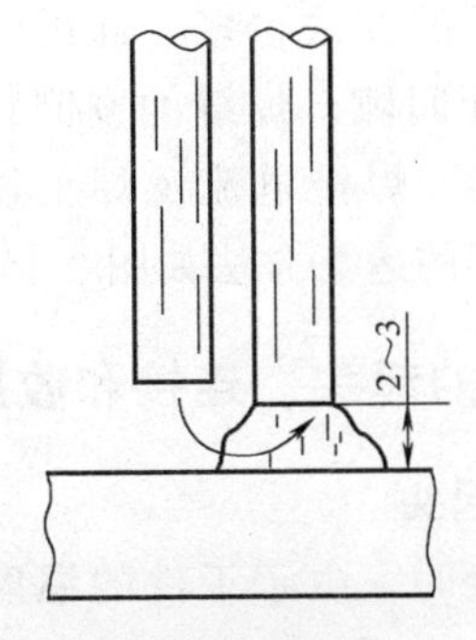

b) 直击引弧法

图 2-12 常用的引弧方法

运条实际上是一种合成运动，即焊条同时完成 3 个基本动作：焊条的轴线送进、焊条沿焊缝轴线方向的纵向移动和焊条的横向摆动。图 2-13 和表 2-17 所示为运条的基本动作。

表 2-17 运条的基本动作

运条动作	运条方向	作用	操作要求
送进（见图 2-13 中动作 1）	焊条沿轴线方向向熔池方向送进	控制弧长，使熔池有良好的保护，保证焊接连续不断地进行，促进焊缝成形	要求焊条送进的速度与焊条熔化的速度相等，以保持电弧的长度不变
移动（见图 2-13 中动作 2）	焊条沿焊接方向的纵向移动	保证沿焊缝轨迹施焊，并控制每道焊缝的横截面面积	移动速度必须适当才能使焊缝均匀
摆动（见图 2-13 中动作 3）	焊条的横向摆动	控制焊缝所需的熔深、熔宽，获得一定宽度的焊缝，并保证坡口两侧及焊道之间的良好熔合；同时可延缓熔池金属的冷却结晶时间，有利于熔渣和气体浮出	其摆动幅度应根据焊缝宽度与焊条直径决定。横向摆动力求均匀一致，才能获得宽度整齐的焊缝。焊缝宽度一般不超过焊条直径的 5 倍

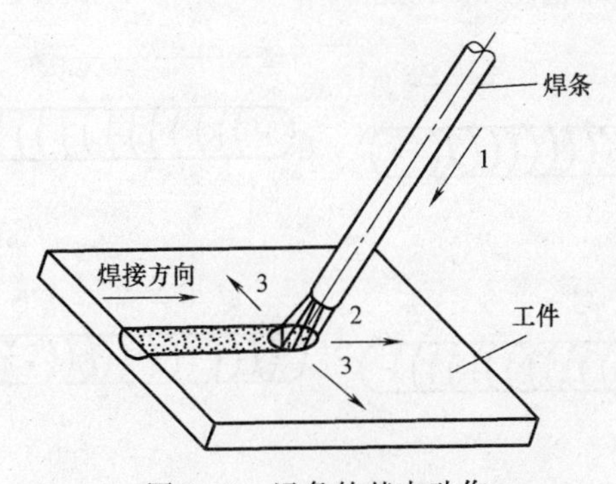

图 2-13 运条的基本动作

1—焊条送进 2—沿焊接方向移动 3—焊条摆动

总结：运条的方法很多，选用时应根据接头的形式、装配间隙、焊缝的空间位置、焊条直径、焊条性能、焊接电流及焊工技术水平等因素而定。常用的运条方法如图 2-14 所示。

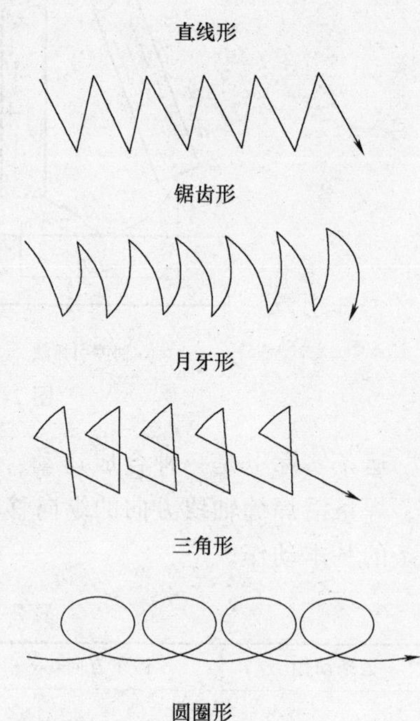

图 2-14　常用的运条方法

九、焊缝的起头、连接和收尾

1. 焊缝的起头

刚开始焊接时，由于工件的温度较低，引弧后又不能迅速将工件温度升高，会使起焊部位焊道较窄，余高略凸起，甚至出现熔合不良和夹渣的缺陷。因此焊道起头时可以在引弧后稍微拉长电弧，从距离始焊点 10mm 左右处回到始焊点，如图 2-15 所示，再逐渐压低电弧，焊条稍做摆动，达到所需的焊道宽度，然后正常焊接。

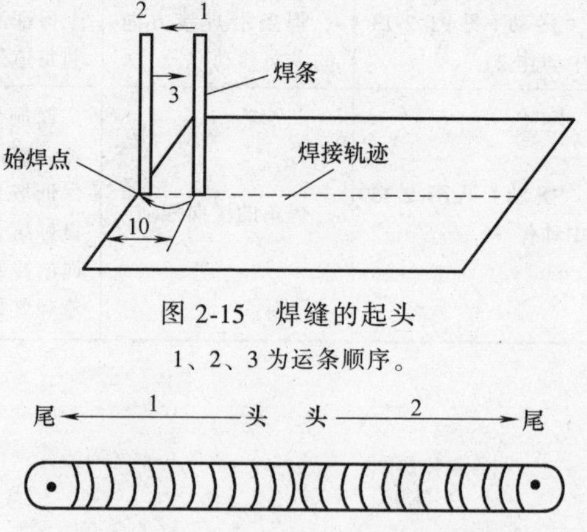

图 2-15　焊缝的起头

1、2、3 为运条顺序。

2. 焊缝的连接

焊条电弧焊时，由于受焊条长度的限制，不可能一根焊条完成一条焊缝，因而会出现两段焊缝前后之间连接的问题。应使后焊的焊缝和先焊的焊缝均匀连接，避免产生连接处过高、脱节和宽窄不一的缺陷。常用焊接接头的连接方式如图 2-16 所示。

尾头相接是从先焊焊道尾部接头的连接形式，这种接头形式应用最多。接头时在先焊焊道尾部前方约 10mm

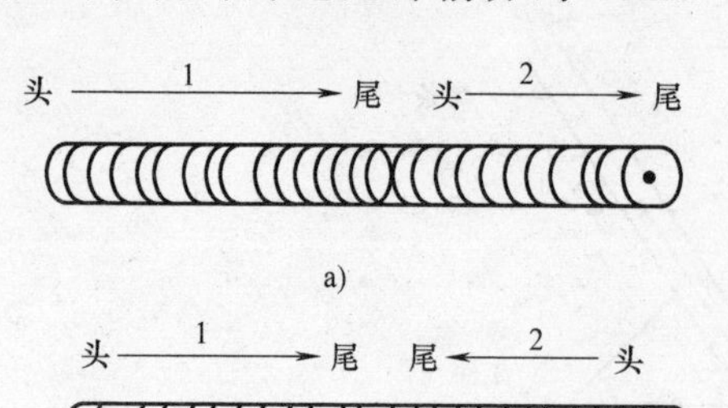

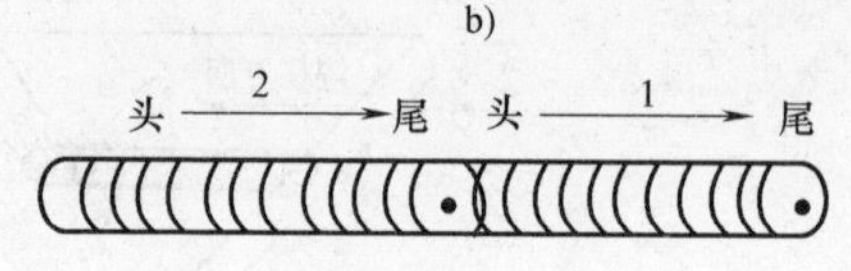

图 2-16　常用焊接接头的连接方式

1—先焊焊缝　2—后焊焊缝

处引弧，弧长比正常焊接时稍长些（碱性焊条不可拉长，否则易产生气孔），待金属开始熔化时将焊条移至弧坑前 2/3 处，填满弧坑后即可向前正常焊接，如图 2-17 所示。

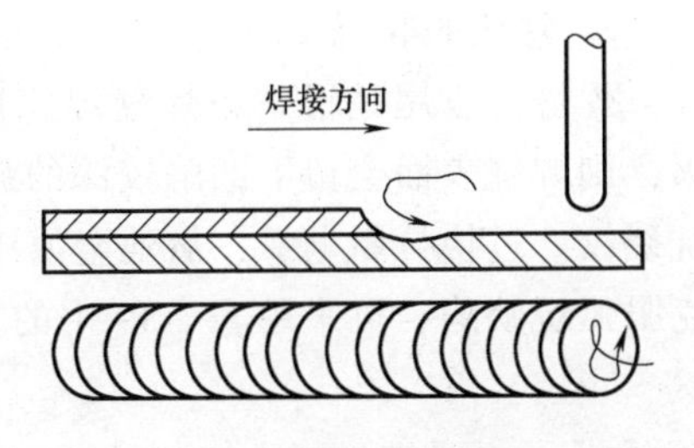

图 2-17 从先焊焊道尾部接头的方法

头头相接是从先焊焊道起头处施焊接头的连接方式，这种接头方式要求先焊焊道的起头处要略低些。接头时从先焊焊道的起头略前处引弧，并稍微拉长电弧，将电弧拉到起头处，并覆盖其端头，待起头处焊平后再向焊道相反方向移动，如图 2-18 所示。

尾尾相接是后焊焊道从接口的另一端引弧，焊到前焊道的结尾处。焊接速度略慢些，以填满弧坑，然后以较快的焊接速度再向前焊一小段。焊道接头的熄弧如图 2-19 所示。

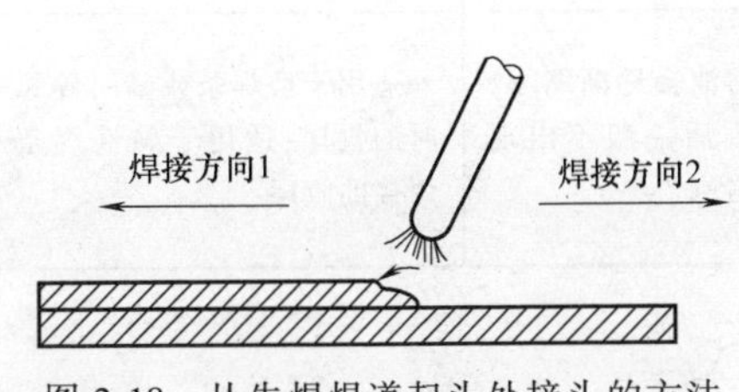

图 2-18 从先焊焊道起头处接头的方法

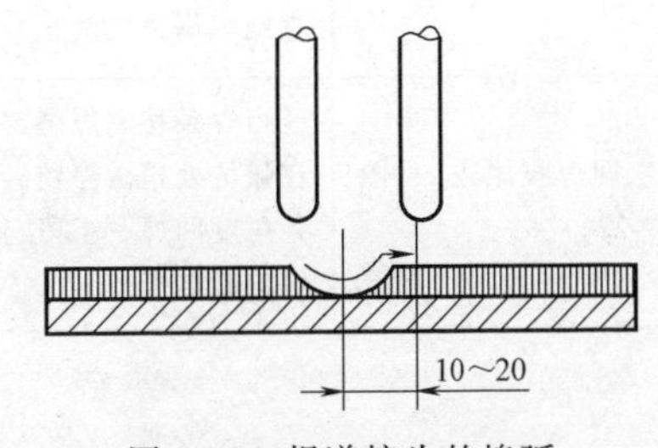

图 2-19 焊道接头的熄弧

首尾相接是后焊焊道的结尾与先焊焊道的起头相连，利用结尾时的高温重复熔化先焊焊道的起头处，将焊道焊平后快速收尾。

此外，根据接头连接时熔池状态的不同，常用焊缝的接头方法有热接法和冷接法两种，其方法及操作要点见表 2-18。

表 2-18 常用焊缝的接头方法

种类	熔池状态	接头方法	操作要点
热接法	前一根焊条的熔池还处于红热状态的熔池	焊缝收弧处熔池尚保持红热状态时，迅速更换焊条并在收弧斜坡前 10～15mm 的熔渣上引孤，然后将电弧拉到斜坡上稍停一下，形成正常的焊接熔池或熔孔后，即可以进行正常焊接	1. 换焊条要快 2. 位置要准，电弧后退到前一焊道的弧坑处 3. 掌握好电弧下压时间，当电弧已向前运动，焊至原弧坑的前沿时，必须再下压电弧
冷接法	前一根焊条的熔池已经凝固冷却	将距弧坑 15～20mm 处斜坡上的焊渣敲掉，并清理干净后，在此处的斜坡上再引弧。焊条做横向摆动向前施焊，焊至收弧处前沿时，填满弧坑，焊条下压并稍做停顿。当听到“噗噗”声后，将焊条抬起，继续向前施焊	施焊前，收弧处打磨成缓坡形

3. 焊缝的收尾

焊缝的收尾是指一条焊缝焊完后如何收弧。焊接结束时，如果将电弧突然熄灭，则焊缝表面会留下凹陷较深的弧坑，会降低焊缝收尾处的强度，并容易引起弧坑裂纹。过快拉断电弧，熔池金属中的气体来不及逸出，容易产生气孔等缺陷。为克服弧坑缺陷，可采用表 2-19 中的方法收尾。

表 2-19　焊缝的收尾方法

种类	方法	特点	适用范围
划圈收尾法(见图 2-20)	当焊条移到焊缝终点时,在弧坑处做圆圈运动,直到填满弧坑再拉断电弧	逐渐填满弧坑,不易产生缺陷	适用于厚板焊接时的收尾
反复断弧法(见图 2-21)	当焊条移到焊缝终点时,在弧坑处反复熄弧、引弧数次,直到填满弧坑为止	易产生气孔	适用于薄板和大电流焊接时的收尾,不适用于碱性焊条
回焊收尾法(见图 2-22)	当焊条移到焊缝终点时,先在弧坑处稍做停留,再改变焊条角度回焊一小段,然后慢慢地拉断电弧	熔池会逐渐缩小,凝固后一般不出现缺陷	适用于换焊条或临时停弧时的收尾;适用于碱性焊条焊接的收尾

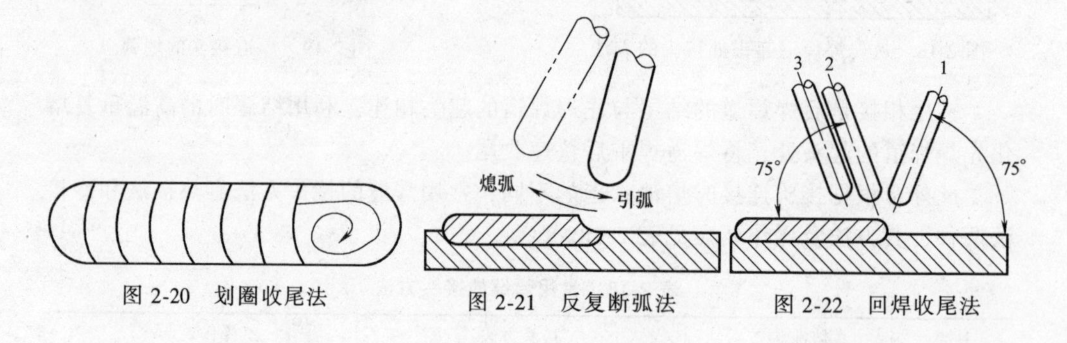

图 2-20　划圈收尾法　　图 2-21　反复断弧法　　图 2-22　回焊收尾法

实践　练习引弧

1. 操作准备

（1）焊接设备　BX3-300 型弧焊变压器或 ZX5-400 型弧焊整流器、ZX7-400 型逆变直流焊机。

（2）工件　材质为 Q235A 的钢板，规格为 300mm×100mm×8mm。

（3）焊条　型号（牌号）：E4316（J426）或 E4315（J427）焊条。规格：ϕ3. 2mm、ϕ4mm（按规定要求烘干并保温）。

（4）辅助工具　焊条保温桶、敲渣锤、钢丝刷、面罩等工具以及个人劳保用品。

2. 任务分析

操作过程中会出现以下问题：焊条与工件接触后提升速度要适当，太快难以引弧，太慢焊条和工件粘在一起造成短路，时间长会造成焊机损坏，产生这种现象时可将焊条左右扭摆几下，即可使焊条脱离工件，否则应立即将焊钳从焊条上取下，待焊条冷却后，再将焊条扳下。

3. 操作步骤

（1）引弧堆焊操作步骤

1）在工件的引弧位置用粉笔画出直径为 13mm 的一个圆。

2）用直击引弧法在圆圈内直击引弧。

3）引弧后保持适当电弧长度，在圆圈内做划圈动作 2 次或 3 次后灭弧。待熔化的金属凝固冷却后，再在其上面引弧堆焊。

4）反复操作直到堆起高度为 50mm 为止，如图 2-23 所示。

（2）定点引弧操作步骤

1）在工件上按图 2-24 所示用粉笔画线。

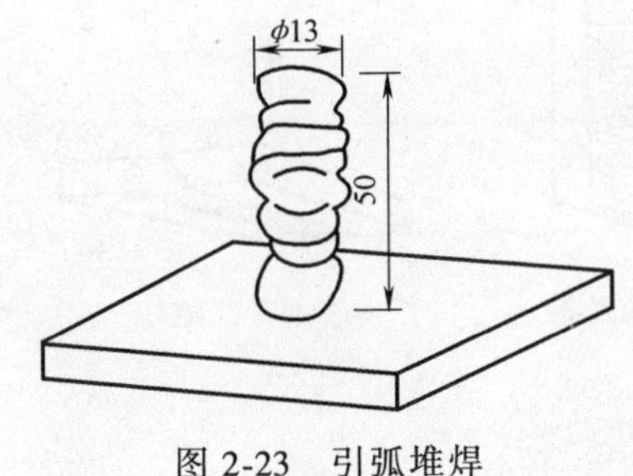

图 2-23　引弧堆焊

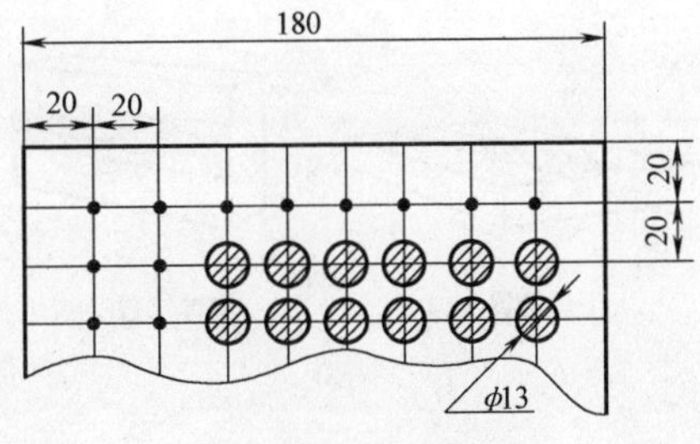

图 2-24　定点引弧

2）在直线的交点处用划擦引弧法引弧。

3）引弧后，焊成直径为 13mm 的焊点后灭弧。这样不断地操作完成若干个焊点。

4. 操作注意事项

1）操作时必须穿戴好工作服、脚盖、手套等劳保用品，必须戴防护遮光面罩，以防电弧灼伤眼睛。

2）弧焊电源外壳必须有良好的接地或接零，焊钳绝缘手柄必须完整无缺。

3）引弧处应无油污、水锈，以免产生气孔和夹渣。

4）为了便于引弧，焊条末端应裸露焊芯，若不露，可用锉刀轻锉，不能用力。

任务二　板对接平焊

平焊（见图 2-25）是指焊接处于水平位置或者倾斜角度不大的焊缝，焊条位

焊条电弧焊平焊

于工件之上，焊工俯视工件将两块钢板焊在一起所进行的焊接工艺。这种焊接位置属于对接焊接中最容易焊的一个位置。

图 2-25　平焊示意图

一、焊缝的分类、焊接接头形式及坡口的基本形式

1. 焊缝的分类

焊缝的基本形式

金属结构中的焊缝，以焊缝及其轴向在空间中的位置分类，可以分为平焊位置焊缝、立焊位置焊缝、横焊位置焊缝、仰焊位置焊缝（见图 2-26）；按照焊缝的结构分类，可以分为对接焊缝和角接焊缝（见图 2-26）；按照焊缝断续情况分，可以分为定位焊缝、连续焊缝及断续焊缝。

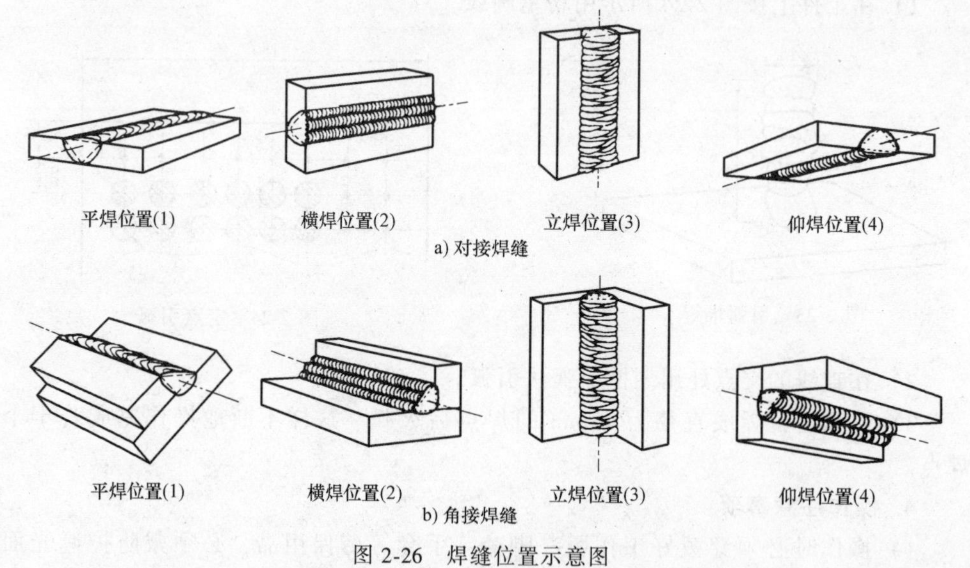

图 2-26　焊缝位置示意图

水平固定管的对接焊缝包括平焊、立焊和仰焊等焊接位置。熔焊时，焊缝所处的空间位置包括平焊、横焊、立焊和仰焊位置所进行的焊接，称为全位置焊接。T 形接头、十字形接头和角接接头处于平焊位置进行的焊接，称为船形焊，如图 2-27 所示。这种焊接位置相当于在 90°V 形坡口内的水平对接缝。

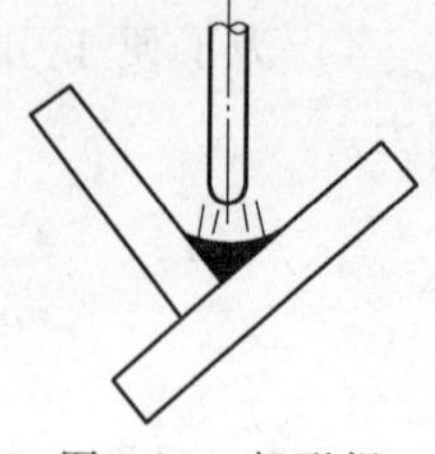

图 2-27　船形焊

2. 焊接接头形式

最适于焊条电弧焊的焊接接头有对接接头、搭接接头、角接接头和 T 形接头等基本形式，如图 2-28 所示。设计或选

用接头形式时，主要根据产品的结构特点和焊接工艺要求，并综合考虑受力条件、加工成本、焊接应力与变形等因素。对接接头与搭接接头相比，具有受力简单均匀、节省金属等优点，故应用最多。

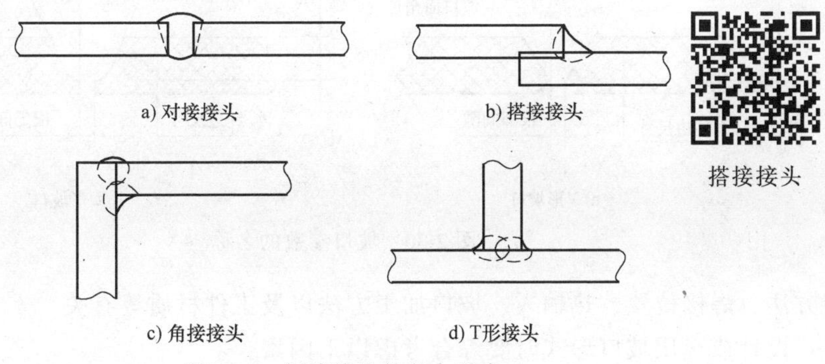

图 2-28　焊接接头的基本形式

3. 坡口的基本形式

根据设计或工艺需要，将工件的待焊部位加工成一定的几何形状，经装配后构成的沟槽称为坡口。利用机械（剪切、刨削或车削）、火焰或碳弧气刨等方法加工坡口的过程称为开坡口。开坡口的主要目的是使电弧能深入坡口底层，保证底层焊透，便于清渣，获得较好的焊缝成形，同时还能调节基本金属和填充金属的比例。

焊条电弧焊坡口的基本形式和尺寸详见 GB/T 985.1—2008《气焊、焊条电弧焊、气体保护焊和高能束焊的推荐坡口》。对接接头坡口的基本形式如图 2-29 所示，有 I 形坡口、V 形坡口、双 V 形坡口、U 形坡口等。其中，图 2-29a、b、d 是在工件单面开的坡口，可称为单面坡口；图 2-29c 是在工件双面开的坡口，可称为双面坡口。常用的 V 形及 U 形坡口设计参数如图 2-30 所示。设计人员可以根据板厚和接头类型选择适当的坡口形式和坡口尺寸。

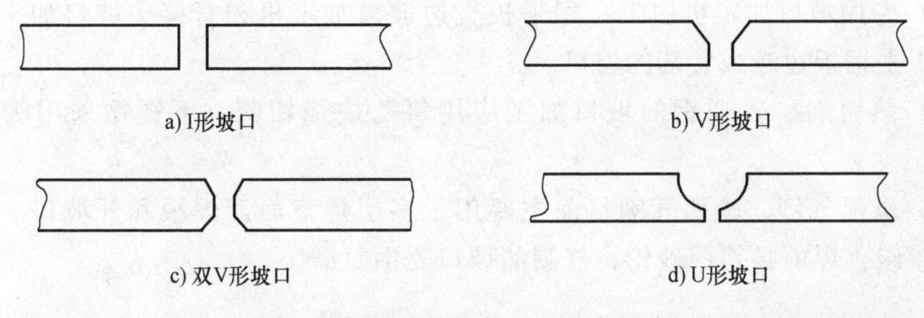

图 2-29　对接接头坡口的基本形式

当板厚相同时，双面坡口比单面坡口、U 形坡口比 V 形坡口消耗焊条少，焊接变形小。随着板厚增大，这些优点更加突出，但 U 形坡口加工较困难，加工费用较高，一般用于较重要的结构。当不同厚度的钢板对接时，应按焊接技术要求对厚钢板坡口侧进行削薄处理。坡口的形式及其尺寸一般随板厚而变化，同时还与焊

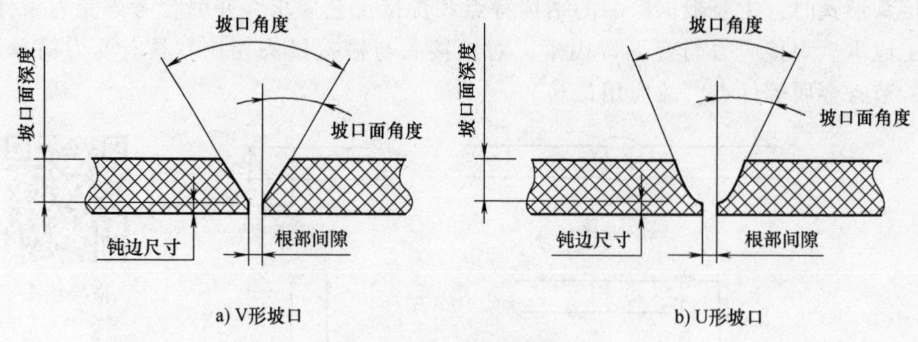

图 2-30　坡口参数的名称

接方法、焊接位置、热输入、坡口加工方法以及工件材质等有关。

设计或选用坡口形式时要综合考虑以下因素：

1）达到设计所需的熔深和焊缝成形，这是保证焊接接头工作性能的主要因素。

2）具有可达性，即焊工能按工艺要求自如地进行运条。

3）有利于控制焊接变形和焊接应力，这是为了避免焊接裂纹和减少焊后矫正的工作量。

4）要综合考虑坡口加工费用和填充金属消耗量的大小。

4. 坡口形成

坡口形成包括坡口形状的加工和坡口两侧的清理工作。根据工件结构形式、板厚和材料的不同，坡口形成方法也不同。常用的坡口加工方法有以下几种：

(1) 剪切　用剪板机加工。

(2) 刨削　用刨床或刨边机加工直边坡口。

(3) 车削　圆管、圆封头、圆柱体的坡口可在车床上车削加工。

(4) 专用坡口加工机加工　用平板直边坡口加工机和管接头坡口加工机，可分别加工平钢板边缘或管端的坡口。

(5) 热切割　普通钢的坡口加工应用氧乙炔焰切割，不锈钢采用等离子弧切割。

(6) 碳弧气刨　碳弧气刨目前主要用于多层焊背面清焊根和开坡口。为了防止焊缝渗碳，焊前必须用砂轮将气刨的坡口表面打磨。

二、平焊焊接参数的选择

1. 焊接电流的选择

根据板厚选择合适的焊接电流范围。对接接头的板厚小于 6mm 的，是 I 形坡口，一般采用双面焊。大于 6mm 有 V 形坡口、X 形坡口、U 形坡口，采用单面焊双面成形。对接接头平焊焊接参数对照见表 2-20。

表 2-20　对接接头平焊焊接参数对照

焊缝横断面形式	工件厚度或焊脚尺寸/mm	第一层焊缝		其他层焊缝		底层焊缝	
		焊条直径/mm	焊接电流/A	焊条直径/mm	焊接电流/A	焊条直径/mm	焊接电流/A
	2	2	50~60	—	—	2	55~60
	2.5~3.5	3.2	80~110	—	—	3.2	85~120
	4~5	3.2	90~130	—	—	3.2	100~130
		4	160~200	—	—	4	160~200
		5	200~260	—	—	5	10
	5~6	4	160~200	—	—	3.2	220~260
				—	—	4	100~130
	>6	4	160~200	4	160~210	4	180~210
				5	220~280	5	220~260
	≥6	4	160~200	4	160~210	—	—
				5	220~280	—	—

注：1. 第一层焊缝为打底焊缝或正面焊缝。
　　2. 底层焊缝为双面焊的背面焊缝。

2. 电弧电压的选择

焊条电弧焊的电弧电压主要由电弧长度来决定。电弧长，电弧电压高；电弧短，电弧电压低。在焊接过程中，若电弧过长，则电弧燃烧不稳走，飞溅增多，熔深浅，会产生咬边、气孔等缺陷。焊接时，应该使用短弧焊接，即电弧长度是焊条直径的50%~100%的电弧，相应的电弧电压为16~25V。碱性焊条的电弧长度不应超过焊条的直径，为焊条直径的1/2较好，酸性焊条的电弧长度应等于焊条直径。

3. 焊接速度

焊接速度是由焊工的操作决定的，它直接影响焊缝成形质量和焊接生产率。在保证焊缝具有所要求的尺寸和外形及良好的熔合原则下，根据具体情况和焊接经验灵活掌握。

4. 焊接层数

当工件较厚时（大于6mm），需要开坡口并采用多层焊。多层焊时，前层焊道对后层焊道起着预热作用，而后层焊道会使前层焊道中存在的偏析、夹渣及一些气孔重新熔合，同时还对前一层焊道起到热处理作用，因此，接头的延性和韧性都比较好。特别是对于易淬火钢，后一层焊道对前一层焊道的回火作用，可改善焊接接头的组织和性能。因此，对一些重要的结构，焊接层数多些为好，每层厚度最好不大于4mm。

实践一　练习工件组对、定位焊

1. 操作准备

（1）焊接设备　BX3-300 型弧焊变压器或 ZX5-400 型弧焊整流器、ZX7-400 型逆变直流焊机。

（2）工件　材质为 Q235A 的钢板，规格为 300mm×100mm×12mm，坡口加工如图 2-31 所示。

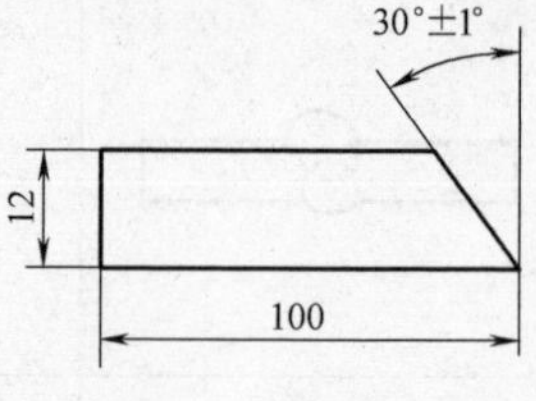

图 2-31　坡口加工

（3）焊条　型号（牌号）：E4316（J426）或 E4315（J427）焊条。规格：ϕ3.2mm、ϕ4mm（按规定要求烘干并保温）。

（4）辅助工具　焊条保温桶、砂纸、敲渣锤、钢丝刷、面罩等工具以及个人劳保用品。

2. 任务分析

工件组对和定位焊是保证焊接质量的基础。组对前应注意坡口的清理，工件是否有弯曲不平现象。直接在坡口内点焊的方法进行焊接接头的组对。控制对口错边量、组对间隙。

3. 操作步骤

（1）检查坡口表面　坡口表面不得有裂纹、分层、夹杂等缺陷，应清除焊接接头的内外坡口表面及坡口两侧母材表面至少 20mm 范围内的氧化物、油污、熔渣及其他有害物质。用砂纸或钢丝刷打光工件的待焊处，直至露出金属光泽，如图 2-32 所示。

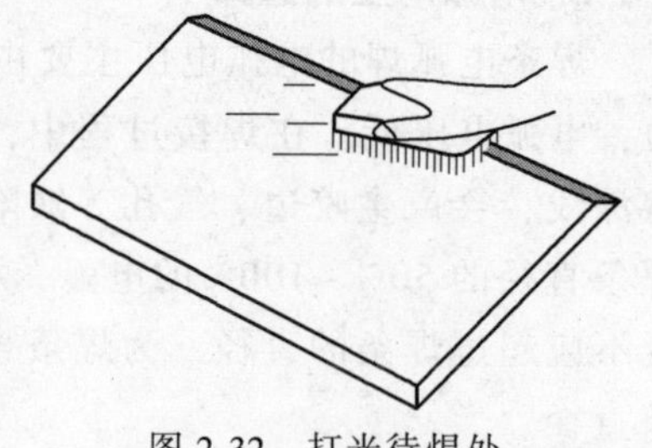

图 2-32　打光待焊处

（2）工件组对　工件组对时应预留一定的坡口根部间隙，为减少焊接过程中热收缩作用的影响，终焊端的坡口根部间隙应比始焊端大：始端间隙为 3.2mm，终端间隙为 4mm。为减少焊后残余变形，应在组对时预留一定的反变形量 $h=3.5$mm，$\alpha=2°$，如图 2-33 所示。

（3）定位焊　定位焊为了固定工件的相对位置进行的，定位焊焊缝间隙一般比较小（见图 2-34 和图 2-35），在坡口两端进行装配定位焊，焊缝的长度约为 25mm，焊接过程中电流比正常焊接大 10%～15%，保证焊透。定位焊后，检查焊口处是否平齐，若不平齐则应进行矫正。如果需要调整工件位置，可以用锤子打断已经定位的焊缝，重新定位。

4. 操作注意事项

组对过程中要注意反变形量，工件有弯曲不平现象时，应进行调平。组对时应保证在焊接过程中焊点不得开裂，也可以使用夹具定位进行组对。

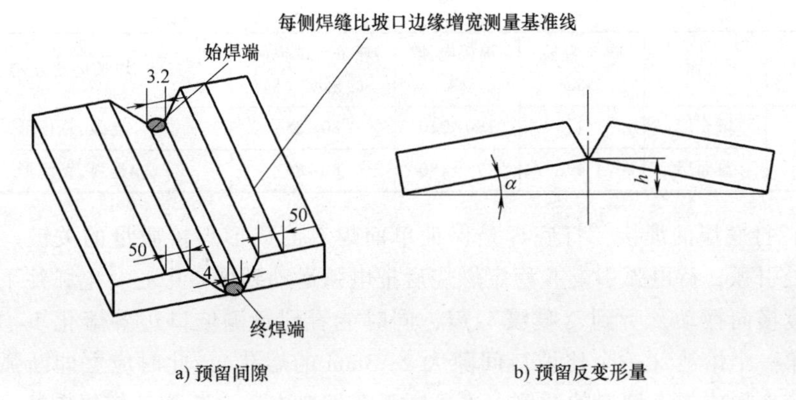

a) 预留间隙　　b) 预留反变形量

图 2-33　组对示意图

图 2-34　I 形坡口　　图 2-35　V 形坡口

实践二　练习低碳钢板对接平焊“断弧焊”

1. 操作准备

见本任务实践一。

2. 任务分析

板对接平焊时，工件呈水平固定悬空位置，熔滴受重力作用影响，可以顺利向熔池过渡，其焊接位置方便焊接操作人员进行操作，因此可采用较大焊接电流从坡口根部间隙小的一端进行施焊。但在施焊过程中，由于熔渣朝前流动，影响焊接操作人员视线，熔孔不易观察，容易造成排渣不当，从而产生烧穿、焊瘤、未焊透和夹渣等缺欠，在焊接操作过程中应引起注意。

3. 操作步骤

接续本任务实践一进行打底焊、填充焊和盖面焊，焊接参数见表 2-21。

表 2-21　低碳钢板对接平焊焊接参数

焊接层次	名称	焊条直径/mm	焊接电流/A	焊条与试板面的角度/(°)	焊条运动方式
1	打底层	3.2	100~115	45~50	断弧,一点式运条或两点式运条
2	填充层	3.2	130~135	75~85	连弧,锯齿形
3	填充层	4	190~210	80~85	连弧,锯齿形

（续）

焊接层次	名称	焊条直径/mm	焊接电流/A	焊条与试板面的角度/(°)	焊条运动方式
4	填充层	4	190~210	80~85	连弧，锯齿形
5	盖面层	4	175~180	80~85	连弧，锯齿形

（1）打底层的焊接　打底焊是保证单面焊双面成形焊接质量的关键。在定位焊起弧处引弧，待电弧引燃并稳定燃烧后把电弧运动到坡口中心，电弧往下压，并做小幅度横向摆动，听到“噗噗”声，同时能看到每侧坡口边各熔化1~1.5mm，并形成第一个熔池（一个比坡口间隙大2~3mm的熔孔），此时应立即断弧，断弧的位置应在形成焊点坡口的两侧，不可断弧在坡口中心，断弧动作要果断，以防产生缩孔。待熔池稍微冷却（大约2s），透过护目镜观察熔池液态金属逐渐变暗，最后只剩下中心部位一个亮点时，将电弧（电焊条端）迅速做小横向摆动至熔孔处，有手感地往下压电弧，同时也能听到“噗噗”声，又形成一个新的熔池，这样反复类推，采用断弧焊将打底层焊接完成。

需要注意的是“接头”，首先应有一个好的熄弧方法，即在焊条还剩50mm左右时，就要有熄弧的准备，将要熄弧时就应有意识地将熔孔做得比正常断弧时要大一点，以利接头。每根焊条焊完，换焊条的时间要尽量快，应迅速在熄弧处的后方（熔孔后）10mm左右引弧，锯齿横向摆动到熄弧处的熔孔边缘，并透过护目镜看到熔孔两边沿已充分熔合，电弧稍往下压，听到“噗噗”声，同时也看到新的熔孔形成，立即断弧，接头焊条运动方式如图2-36所示，恢复正常断弧焊接。

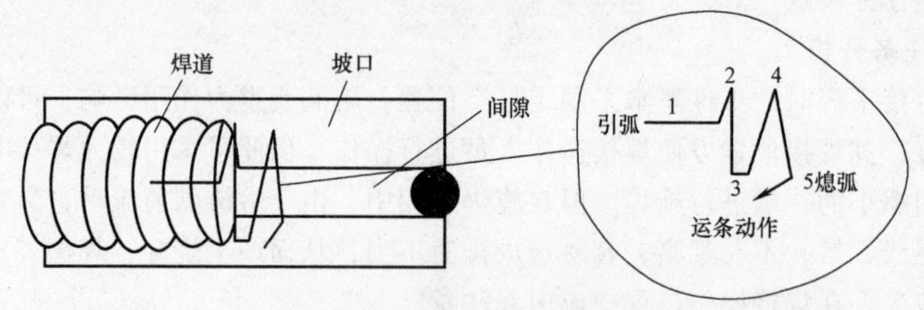

图2-36　接头焊条运动方式

（2）填充层的焊接　第2~4层为填充层，其焊接参数见表2-21。填充层的焊接需要注意的是千万不要焊出中间高、两头有夹角的焊道，以防产生夹渣等缺陷，应焊出中间与焊道两侧平整或中间略低、两侧略高的焊缝为好，如图2-37所示。

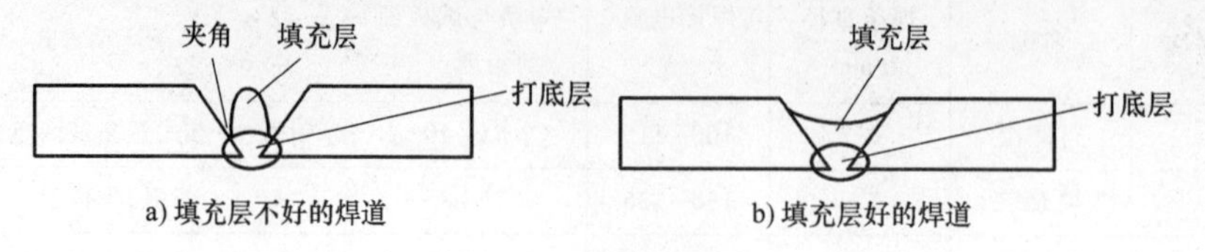

图2-37　填充层示意

施焊时要严格遵循中间快、坡口两侧慢的运条手法，运条要平稳，焊接速度要一致，控制各填充层的熔敷金属高度一致，并注意各填充层间的焊接接头要错开，认真清理焊渣，并用钢丝刷处理露出金属光泽，再进行下一层的焊接。最后一层填充层（表2-21中第4层）焊后的高度要低于母材1~1.5mm，并使坡口轮廓线保持良好，以利盖面层的焊接。

（3）盖面层的焊接　盖面焊时焊接电流要小些，其焊接参数见表2-21，运条方式采用锯齿形或月牙形。焊条摆动要均匀，始终保持短弧焊。焊条摆动到坡口轮廓线处应稍做停留，以防咬边和坡口边沿熔合不良等缺陷的产生，使表面焊缝成形美观，鱼鳞纹清晰。

4. 操作注意事项

注意焊接时电弧要短，给送熔滴金属要少，形成焊道要薄，断弧频率要快。电弧短是指电弧要尽量压低，以免由于电弧过长产生气孔。每次给送的熔滴金属量要少，且每次给送金属不要呈球状、堆状，要呈片状送给，使焊道均匀。每次引弧、灭弧的频率要快，即间隔时间短，焊接速度加快。这样可以有效地避免频繁引弧、灭弧，避免或减少空气侵入熔池，同时又能保证坡口正、反两面母材与填充金属熔合良好。

施焊中要严格遵守“看”“听”“准”三项要领，并相互配合同步进行。

实践三　练习低合金钢板对接平焊“连弧焊”

1. 操作准备

（1）焊接设备　选用直流弧焊机、硅整流弧焊机或逆变弧焊机均可。

（2）焊条　选用E5015或E5016碱性焊条均可，焊条直径ϕ3.2mm、ϕ4mm，焊前经350~360℃烘干，保温2h。

（3）工件　采用Q355低合金钢板，规格为300mm×125mm×12mm，两件，用剪板机或气割下料，其坡口边缘的热影响区加工达到需要尺寸，试板如图2-38所示。

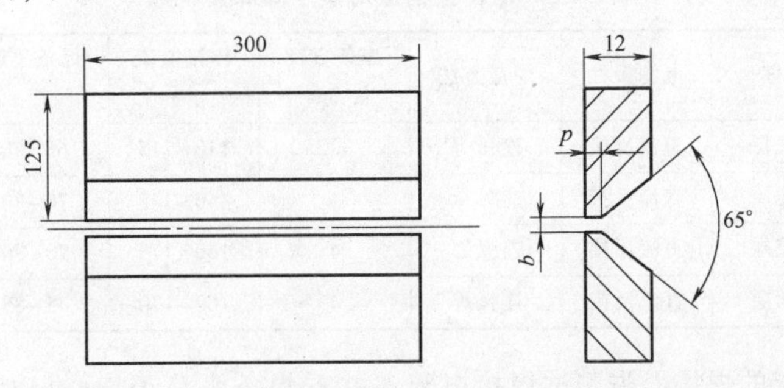

图2-38　低合金钢板对接焊单面焊双面成形试板

（4）辅助工具和量具　焊条保温筒、角向磨光机、钢丝刷、钢直尺（300mm）、敲渣锤、焊缝万能量规等。

2. 任务分析

平焊是焊条电弧焊的基础。平焊有以下几个特点。

1）焊接时熔化金属主要靠重力过渡，焊接技术容易掌握。除第1道打底焊外，其他各层可选用较大的电流进行焊接。焊接效率高，表面焊缝成形易控制。

2）打底焊时，若操作不当，容易产生未焊透、缩孔、焊瘤等缺陷。为此，对操作者而言，采用碱性焊条“连弧焊”进行单面焊双面成形，施焊并非易事，可以说平焊操作比立焊、横焊难度要大。

3. 操作步骤

（1）工件装配定位

1）用角向磨光机将试板两侧坡口边缘20~30mm范围以内的油、污、锈、垢清除干净，使之呈现出金属光泽，然后修磨坡口钝边，使钝边尺寸保持在0.5~1mm。

2）将打磨好的试板装配成始焊端间隙为2.5mm，终焊端间隙为3.2mm（可用ϕ2.5mm与ϕ3.2mm焊条头夹在坡口的端头钝边处，定位焊接两试板，然后用敲渣锤打掉ϕ2.5mm和ϕ3.2mm焊条头即可），对定位焊缝焊接质量要求与正式焊缝一样。其错边量≤1mm。

3）反变形：平焊反变形（见图2-39）控制在3.5mm左右。

（2）焊接操作　对接平焊，焊缝共有4层，即第1层为打底层，第2、3层为填充层，第4层为盖面层。焊接层次如图2-40所示。焊接参数见表2-22。

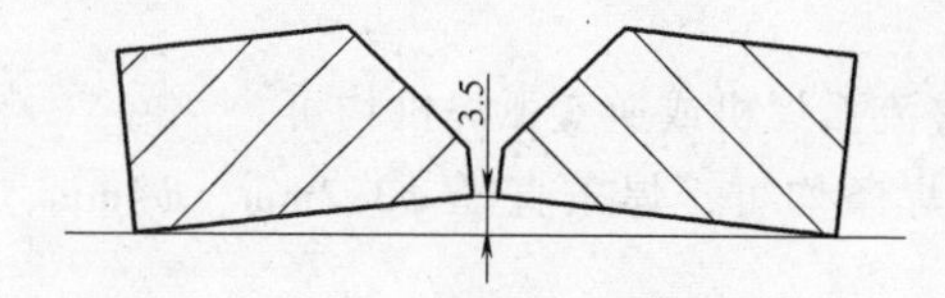

图2-39　平焊反变形的取量

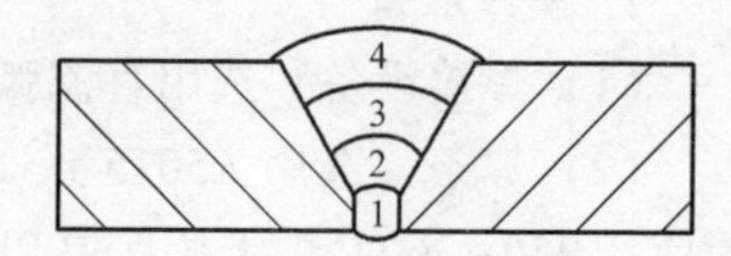

图2-40　焊接层次

表2-22　低合金钢板对接平焊焊接参数

焊接层次	名称	电源极性	焊接方法	焊条直径/mm	焊接电流/A	焊条角度/(°)	运条方式
1	打底层	直流反接	连弧焊	3.2	110~115	65~70	小月牙形摆动
2	填充层	直流反接	连弧焊	4	160~175	70~80	锯齿形摆动
3	填充层	直流反接	连弧焊	4	160~175	70~80	锯齿形摆动
4	盖面层	直流反接	连弧焊	4	160~170	75~85	锯齿形摆动

1）打底层的焊接　先测试焊接电流，并看焊条头是否偏心（如果焊条偏心，势必产生偏弧，将会影响打底焊的质量）。焊条试焊合格后，应在试板的始焊定位焊端引燃电弧，做1~2s的稳定电弧动作后，电弧做小月牙形横向摆动，当电弧运动到定位焊边缘坡口间隙处便压低电弧向右连续施焊。电焊条的右倾角（与工件

平面角度）为65°~70°（见图2-41），在整个施焊过程中，应始终能听见电弧击穿坡口钝边的“噗噗”声。焊条的摆动幅度要小，一般控制在电弧将两侧坡口钝边熔化1.5~2mm为宜，电弧每运动到一侧坡口钝边处稍停做稳弧动作（≤2s），也就是保持电弧在坡口两侧慢、中间快的原则，通过护目镜可以清楚地观察到熔池形状，也可看到电弧将熔渣透过熔池，流向焊缝背面，从而保证焊缝背面成形良好。在打底层焊接过程中，要始终保持熔孔大小一致，压低电弧，手把要稳，焊速要匀，一般情况下不要拉长电弧或做“挑弧”动作。

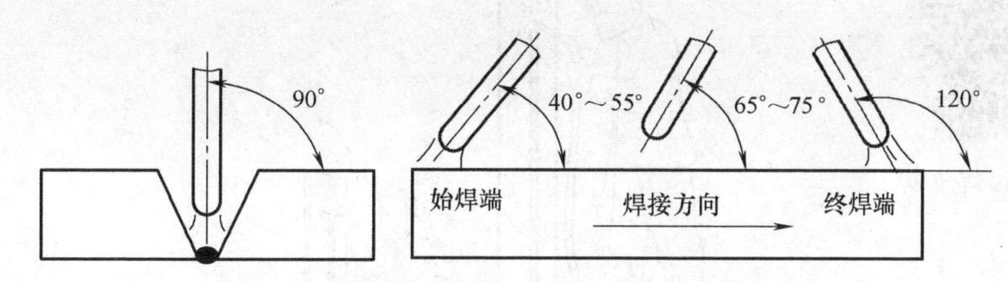

图2-41 平焊施焊过程中焊条角度变化

收弧时，应缓慢地把焊条向左或右坡口侧带一下（停顿一下），然后将电弧熄灭，不可将电弧熄在坡口的中心，这样能防止背面焊道产生缩孔和气孔。接头时换焊条动作要快，将焊条角度调至75°~80°，在弧坑后15mm处引弧，用小锯齿形运条方式摆动至熔池，将焊条往下压，听到“噗噗”的击穿坡口钝边声后，并形成新的熔孔，焊条做1~2s的时间停留（时间不可太长，否则易产生烧穿而形成焊瘤），以利于将熔滴送到坡口背面，接头熔合好后，再把焊条角度恢复到原来打底焊的施焊角度，这样做能使背面焊道成形圆滑，无凹陷、夹渣、未焊透、焊道接头脱节等缺陷。

2）填充层的焊接 打底焊完成后，要彻底清渣。第2道、第3道焊缝为填充层，为防止因熔渣超前（超过焊条电弧）而产生夹渣，应压住电弧，采用锯齿形运条法，电弧要在坡口两侧多停留一下，中间运条稍快，使焊缝金属圆滑过渡，坡口两侧无夹角，熔渣覆盖良好，每个接头的位置要错开，并保持每层焊层的高度一致。第3道填充层焊后表面焊缝应低于工件表面1.5mm左右为宜。

3）盖面层的焊接 盖面焊时，焊接电流应略小于或等于填充层焊接电流（见表2-22），焊条做锯齿形运条横摆应将每侧坡口边缘熔化2mm左右为宜。电弧应尽量压低，焊接速度要均匀，电弧在坡口边缘要稍做停留，待铁液饱满后，再将电弧运至另一边缘。这样，才能避免表面焊缝两侧产生咬边缺陷，成形方能美观。

4. 操作注意事项

改变焊接参数和运条方法可以改善焊接过程中产生的缺陷。液态金属的送进要均匀覆盖正面焊接熔池的2/3和背面熔池的1/2，使每侧坡口钝边熔化1~1.5mm，焊接过程中保持短弧焊接。采用锯齿形或月牙形运条方式，摆动要均匀。

任务三　板对接立焊

焊缝垂直于地面的焊接为立焊，其操作姿势如图 2-42 所示。由于在重力作用下，焊条熔化时形成的熔滴及熔池中的液态金属下淌，使焊缝成形困难，为此，立焊应采用短弧焊接法，焊条直径与焊接电流的选用应小于平焊。

焊条电弧焊立焊

图 2-42　立焊的操作姿势

一、常见的焊条电弧焊缺陷及防止措施

1. 焊缝形状缺陷及防止措施

焊缝形状缺陷有：焊缝尺寸不符合要求、咬边、未焊透、未熔合、烧穿、焊瘤、弧坑、电弧擦伤、飞溅等。产生原因和防止措施如下：

应力集中

（1）焊缝尺寸不符合要求　焊缝尺寸不符合要求主要是指焊缝余高及余高差、焊缝宽度及宽度差、错边量、焊后变形量等不符合标准规定的尺寸，焊缝高低不平、宽窄不齐、变形较大等。如图 2-43a 所示，焊缝不直、宽窄不均，除了造成焊缝成形不美观外，还影响焊缝与母材的结合强度；如图 2-43b、c 所示，焊缝余高太大，造成应力集中，而焊缝余高低于母材，则会使“焊肉”不足，得不到足够的接头强度；错边和变形过大，则会使传力扭曲及产生应力集中，造成强度下降。

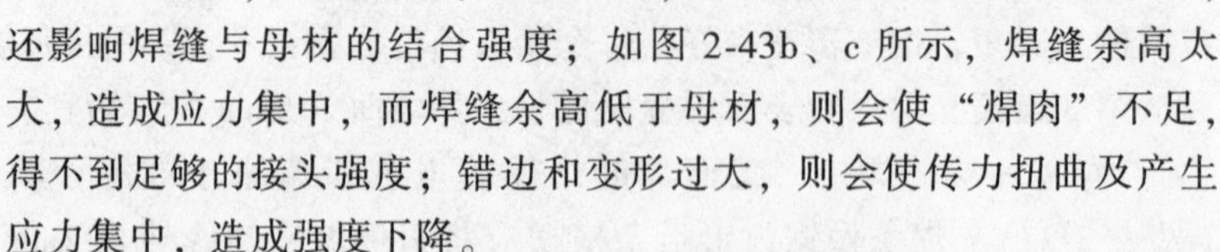

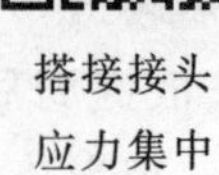

搭接接头应力集中

产生原因：坡口角度不当或钝边及装配间隙不均匀；焊接参数选择不合理；焊工的操作技能较低等。

防止措施：选择适当的坡口角度和装配间隙；提高装配质量；选择合适的焊接参数；提高焊工的操作技术水平等。

（2）咬边　由于焊接参数选择不正确或操作工艺不正确，在沿着焊趾的母材部位烧熔形成的沟槽或凹陷称为咬边，如图 2-44 所示。咬边不仅降低了焊接接头强度，而且因应力集中容易引发裂纹。

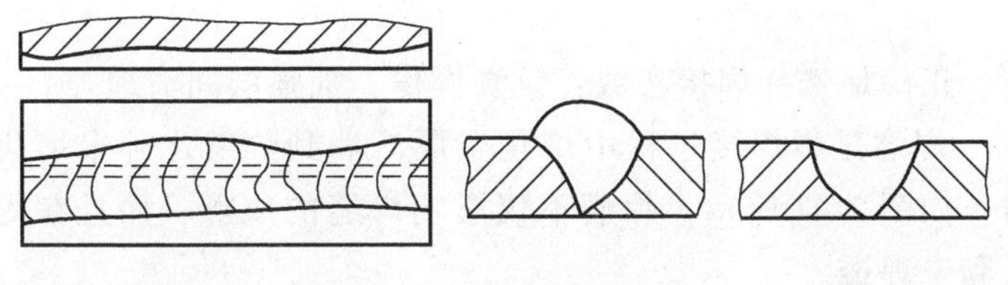

图 2-43 焊缝尺寸不符合要求

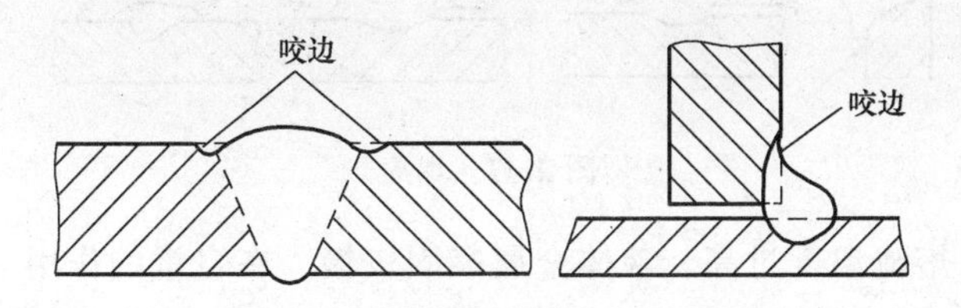

图 2-44 咬边

产生原因：电流过大；电弧过长；焊条角度不正确；运条方法不当等。

防止措施：要选择合适的焊接电流和焊接速度；电弧不能拉得太长；焊条角度要适当；运条方法要正确。

（3）未焊透 未焊透是指焊接时焊接接头底层未完全熔透的现象，如图 2-45 所示。未焊透处会造成应力集中，并容易引起裂纹，重要的焊接接头不允许有未焊透。

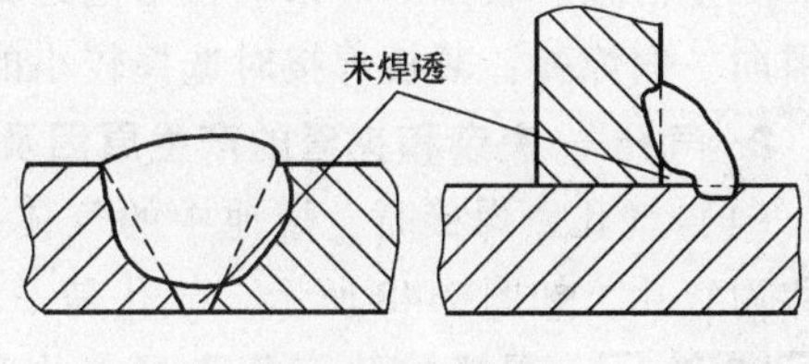

图 2-45 未焊透

产生原因：坡口角度或间隙过小、钝边过大或装配不良；焊接参数选用不当；焊工操作技术不良。

防止措施：正确选用和加工坡口尺寸，合理装配，保证间隙；选择合适的焊接电流和焊接速度；提高焊工的操作技术水平。

（4）未熔合 未熔合是指熔焊时，焊道与母材之间或焊道与焊道之间，未完全熔化结合的部分，如图 2-46 所示。未熔合直接降低了接头的力学性能，严重的未熔合会使焊接结构根本无法承载。

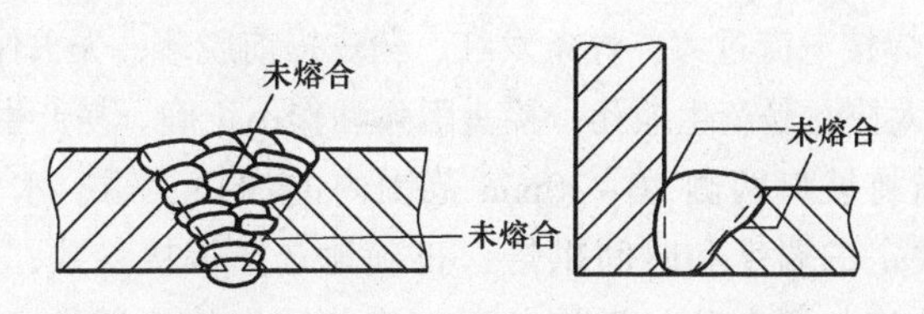

图 2-46 未熔合

产生原因：焊接热输入太低，电弧指向偏斜；坡口侧壁有锈垢及污物，层间清渣不彻底等。

防止措施：正确地选择焊接参数；认真操作，加强层间清理等。

（5）焊瘤　焊瘤是指焊接过程中熔化金属流淌到焊缝之外未熔化的母材上所形成的金属瘤，如图 2-47 所示。焊瘤不仅影响焊缝的成形，而且在焊瘤的部位往往还存在夹渣和未焊透。

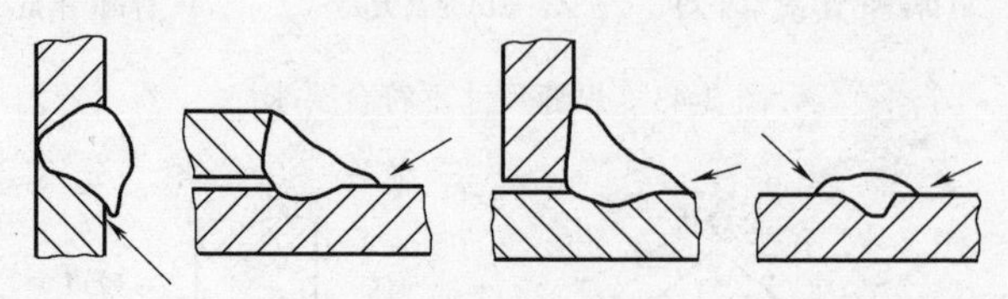

图 2-47　焊瘤

产生原因：熔池温度过高，液体金属凝固较慢，在自重的作用下形成的。

防止措施：根据不同的焊接位置要选择合适的焊接参数，严格控制熔孔的大小。

（6）弧坑　焊缝收尾处产生的下陷部分叫作弧坑。弧坑不仅使该处焊缝的强度严重削弱，而且由于杂质的集中，会产生弧坑裂纹。

产生原因：熄弧停留时间过短；薄板焊接时焊接电流过大。

防止措施：收弧时焊条应在熔池处稍做停留或做环形运条，待熔池金属填满后再引向一侧熄弧；薄板焊接时选择较小的焊接电流。

2. 气孔、夹杂和夹渣的产生原因及防止措施

（1）气孔　焊接时，熔池中的气体在凝固时未能逸出而残留下来所形成的空穴称为气孔，如图 2-48 所示。气孔是一种常见的焊接缺陷，分为焊缝内部气孔和外部气孔。气孔有圆形气孔、椭圆形气孔、虫形气孔、针形气孔和密集气孔等多种，气孔的存在不但会影响焊缝的致密性，而且将减小焊缝的有效截面面积，降低焊缝的力学性能。

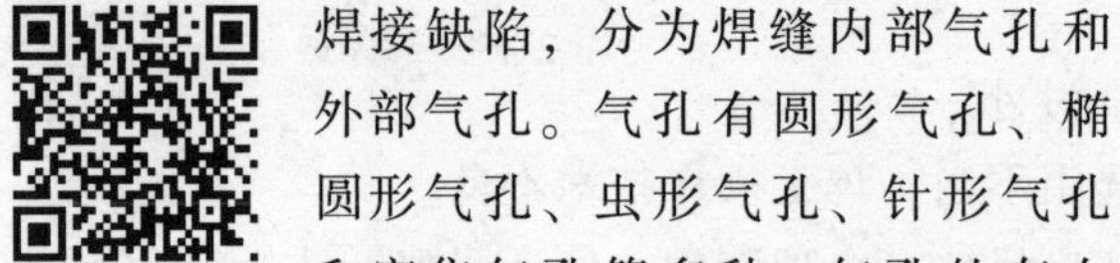

焊接气孔的来源与预防

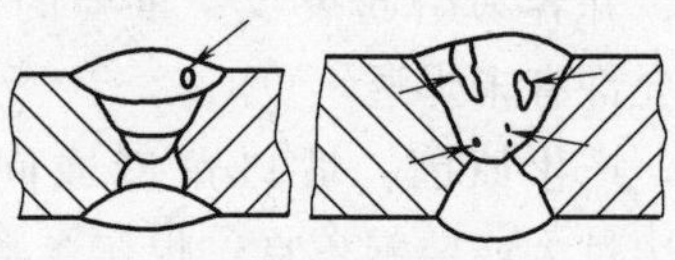

图 2-48　气孔

产生原因：工件表面和坡口处有油、锈、水分等污物存在；焊条药皮受潮，使用前没有烘干；焊接电流大小或焊接速度过快；电弧过长或偏吹，熔池保护效果不好，空气侵入熔池；焊接电流过大，焊条发红、药皮提前脱落，失去保护作用；运条方法不当，如收弧动作太快，易产生缩孔，接头引弧动作不正确，易产生密集气孔等。

防止措施：焊前将坡口两侧 20~30mm 范围内的油污、锈、水分清除干净；严格地按焊条说明书规定的温度和时间烘焙；正确地选择焊接参数，正确操作；尽量采用短弧焊接，野外施工要有防风设施；不允许使用失效的焊条，如焊芯锈蚀，药皮开裂、剥落，偏心度过大等；采用正确的运条方法和接头引弧动作。

（2）夹杂和夹渣　夹杂是残留在焊缝金属中由冶金反应产生的非金属夹杂和

氧化物。夹渣是残留在焊缝中的熔渣，如图 2-49 所示。夹渣可分为点状夹渣和条状夹渣两种。夹渣减小了焊缝的有效截面面积，从而降低了焊缝的力学性能。夹渣还会引起应力集中，容易使焊接结构在承载时遭受破坏。

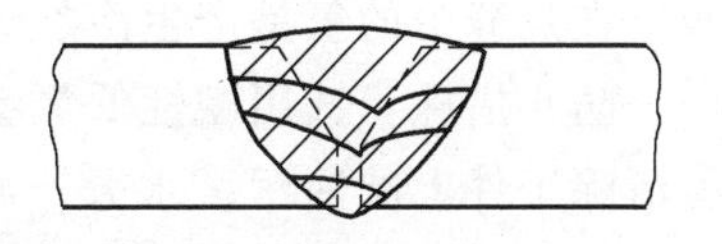
图 2-49 夹渣

产生原因：焊接材料与母材化学成分匹配不当；焊接过程中的层间清渣不干净；焊接电流太小，焊接速度太快；焊接过程中操作不当；坡口设计和加工不合适等。

防止措施：选择脱渣性能好的焊条；认真地清除层间熔渣；合理地选择焊接参数；调整焊条角度和运条方法；正确设计和加工坡口。

3. 裂纹的产生原因及防止措施

裂纹按其产生的温度和时间不同可分为冷裂纹、热裂纹和再热裂纹；按其产生的部位不同可分为纵裂纹、横裂纹、焊根裂纹、弧坑裂纹、熔合线裂纹及热影响区裂纹等，如图 2-50 所示。裂纹是焊接结构中最危险的一种缺陷，不但会使产品报废，甚至可能引起严重的生产事故。

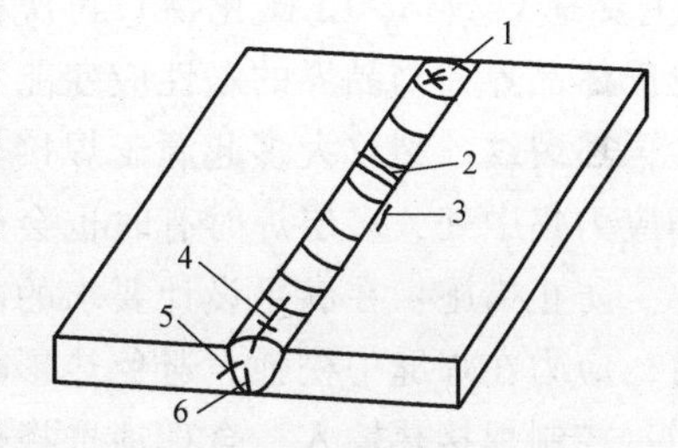

图 2-50 裂纹

1—弧坑裂纹 2—横裂纹 3—热影响区裂纹 4—纵裂纹 5—熔合线裂纹 6—焊根裂纹

（1）热裂纹　焊接过程中，焊缝和热影响区金属冷却到固相线附近的高温区间所产生的焊接裂纹称热裂纹。它是一种不允许存在的危险焊接缺陷。根据热裂纹产生的机理、温度区间和形态，热裂纹可分成结晶裂纹、高温液化裂纹和高温低塑性裂纹。

产生原因：熔池金属中的低熔点共晶物和杂质在结晶过程中，形成严重的晶内和晶间偏析，同时在焊接应力作用下，沿着晶界被拉开，形成热裂纹。热裂纹一般多发生在奥氏体不锈钢、镍合金和铝合金中。低碳钢焊接时一般不易产生热裂纹，但随着钢的碳含量增高，热裂倾向也增大。

防止措施：严格地控制钢材及焊接材料中的 S、P 等有害杂质的含量，降低热裂纹的敏感性；调节焊缝金属的化学成分，改善焊缝组织，细化晶粒，提高塑性，减少或分散偏析程度；采用碱性焊条，降低焊缝中杂质的含量，改善偏析程度；选择合适的焊接参数，适当地提高焊缝成形系数，采用多层多道焊法；断弧时采用与母材相同的引出板，或逐渐灭弧，并填满弧坑，避免在弧坑处产生热裂纹。

（2）冷裂纹　焊接接头冷却到较低温度下（对于钢来说在马氏体转变开始温度 Ms 以下）产生的裂纹称为冷裂纹。冷裂纹可在焊后立即出现，也有可能经过一段时间（几小时、几天甚至更长时间）才出现，这种裂纹又称延迟裂纹。延迟裂纹是冷裂纹中比较普遍的一种形态，具有更大的危险性。

产生原因：马氏体转变而形成的淬硬组织、拘束度大而形成的焊接残余应力和残留在焊缝中的氢是产生冷裂纹的三大要素。

防止措施：选用碱性低氢型焊条，使用前严格按照说明书的规定进行烘干，焊前清除工件上的油污、水分，减少焊缝中氢的含量；选择合理的焊接参数和热输入，减少焊缝的淬硬倾向；焊后立即进行消氢处理，使氢从焊接接头中逸出；对于淬硬倾向高的钢材，焊前预热、焊后及时进行热处理，改善接头的组织和性能；采用降低焊接应力的各种工艺措施。

（3）再热裂纹　焊后，焊件在一定温度范围内再次加热（消除应力热处理或其他加热过程）而产生的裂纹称为再热裂纹。

产生原因：再热裂纹一般发生在含 V、Cr、Mo、B 等合金元素的低合金高强度钢、珠光体耐热钢及不锈钢中，经受一次焊接热循环后，再加热到敏感区域（550~650℃范围内）而产生的。这是由于第一次加热过程中过饱和的固溶碳化物（主要是 V、Mo、Cr 碳化物）再次析出，造成晶内强化，使滑移应变集中于原先的奥氏体晶界，当晶界的塑性应变能力不足以承受松弛应力过程中的应变时，就会产生再热裂纹。裂纹大多起源于焊接热影响区的粗晶区。再热裂纹大多数产生于厚件和应力集中处，多层焊时有时也会产生再热裂纹。

防止措施：在满足设计要求的前提下，选择低强度的焊条，使焊缝强度低于母材，应力在焊缝中松弛，避免热影响区产生裂纹；尽量减少焊接残余应力和应力集中；控制焊接热输入，合理地选择热处理温度，尽可能地避开敏感区范围的温度。

二、对接立焊焊接参数的选择

1. 对接立焊焊接参数（见表 2-23）

表 2-23　对接立焊焊接参数

焊缝横断面形式	焊件厚度或焊脚尺寸/mm	第一层焊缝		其他各层焊缝		封底焊缝	
		焊条直径/mm	焊接电流/A	焊条直径/mm	焊接电流/A	焊条直径/mm	焊接电流/A
	2	2	45~55			2	50~55
	2.5~4	3.2	75~100	—	—	3.2	80~110
	5~6	3.2	80~120			3.2	90~120
	7~10	3.2	90~120	4	120~160	3.2	90~120
		4	120~160				
	≥11	3.2	60~120				
		4	120~160	5			
	12~18	3.2	60~120	4	160~200	—	—
		4	120~160				
	≥19	3.2	60~120				
		4	120~160	5			

2. I形坡口的对接立焊

I形坡口的对接立焊常用于薄板的焊接，为防止烧穿、咬边、金属熔滴下垂或流失等，通常焊接时采用跳弧焊或断弧焊。

(1) 跳弧焊 跳弧焊的操作要点是引燃电弧后，先维持短弧，待熔滴过渡到熔池后，迅速拉长电弧，使熔池冷却。通过护目镜可观察到熔池金属的凝固过程，由整体白亮色迅速缩小到熔池中部仍为白亮色时，再将电弧压向熔池。待熔滴过渡到熔池后，再拉长电弧，如此循环，不断向上焊接。

跳弧焊法有三种运条方法，如图 2-51 所示。

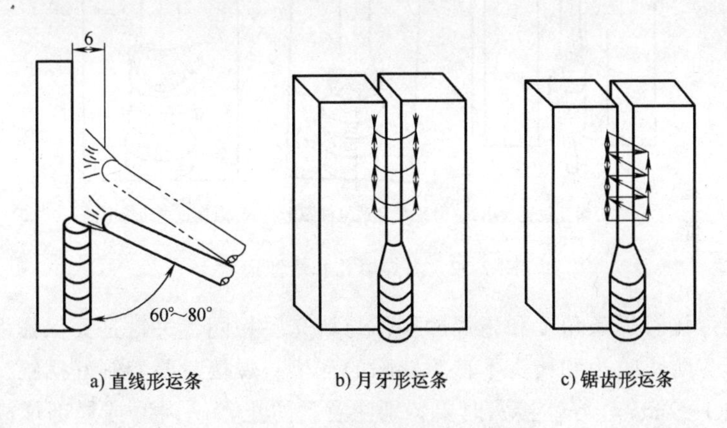

图 2-51 跳弧焊的运条方法

(2) 断弧焊 断弧焊的操作与跳弧焊相似，不同的是熔滴过渡到熔池后，应立即拉断电弧，让熔池冷却得更快。刚开始焊接时，由于工件温度较低，断弧时间应稍短些，随着工件温度的升高，为避免收弧时熔池变宽或产生焊瘤及烧穿等缺陷，断弧时间需不断加长。

3. U形与V形坡口的对接立焊

U形与V形坡口的对接立焊通常采用多层焊或多层多道焊。焊缝由打底层、填充层和盖面层组成，一般采用小直径焊条和小电流施焊，其焊接参数见表 2-24。

表 2-24 U形与V形坡口的对接立焊焊接参数

焊接层次	焊条直径/mm	焊接电流/A
打底层	3.2	70~80
填充层		110~130
盖面层		110~120

打底焊视坡口状况及装配质量采用连弧焊或断弧焊。若坡口面平直，坡口角、钝边及装配间隙均匀，则采用连弧焊打底；否则采用断弧焊打底。焊接打底层时，要控制好熔孔大小和熔池的形状，以获得良好的背面成形和优质的焊缝。熔孔要比间隙稍大些，每侧宽 0.8~1mm 为宜，如图 2-52 所示。

填充层施焊前应先将打底层的熔渣和飞溅清理干净，焊缝接头凸起部分及焊道上的焊瘤打磨平整。施焊时，焊条的工作角为90°，行走角前倾60°~80°，以防止熔化金属受重力作用下淌。仍采用锯齿形运条，摆幅稍宽，焊条从坡口一侧摆至另一侧时速度稍快些，在两侧稍停留，电弧尽量要短，以保证熔合良好，防止夹渣和焊缝下凸。

每焊完一层填充层焊缝准备焊下一层焊缝时，都必须清渣，并修整焊缝表面。

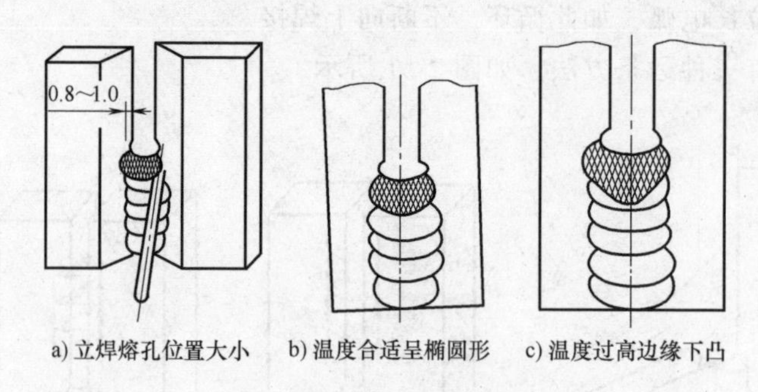

图 2-52 立焊熔孔和熔池形状

盖面层焊接时焊条角度和施焊的操作与填充层相同。关键是要保证焊道的表面尺寸和成形，防止咬边和接头不良等缺陷的产生。焊接时要控制好摆幅，使熔池侧面超过棱边1~2mm较好。接头时要特别注意，防止“缺肉”或局部增高，摆幅和焊速要均匀，才能使焊缝美观。

实践一 低碳钢板立焊对接单面焊双面成形“断弧焊”

1. 焊接准备

1）立焊的准备工作同平焊。

2）工件组对尺寸，见表2-25和图2-53。

表 2-25 立焊工件组对尺寸

试件尺寸(组)/mm	坡口角度/(°)	组对间隙/mm	钝边/mm	反变形量/mm	错变量/mm
300×250×12	65^{+5}_{0}	起弧处(上):3.2 完成处(下):4.0	1~1.5	4	≤1

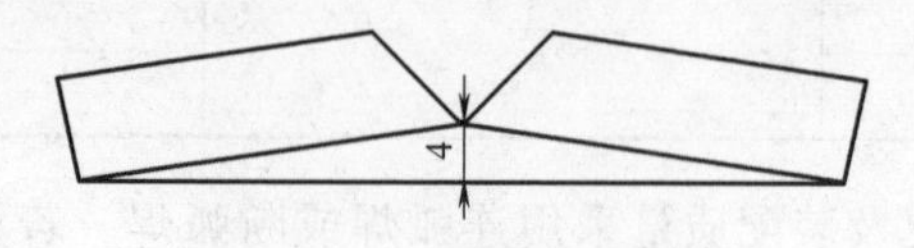

图 2-53 立焊反变形示意

2. 任务分析

板对板立焊对接时，焊缝倾角为90°或270°，工件处于竖直或接近竖直位置。

与平焊位置相比难度增加，熔渣、熔滴和熔池受重力和电弧空间大小的影响，会使熔渣、液体金属下淌，工件的正面焊缝两侧容易产生咬边和焊瘤，背面焊缝易产生超高或焊瘤等缺陷，焊缝成形比较困难，焊接时有一定难度。

3. 焊接步骤

立焊焊接参数见表 2-26。

表 2-26 立焊焊接参数

焊接层次	名称	焊条直径/mm	焊接电流/A	焊条与试板面的角度/(°)	焊条运动方式
1	打底层	3.2	100~110	60~70	三角形
2	填充层	3.2	100~120	70~80	锯齿形
3	填充层	3.2	100~120	70~80	锯齿形
4	盖面层	4	150~170	75~85	锯齿形

（1）打底层的焊接

1）在起焊点定位焊处引弧，先用长弧预热坡口根部，稳弧 3~4s 后，当坡口两侧出现汗珠状时，应立即压低电弧，使熔滴向母材过渡，形成一个椭圆形的熔池和熔孔，此时应立即把电弧拉向坡口边一侧（左右任意一侧，以焊工习惯为准）往下断弧，熄弧动作要果断，焊工透过护目镜观察熔池金属亮度，当熔池亮度逐渐下降变暗，最后只剩下中心部位一亮点时，即可在坡口中心引弧，焊条沿已形成的熔孔边做小的横向摆动左右击穿，完成一个三角形运条动作后，再往下在坡口一侧果断灭弧，这样依此类推，将打底层用断弧焊方法完成。断弧焊的运条摆动路线如图 2-54 所示。

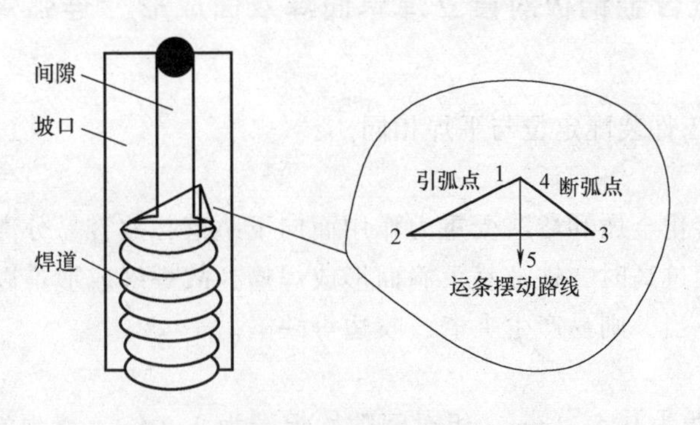

图 2-54 断弧焊的运条摆动路线

2）施焊中要控制熔孔大小一致，熔孔过大，背面焊缝会出现焊瘤和焊缝余高超高，过小则易发生未焊透等缺陷。熔孔大小控制在焊条直径的 1.5 倍为好（坡口两侧熔孔击穿熔透的尺寸应一致，每侧为 1.5~2mm）。

3）更换焊条时，要处理好熄弧及再引弧动作。当焊条还剩 10~20mm 长时就应有熄弧前的心理准备，这时应在坡口中心熔池中多给两三滴铁液，再将焊条摆到坡口一侧果断断弧，这样做可以延长熔池的冷却时间，并增加原熔池处的“焊肉”厚度，避免缩孔的发生。引弧点应在坡口一侧上方距熔孔接头部位 20~30mm 处，用稍长的电弧预热、稳弧并做横向往上小摆动，左右击穿，将电弧摆到熔孔处，电弧向后压，听到“噗噗”声，并看到熔孔处熔合良好，铁液和焊渣顺利流向背面，同时又形成一个和以前大小一样的熔孔后，果断向坡口一侧往下断弧，恢复上述断弧焊方法，并使打底层焊接完成。

（2）填充层的焊接　第 2、3 层为填充层。施焊中要注意分清铁液和熔渣，严禁出现坡口中间鼓而坡口两侧出现夹角的焊道。采用锯齿形摆动运条方式，并做到“中间快，两边慢”，即焊条在坡口两侧稍做停顿，给足坡口两侧铁液，避免产生两侧夹角，焊条向上摆动要稳，运条要匀，始终保持熔池为椭圆形为好，避免产生“铁液下坠”、焊缝局部凹陷、两侧有夹角的焊道。同时焊接最后一层填充层（第 3 层焊道）时应低于母材面 1~1.5mm，过高过低都不合适，并保留坡口轮廓线，以利于盖面层的焊接。

（3）盖面层的焊接　盖面层的焊接易产生咬边等缺陷，防止方法是保持短弧焊，采用锯齿形或月牙形运条方式为好，手要稳，焊条摆动要均匀，焊条摆到坡口边沿要有意识地多停留一会，给坡口边沿填足铁液，并熔合良好，才能防止产生咬边等缺陷，同时使焊缝表面圆滑过渡，成形良好。

4. 操作注意事项

立焊单面焊双面成形要通过变换焊条的角度来调整坡口处的热量，从而达到控制打底焊时熔孔大小一致的目的，促使背面成形美观、焊缝余高高低一致。

实践二　低合金钢板对接立焊单面焊双面成形“连弧焊”

1. 操作准备

焊前准备和工件装配定位与平焊相同。

2. 任务分析

1）立焊时熔化金属和熔渣受重力作用而向下坠落，故容易分离。

2）熔池温度过高时，铁液易下淌而形成焊瘤，故焊缝成形难以控制。

3）若操作不当，则易产生夹渣、咬边等缺陷。

3. 操作步骤

立焊试板钝边为 0.5~1mm，组对间隙始焊端为 3.2mm，终焊端为 4mm，反变形预留量与平焊基本相同。焊缝共有 4 层，即第 1 层为打底层，第 2、3 层为填充层，第 4 层为盖面层。立焊焊接参数见表 2-27。

（1）打底层的焊接

1）打底焊时在始焊端定位焊处引燃电弧，以锯齿形运条法向上做横向摆动，当电弧运动到定位焊边缘时，压低电弧，将电弧长度的 2/3 往焊缝背面送，待电弧

表 2-27 立焊焊接参数

焊接层次	名称	电源极性	焊接方法	焊条直径/mm	焊接电流/A	焊条角度/(°)	运条方式
1	打底层	直流反接	连弧焊	3.2	100~115	65~75	小锯齿形运条法
2	填充层	直流反接	连弧焊	3.2	110~115	75~85	"8"字形运条法
3	填充层	直流反接	连弧焊	4	145~160	75~85	"8"字形运条法
4	盖面层	直流反接	连弧焊	4	145~160	75~85	"8"字形运条法

击穿坡口两侧边缘并将其熔化 2mm 左右时，焊条做在坡口两侧稍慢、中间稍快的锯齿形横向摆动连弧向上焊接，在焊接中应能始终听到电弧击穿坡口根部的“噗噗”声和看到铁液和熔渣均匀地流向坡口间隙的后方为好，证明已焊透，背面成形良好。

2）施焊中，熔孔的形状大小应比平焊稍大些，为焊条直径的 1.5 倍为宜。正常焊接时，应保持熔孔的大小尺寸一致，过大宜烧穿，背面形成焊瘤，而过小又易产生未焊透，同时还要注意在保证背面成形良好的前提下，焊接速度应稍快些，形成的焊道薄一些为好。

3）更换焊条也要注意两个环节：第一，收弧前，应将电弧向左下方或向右下方收弧，并间断地再向熔池补充 2 滴或 3 滴铁液，防止因弧坑处的铁液不足而产生缩孔；第二，接头时，应在弧坑的下方 15mm 处引弧，以正常的锯齿形运条法摆动焊至弧坑（熄弧处）的边缘时，一定将焊条的倾角变为 90°，压低电弧将铁液送入坡口根部的背面去，并停留大约 2s，听到“噗噗”声后，再恢复正常焊接。这样可以避免接头出现脱节、凹坑、熔合不良等缺陷，但如果电弧停留的时间过长，焊条横向摆动向上的速度过慢，也易形成烧穿和焊瘤缺陷。

（2）填充层的焊接　第 2、3 层焊缝为填充层的焊接。焊接参数见表 2-27，运条方式以“8”字形运条法为好，这种运条法容易掌握，电弧在坡口两侧停留的机会多，能给坡口两侧补足铁液，使坡口两侧熔合良好，能有利地防止“焊肉”坡口中间高、两侧夹角过深而产生夹渣、气孔等缺陷，并能使填充层表面平滑，施焊时应压低电弧，以均匀的速度向上运条，第 3 道焊缝应比工件表面低 1.5mm 左右，并保持坡口两侧边沿不得被烧坏，给盖面层焊接打好基础。“8”字形运条法如图 2-55 所示。

（3）盖面层的焊接　认真清理焊渣、飞溅后，仍采取“8”字形运条法连续焊接，当运条至坡口两侧时，电弧要有停留时间，并以能熔化坡口边缘 2mm 左右为准，同时还要做好稳弧挤压动作，使坡口两侧部位的杂质浮出焊缝表面，防止出现咬边，使焊缝金属与母材圆滑过渡，焊缝边缘整齐。更换焊条时，应做到在什么位置熄弧就在什么位置接头。终焊收尾时要填满弧坑。

4. 操作注意事项

焊接过程中注意控制焊接电流和焊接速度，以免出现夹渣和焊瘤；短弧焊接时手要稳，焊接过程中能观察到出现的咬边时，电弧稍停留，可以去除咬边。

图 2-55 “8”字形运条法

任务四　板对接横焊

横焊就是焊缝朝向一个侧面的焊接，如图 2-56 所示。在横焊时，熔化金属在自重作用下容易下淌，在焊缝上侧容易产生咬边，下侧容易产生下坠或焊瘤等缺陷，焊缝表面会呈现出不对称的现象，因此，横焊时要选用小直径焊条和小电流焊接，并采用多层多道焊和短弧操作。

焊条电弧焊横焊

图 2-56　横焊示意图

一、焊接接头质量要求

1. 焊接接头的表面颜色

焊接接头的表面颜色是质量信息的一部分，通过观察焊接接头的颜色可以判定焊接过程规范的正确性或焊接工艺规范是否得到贯彻执行，并对焊接接头质量进行预判。

焊缝的颜色不同，表明焊接过程中的保护效果不同，保护越好，焊缝越光亮，呈银白色，若焊缝处有明显的氧化色，则说明保护效果不好，焊缝表面氧化严重。焊接过程中，若增大焊接电流，焊接热输入也将增大，要想保持热输入不变，焊接速度一定会加快，这样液态熔池的受保护效果将变差，易出现氧化色甚至是灰黑色。电压对焊缝的颜色影响不太明显，主要影响焊缝宽度和表面成形质量。

不锈钢焊接接头的表面颜色以银白色、金黄色为最好。

2. 焊接接头外观质量检验

焊接接头的外观质量是指焊后未经机械加工的表面，采用肉眼或借助放大镜（5倍）观察到的原始形貌及相应信息。焊接接头不得有表面裂纹、未熔合、未焊透、夹渣与气孔、弧坑、焊瘤、未填满等缺欠。焊缝咬边及其他表面质量要求，应当符合设计图样和相关标准的规定。

TSG Z6002—2010《特种设备焊接操作人员考核细则》规定：须对焊缝表面质量进行检测，焊条电弧焊操作考试试件焊缝表面的咬边和背面凹坑不得超过表2-28的规定。考试试件的焊缝表面应当是焊后原始状态，焊缝表面没有加工修磨或者返修；属于一个考试项目的所有试件外观检验的结果均符合各项要求，该项试件的外观检验才判为合格，否则为不合格；考试试件焊缝的余高和宽度可用焊缝检验尺测量最大值和最小值，不取平均值；考试试件单面焊的背面焊缝宽度可不测定。

表2-28　试件焊缝表面缺欠规定

缺欠名称	允许的最大尺寸
咬边	深度小于或者等于0.5mm，焊缝两侧咬边总长度不得超过焊缝长度的10%
背面凹坑	1. 当试件厚度 $T\leqslant5$mm 时，深度不大于25%T，且不大于1mm 2. 当试件厚度 $T>5$mm 时，深度不大于20%T，且不大于2mm 3. 除仰焊位置的板材试件不做规定外，总长度不超过焊缝长度的10%

试件焊缝外形尺寸应当符合表2-29及以下规定：

1）焊缝边缘直线度 f，手工焊时 $f\leqslant2$mm。

2）管板角接头试件的角焊缝中，焊缝的凹度或凸度不大于1.5mm。

3）管板角接头试件中管侧焊脚为0.5T~1T（T为管子壁厚）。

4）不带衬垫的板材对接焊缝试件，背面焊缝的余高不大于3mm。

注意：手工焊是指用人工进行操作和控制工艺参数而完成的焊接，填充金属可以由人工送给，也可以由焊机送给。手工焊包括焊条电弧焊、手工操作熔化极气体保护焊、手工操作非熔化极气体保护焊、手工操作气焊等焊接方法。

表2-29　试件焊缝外形尺寸　（单位：mm）

焊缝余高		焊缝余高差		焊缝宽度		焊道高度差	
平焊	其他位置	平焊	其他位置	比坡口每侧增宽	宽度差	平焊	其他位置
0~3	0~4	≤2	≤3	0.5~2.5	≤3	—	—

板材对接焊缝试件焊后变形角度 $\theta\leqslant3°$，试件错边量 e 不得大于10%T，且 $e\leqslant$ 2mm，如图2-57所示。

3. 无损检测

焊接接头须在外观检测合格后进行无损检测，有冷裂纹倾向的材料至少在焊接完成24h后进行无损检测。无损检测结果将评定内部缺欠的种类和接头质量等级，以便保证焊接结构件的整体质量和安全运行。承压类特种设备产品及特种设备焊接

图 2-57　板材试件的变形角度和错边量

操作人员考试试件无损检测执行的标准为 NB/T 47013.1～13—2015《承压设备无损检测（合订本）》。常用的无损检测方法包括射线检测、超声检测、磁粉检测及渗透检测。

4. **力学性能检验与工艺性能检验**

焊接接头的力学性能检验主要包括拉伸检验（指标包括屈服强度、抗拉强度、断后伸长率、断面收缩率）、冲击检验、接头硬度检验等。通过对焊接接头力学性能的采集，可以对焊接接头的使用性能给出一个总体的评价，是对焊接接头或焊接产品服役情况进行一个预判。因 TSG Z6002—2010《特种设备焊接操作人员考核细则》规定，对接焊缝试件无损检测合格后，只需对焊接接头的弯曲性能（工艺性能）进行检测，因此，下面仅对焊接接头的弯曲性能的检验进行简单描述。

（1）板材试件的弯曲试样截取　板材对接试件应当按照图 2-58 所示的位置截取弯曲试样。

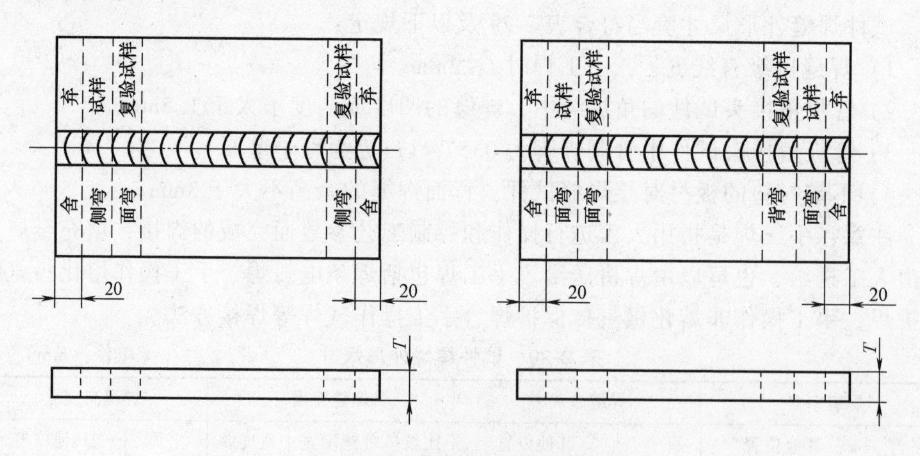

图 2-58　板材试件弯曲试样的截取位置

（2）管材试件的弯曲试样截取　管材对接试件应当按照图 2-59 所示的位置截取弯曲试样。

（3）试样形式和尺寸　对接焊缝试件弯曲试样的形式和尺寸如图 2-60 所示。试样上的余高以及焊缝背面的多余部分应用机械方法去除，面弯和背弯试样的拉伸面应当平齐。

1）面弯和背弯试样。

① 当 $T>10$mm 时，取 $S=10$mm，从试样受压面去除多余厚度；当 $T\leqslant 10$mm 时，S 尽量接近 T。

② 板状或管状试件外径 $D>100$mm，试样宽度 $B=38$mm；当 $50\text{mm}\leqslant D\leqslant 100$mm 时，则 $B=S+D/20$，且 $8\text{mm}\leqslant B\leqslant 38$mm；当 $10\text{mm}\leqslant D<50$mm 时，则 $B=S+D/10$，且最小为 8mm；对于 $D\leqslant 25$mm，则将试件在圆周方向上四等分取样。

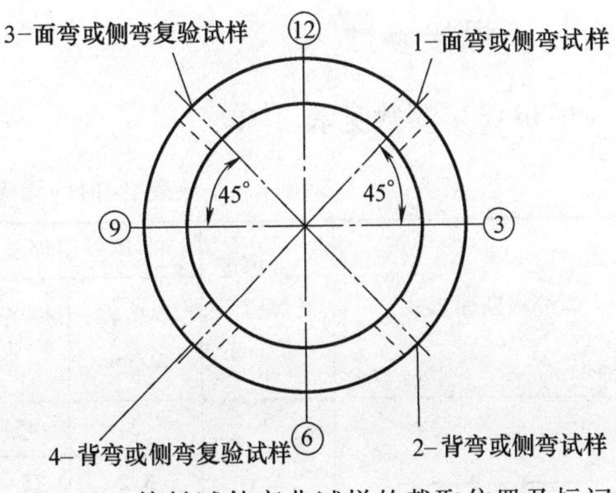

图 2-59　管材试件弯曲试样的截取位置及标记

2）横向侧弯试样。

① 当 $10\text{mm}\leqslant T<38$mm 时，试样宽度 B 等于或者接近试件厚度。

② 当 $T\geqslant 38$mm 时，允许沿试件厚度方向分层切成宽度为 20～38mm 等分的两片或者多片试样的试验代替一个全厚度侧弯试样的试验，或者试样在全宽度下弯曲。

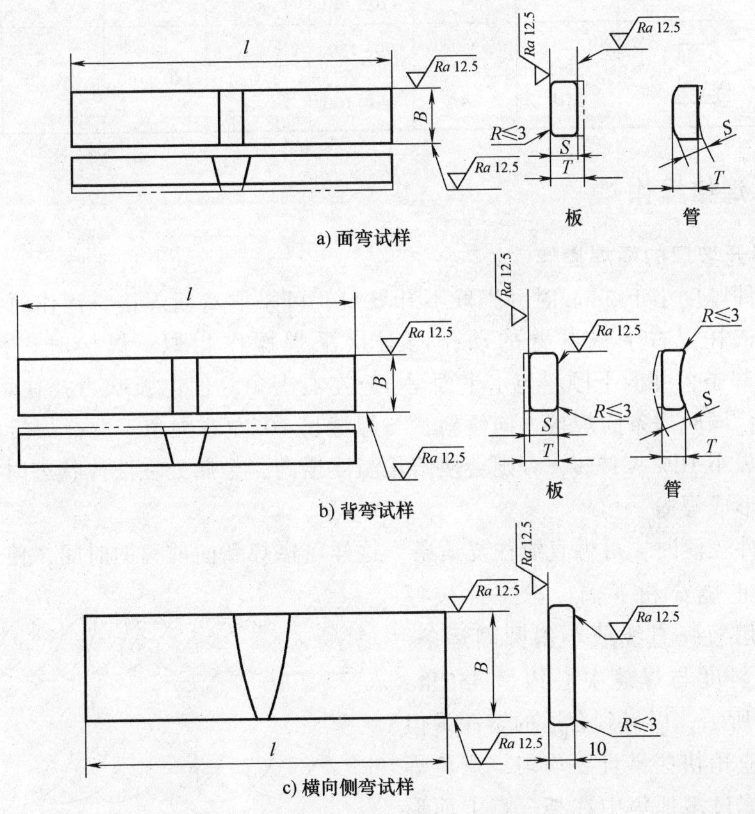

图 2-60　对接焊缝试件弯曲试样的形式和尺寸

二、焊接参数

横焊焊接参数见表 2-30。

表 2-30　横焊焊接参数

焊缝横断面形式	工件厚度或焊脚尺寸/mm	第一层焊缝		其他层焊缝		封底焊缝	
		焊条直径/mm	焊条电流/A	焊条直径/mm	焊接电流/A	焊条直径/mm	焊接电流/A
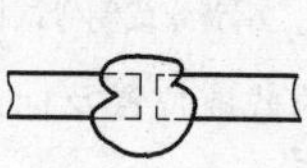	2	2	45~55	—	—	2	50~55
	2.5	3.2	75~110			3.2	80~110
	3~4	3.2	80~120			3.2	90~120
		4	120~160			4	120~160
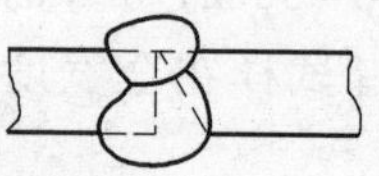	5~8	3.2	80~120	3.2	90~120	3.2	90~120
				4	120~160	4	120~160
	≥9	3.2	90~120	4	140~160	3.2	90~120
		4	110~140			4	120~160
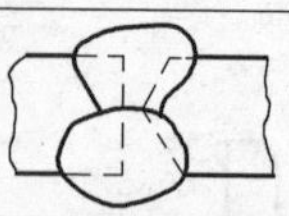	14~18	3.2	90~120	4	140~160	—	—
	≥19	4	140~160				

三、焊接操作

1. 不开坡口的横焊操作

当工件厚度小于 5mm 时，一般不开坡口，可采取双面焊接。操作时左手或左臂可以有依托，右手或右臂的动作与对接平焊操作相似。焊接时采用直径为 3.2mm 的焊条，并向下倾斜与水平面呈 15°左右夹角，使电弧吹力托住熔化金属，防止下淌；同时焊条向焊接方向倾斜，与焊缝呈 70°左右夹角。选择焊接电流时可比对接平焊小 10% ~15%，否则会使熔化温度增高，金属处在液体状态时间长，容易下淌而形成焊瘤。

当工件较薄时，可做直线往复运条，这样可借焊条向前移的时间，使熔池得到冷却，防止烧穿和下淌。当工件较厚时，可采用短弧直线或小斜圆圈运条。斜圆圈的斜度与焊缝中心约呈 45°角，如图 2-61 所示，以得到合适的熔深。但运条速度应稍快些，且要均匀，避免焊条熔滴金属过多地集中在某一点上而形成焊瘤和咬边。

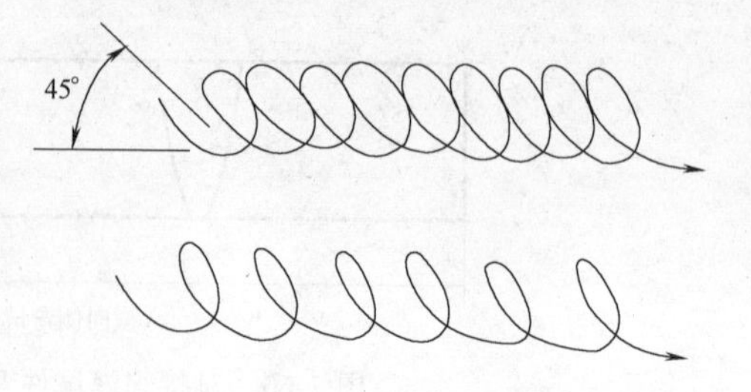

图 2-61　不开坡口横焊的斜圆圈运条法

2. 开坡口的横焊操作

当工件较厚时，一般可开 V 形、U 形、单 V 形或 K 形坡口。横焊时的坡口特点是下面工件不开坡口或坡口角度小于上面的工件，如图 2-62 所示，这样可避免熔池金属下淌，有利于焊缝成形。

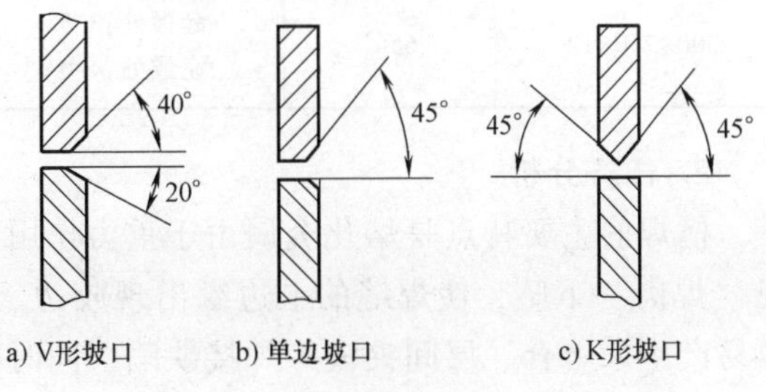

图 2-62 横焊接头的坡口形式

对于开坡口的工件，可采用多层焊或多层多道焊，其焊道排列如图 2-63 所示。焊接第一焊道时，应选用直径 3.2mm 的焊条，运条方法可根据接头的间隙大小来选择。间隙较大时，宜采用直线往复运条法；间隙小，可采用直线运条法。焊接第二焊道用直径 3.2mm 或 4mm 的焊条，采用斜圆圈运条法。

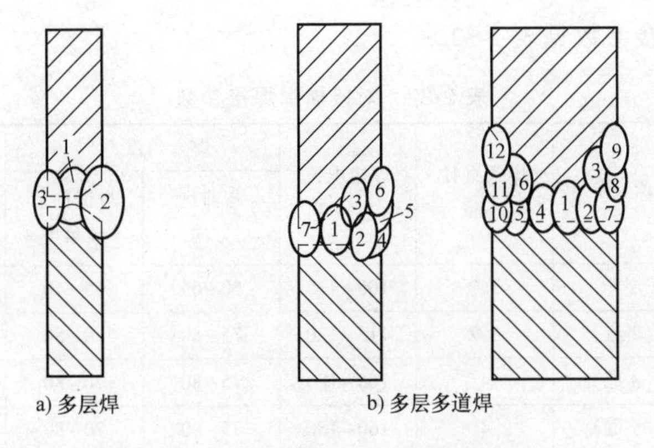

图 2-63 开坡口横焊焊道的排列顺序

在施焊过程中，应保持较短的电弧和均匀的焊接速度。为了更好地防止焊缝出现咬边和下边产生熔池金属下淌现象，每个斜圆圈与焊缝中心的斜度不得大于 45°。当焊条末端运动到斜圆圈上面时，电弧应更短，并稍停片刻，使较多的熔化金属过渡到焊道中去，然后缓慢地将电弧引到焊道下边。为避免各种缺陷，使焊缝成形良好，电弧应往复循环。

背面封底焊时，首先进行清根，然后用直径 3.2mm 的焊条和较大的焊接电流，采用直线运条法进行焊接。

实践一 低碳钢板横焊对接单面焊双面成形“断弧焊”

1. 操作准备

（1）横焊试板的准备 横焊试板的准备工作同平焊试板。

（2）工件组对尺寸 见表 2-31。

表 2-31　工件组对尺寸

工件尺寸(组)/mm	坡口角度/(°)	组对间隙/mm	钝边/mm	反变形量/mm	错变量/mm
300×250×12	65^{+5}_{0}	起弧处:3.5 完成处:4.0	1.2~1.5	5	≤1

2. 任务分析

横焊的主要特点是熔化金属由于重力作用而向下坠落。操作不当时，极容易出现“焊肉”下坠，使焊缝的上边缘出现咬边、夹渣等焊接缺陷，而下部与中部也容易产生未熔合、层间夹渣等焊接缺陷，同时横焊试板位置处于水平线上，大多采用多层焊接，焊缝重叠排列堆焊而成，焊缝成形控制比较困难，要保证焊缝良好的成形和质量要求，必须选择最佳焊接参数和合适的运条方法。

3. 操作步骤

对接横焊焊接参数见表 2-32。

表 2-32　对接横焊焊接参数

焊接层次	名称	焊条直径/mm	焊接电流/A	焊条角度/(°)		运条方式
				与前进方向	与试件后倾角度	
1	打底层	3.2	105~115	60~65	65~70	“先上后下”断弧焊
2	填充层(2道)	3.2	115~120	75~80	70~80	划椭圆连弧焊
3	填充层(3道)	4	160~180	75~80	70~80	划椭圆连弧焊
4	盖面层(5道)	4	160~180	75~80	70~80	划椭圆连弧焊

(1) 打底层的焊接

1) 在起焊处划擦引弧，待电弧稳定燃烧后，迅速将电弧拉至焊缝中心部位加热坡口，当看到坡口两侧达到半熔化状态时，压低电弧，当听到背面电弧穿透的“噗噗”声后，形成第一个熔孔，果断向熔池的下方断弧，待从护目镜中看到熔池逐渐变成一个小亮点时，再在熔池的前方迅速引燃电弧，从小坡口便往上坡口边运弧，始终保持短弧，并按顺序在坡口两侧运条，即下坡口侧停顿电弧的时间要比上坡口侧短。为保证焊缝成形整齐，应注意坡口下边缘的熔化稍靠前方，形成斜椭圆形熔孔，如图 2-64~图 2-66 所示。

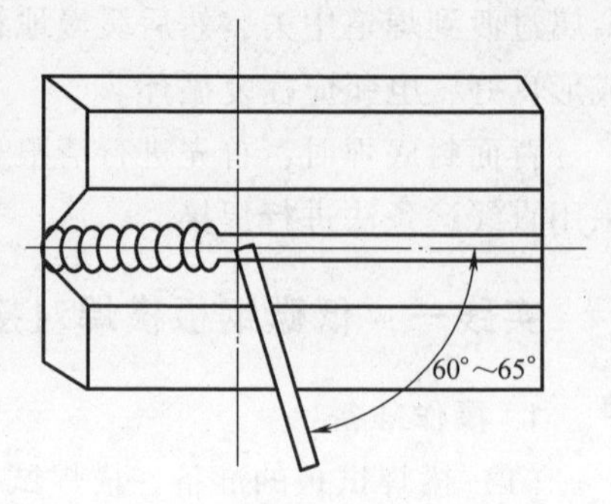

图 2-64　打底焊焊条角度示意

2) 在更换焊条熄弧前，必须向熔池反复补送两三滴熔滴，然后将电弧拉到熔池后的下

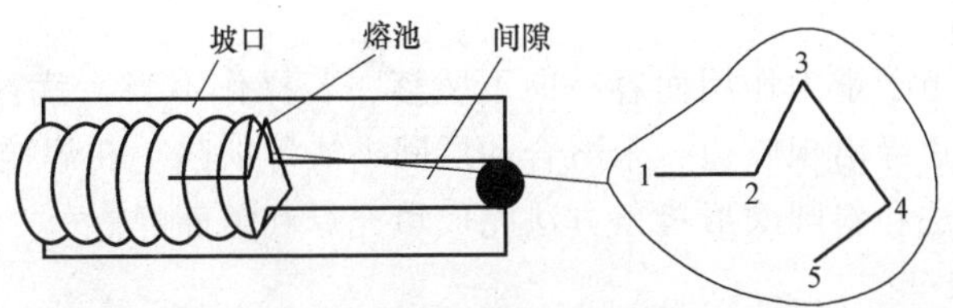

图 2-65　焊条运动示意

1—断弧起弧点　2—电弧停顿，往后压弧点　3—电弧往上运动线

4—电弧往下运动，并再次压弧点　5—往下断弧点

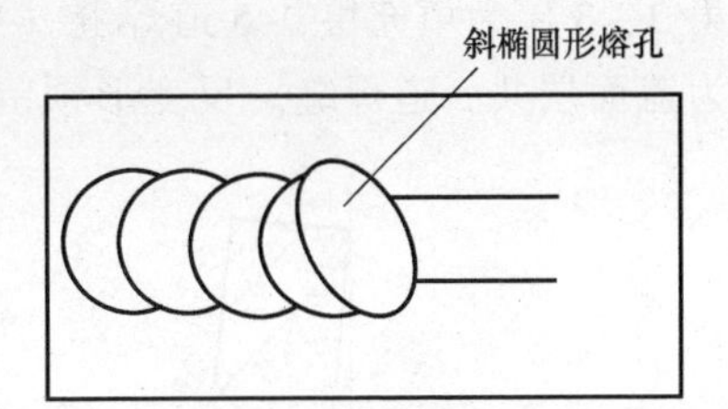

图 2-66　形成斜椭圆形熔孔（上大下小）示意

方果断灭弧。接头时，在熔池后 15mm 左右处引弧，焊到接头熔孔处稍拉长电弧，有手感往后压一下电弧，听到“噗噗”声后稍做停顿，形成新的熔孔后，再转入正常的断弧焊接。反复地引弧→焊接→灭弧→准备→引弧，依此类推地采用断弧焊方法完成打底层的焊接。

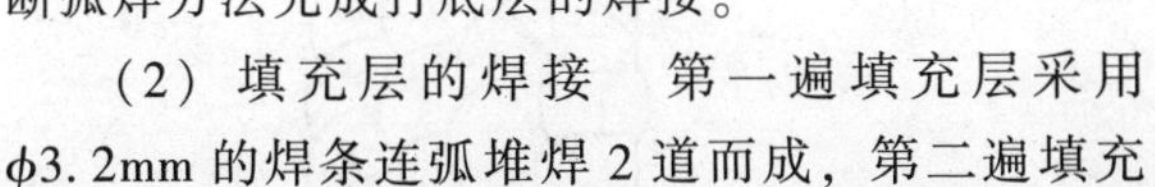

（2）填充层的焊接　第一遍填充层采用 ϕ3.2mm 的焊条连弧堆焊 2 道而成，第二遍填充层采用 ϕ4.0mm 的焊条连弧堆焊 3 道而成。施焊时按表 2-32 中的焊接参数进行。操作时下坡口应压住电弧为好，不能产生夹角，并熔合良好，运条速度要匀，不能太快，各焊道要平直，焊缝光滑，相互搭接为 2/3，在铁液与熔渣顺利分离的情况下堆焊“焊肉”应尽量厚些。较好的填充层表面应平整、均匀、无夹渣、无夹角，并低于或等于工件表面 1mm，上、下坡口边缘平直、无烧损，以利盖面层的焊接。

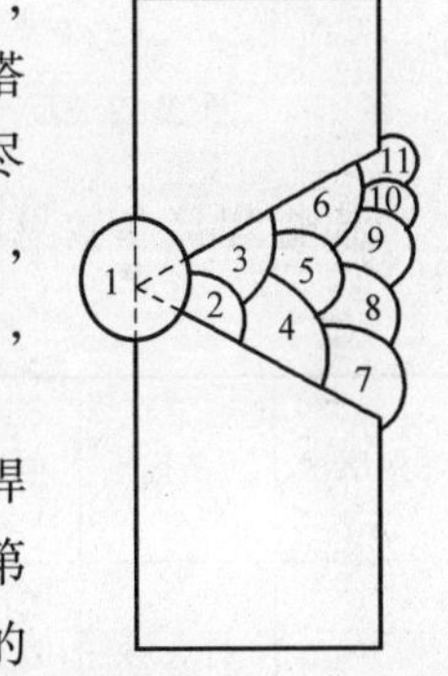

图 2-67　焊道堆列成形及外观成形示意

（3）盖面层的焊接　盖面层共由 5 道连续堆焊完成，施焊时第 1 道焊缝压住下边坡口边，焊接速度稍快，第 2 道压住第 1 道的 1/3，第 3 道压住第 2 道的 2/3，第 4 道压住第 3 道的 1/2，第 5 道压住第 4 道的 1/3，焊接速度也应稍快，从而形成圆滑过渡的表面焊缝，如图 2-67 所示。

4. 操作注意事项

焊接过程中应控制焊条速度过慢、熔池体积过大、焊接电流过大、电弧过长，防止出现焊瘤、夹渣、未焊透等缺陷。焊接时，焊道一定要焊直，焊接速度要均匀，层层重叠堆焊而成，才能焊出表面美观的焊缝。

实践二　低合金钢板对接横焊单面焊双面成形“连弧焊”

1. 操作准备

焊前准备和工件装配定位与平焊、立焊相同。

2. 任务分析

横焊时金属由于重力作用而容易向下坠落，若操作不当，就容易出现“焊肉”下偏，而焊缝上边缘出现咬边、未熔合和层间夹渣等缺陷。在焊接过程中应熟悉多层多焊道操作手法和斜圆圈形运条方法完成填充焊和盖面焊。

3. 操作步骤

横焊试板钝边为0.5~1mm，组对间隙始焊端为3mm，终焊端为3.5mm，反变形预留量为5mm 。焊缝由4层11道焊道组成。即第1层为打底焊（1道焊道），第2、3层为填充层共5道焊缝（第2层为2道焊缝，第3层为3道焊缝），第4层为盖面层共5道焊缝。反变形预留量、焊层及堆焊排列如图2-68和图2-69所示。

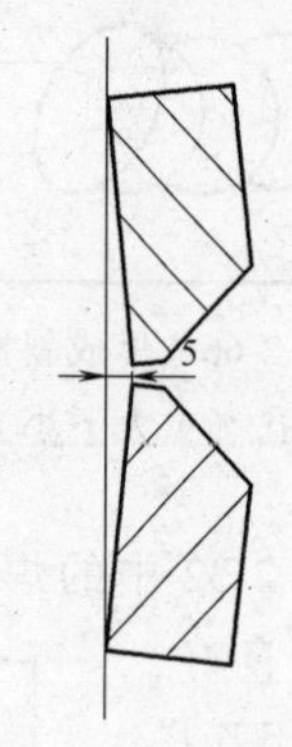

图2-68　反变形预留量

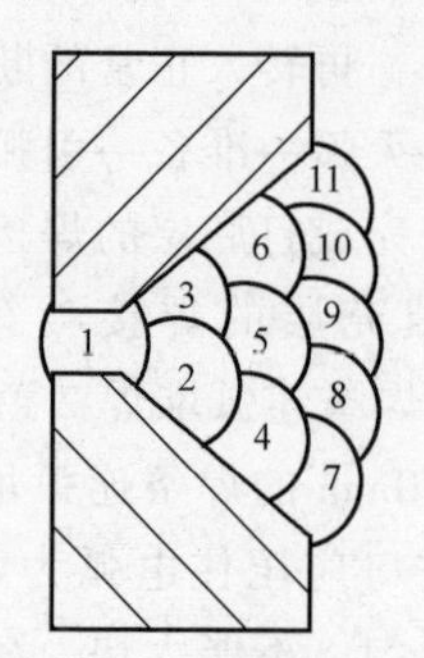

图2-69　焊层及堆焊排列示意

横焊焊接参数见表2-33。

表2-33　横焊焊接参数

焊接层次	名称	电源极性	焊接方法	焊条直径/mm	焊接电流/A	焊条角度/(°)	运条方式
1	打底层	直流反接	连弧焊	3.2	110~115	75~80	划小椭圆圈运条法
2	填充层	直流反接	连弧焊	3.2	110~120	80~85	直线运条法
3	填充层	直流反接	连弧焊	4	150~160	80~85	直线运条法
4	盖面层	直流反接	连弧焊	4	150~160	80~85	划椭圆圈运条法

（1）打底层的焊接

1）第1层打底焊时，用划擦法将电弧在起焊端焊缝上引燃，电弧稳定燃烧后，将焊条对准坡口根部加热，压低电弧将熔敷金属送至坡口根部，将坡口钝边击穿，使定位焊端部与母材熔合成熔池座，形成第一个熔池和熔孔。焊条角度如图2-70所示。焊条运条摆动方式如图2-71所示。

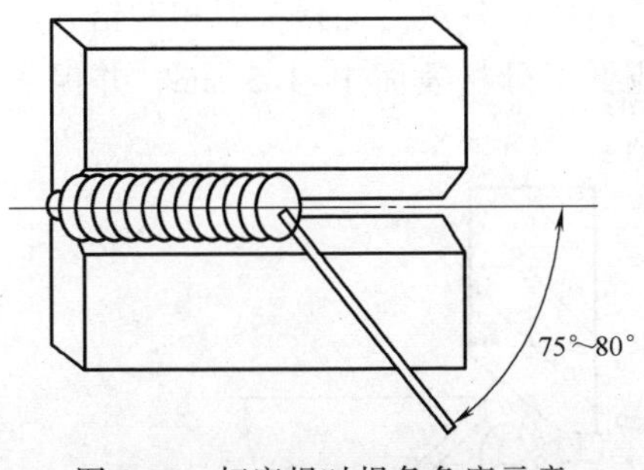

图 2-70　打底焊时焊条角度示意

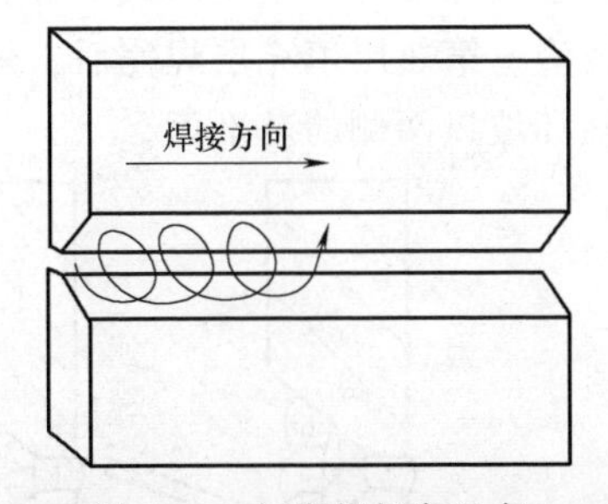

图 2-71　打底焊焊条运条摆动方式

2）运条时从上坡口斜拉至下坡口的边缘，熔池为椭圆形，即形成的熔孔形状也应是坡口下缘比坡口上缘稍前些，同时，电弧在上坡口停留时间应比在下坡口停留时间要稍长些，也是椭圆形，这样运条的好处是能保证坡口上下两侧与填充金属熔合良好，能有效地防止铁液下坠。施焊时，压低电弧，不做“挑弧”动作，透过护目镜只要清楚地看见电弧吹力使铁液和熔渣透过熔孔，流向试板的背面，并始终控制熔孔形状大小一致，并听到电弧击穿根部的“噗噗”声，就稳弧连续焊接，直至打底焊完成。

3）每次换焊条时，应提前做好准备，熄弧收尾前必须向熔池的背面补送两三滴熔滴，然后把电弧向后方斜拉，收弧点应在坡口的下侧，以防产生缩孔，更换焊条动作要快，应熟练地用电弧将焊接处切割成缓坡状，并立即焊接接头，保证根部焊透，避免气孔、凹坑、接头脱节等缺陷。

（2）填充层的焊接

1）第 2 层的第 2、3 道焊缝与第 3 层的第 4、5、6 道焊缝为填充层焊接，均为一层层叠加堆焊而成。第 2 层与第 3 层各道焊缝焊条角度如图 2-72 和图 2-73 所示。

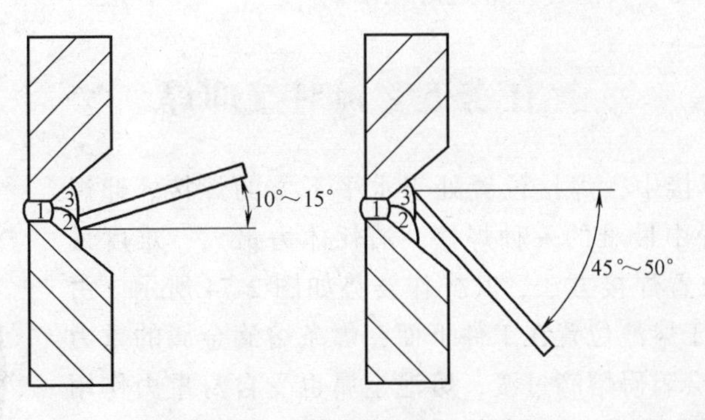

图 2-72　第 2 层各道焊缝焊条角度

2）填充层每道焊缝均采取横拉直线运条法施焊，由下往上排列，每道焊缝应压住前一道焊缝的 1/3。按次排列往上叠加堆焊。施焊中应将每道焊缝焊直，避免出现相互叠加堆焊不当所形成的焊道间的棱沟过深，各层之间接头要相互错开，并认真清渣。第3层填充层焊完后，焊缝金属应低于母材表面1~1.5 mm，并保证尽量不破坏坡口两侧的基准面。

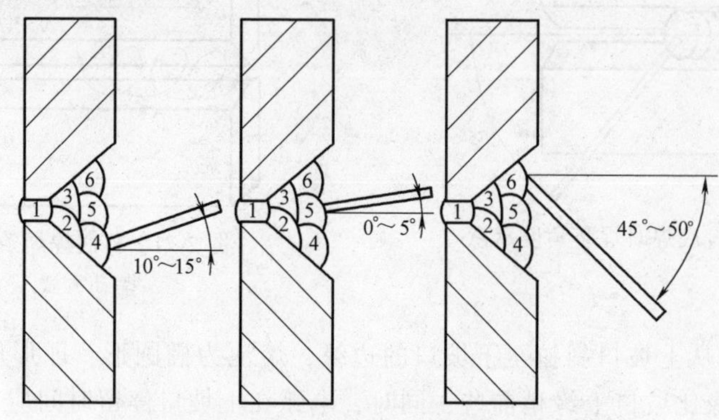

图2-73　第3层各道焊缝焊条角度

（3）盖面层的焊接　盖面焊时要确保坡口两侧熔合良好，圆滑过渡，焊缝在坡口上下边沿两侧各压住母材2mm。盖面焊的第1道焊缝（第7道焊缝）十分重要。一定焊平直，才能一层层叠加堆焊整齐，每道焊缝焊完要清渣，焊条以划小椭圆圈运条法为宜，这种运条法能避免焊道与焊道之间出现棱沟过深，并成形美观，波纹清晰好看，防止产生焊瘤、夹渣、咬边等缺陷。

4. 操作注意事项

1）为防止熔化金属下坠，填充层与盖面层的焊接一般采用多层多道堆焊方法完成，但稍不注意，就会造成焊缝外观不整齐、沟棱明显，影响外观焊缝的成形美观。

2）焊接过程中应控制焊条速度过慢、熔池体积过大、焊接电流过大、电弧过长，防止出现焊瘤、夹渣、未焊透等缺陷。

任务五　板对接仰焊

仰焊就是焊接中，焊接位置处于水平下方的焊接。仰焊是基本焊接位置中最难的一种焊接，消耗体力最大、难度最高的一种特殊位置焊接方法，其操作姿势如图2-74所示。由于熔池位置在工件下面，焊条熔滴金属的重力会阻碍熔滴过渡，熔池金属也受自身重力作用下坠，熔池体积越大温度越高，则熔池表面张力越小，故仰焊时焊缝背面容易产生凹陷，正面焊道易出现焊瘤，焊道形成困难。

焊条电弧焊仰焊

图2-74　仰焊操作姿势

一、焊接参数

对接仰焊的焊接参数见表 2-34。

表 2-34 对接仰焊的焊接参数

焊缝横断面形式	工件厚度或焊脚尺寸/mm	第一层焊缝		其他层焊缝	
		焊条直径/mm	焊接电流/A	焊条直径/mm	焊接电流/A
	2	2	45~55	—	—
	2.5	3.2	80~110		
	3~4.5	3.2	85~110		
		4	120~140		
	5~8	3.2	90~120	3.2	90~120
				4	120~160
	≥9	3.2	90~120	4	140~160
		4	140~160		

二、坡口形式

1. I 形坡口的对接仰焊

当工件厚度小于 5mm 时，采用 I 形坡口对接仰焊，焊条角度如图 2-75 所示。当工件较薄、间隙较小时，采用直线运条法；若间隙较大，可采用直线往返运条法或断弧焊。

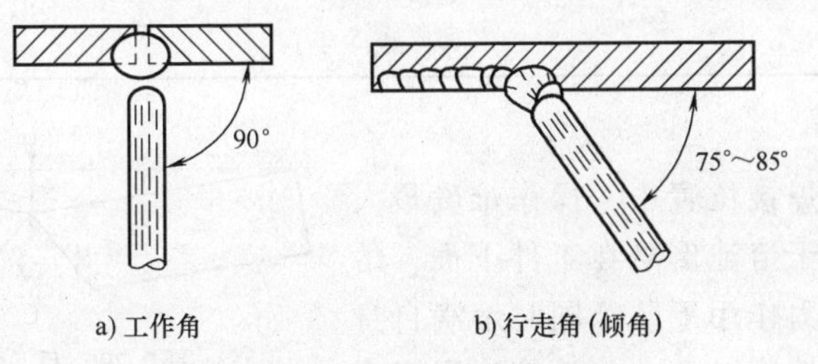

图 2-75 对接仰焊的焊条角度

2. V 形坡口的对接仰焊

当工件厚度大于 5mm 时，采用 V 形坡口对接仰焊，常用多层焊或多层多道焊，焊条角度与 I 形坡口相同，运条方法如图 2-76 所示。

当焊脚尺寸大于 10mm 时，需采用多层多道焊法。多层多道焊时，焊道排列的顺序与横焊相似，如图 2-77 所示。在按照要求焊完第一层焊道和第二层焊道之后，其他各层焊道用直线运条法，但焊条角度应根据各焊道的位置做相应的调整，如图

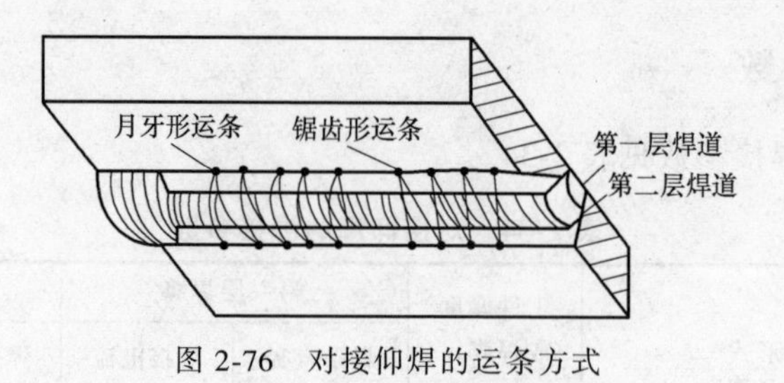

图 2-76 对接仰焊的运条方式

2-78 所示，以利于熔滴的过渡和获得较好的焊道成形。

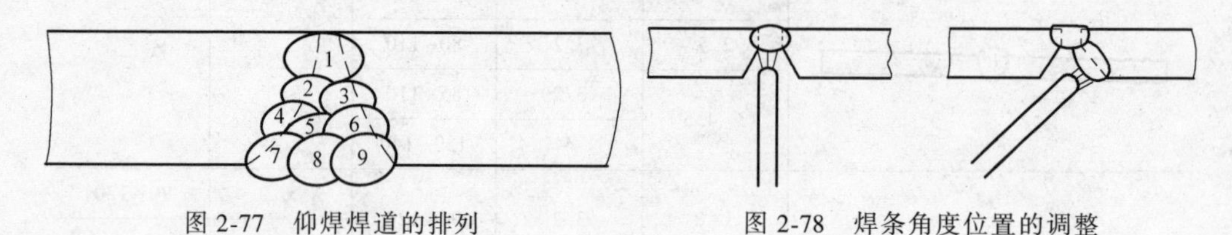

图 2-77 仰焊焊道的排列

图 2-78 焊条角度位置的调整

实践一 低碳钢板对接仰焊单面焊双面成形“断弧焊”

1. 操作准备

仰焊工件的准备：仰焊工件的准备工作同平焊工件。工件组对尺寸及反变形量见表 2-35 和图 2-79。

表 2-35 仰焊工件组对尺寸

试件尺寸(组)/mm	坡口角度/(°)	组对间隙/mm	钝边/mm	反变形量/mm	错边量/mm
12×250×300	65^{+5}_{0}	起弧处:4.0 完成处:5.0	1~1.2	4	≤1

2. 任务分析

仰焊是各种焊接位置中，操作难度最大的焊接位置。由于熔池倒悬在工件下面，熔化的金属会受重力作用下坠，同时熔滴自身的重力又不利于熔滴过渡，并且熔池温度高时，表面张力会减小，容易在焊件正面出现焊瘤，在焊件背面出现凹陷，焊缝成形较困难。因此对工件组对尺寸、焊接参数以及焊工本身的操作技能要求得更为严格。

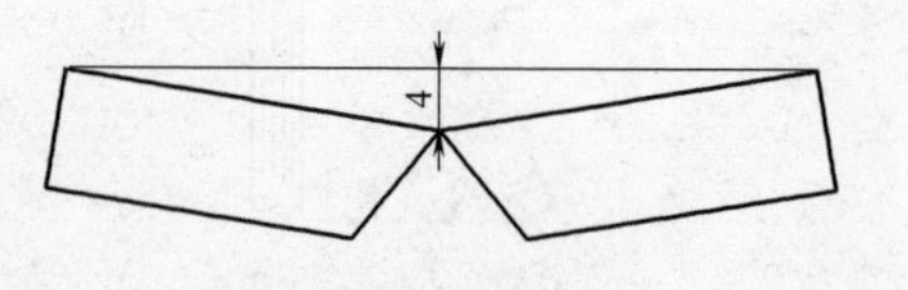

图 2-79 反变形量示意

3. 对接仰焊焊接步骤

对接仰焊焊接参数见表 2-36。

(1) 打底层的焊接

1) 引弧时，应在定位焊处划擦引弧，稳弧后将电弧运动到坡口中心，待定位

表 2-36 对接仰焊焊接参数

焊接层次	名称	焊条直径/mm	焊接电流/A	焊条与前进方向角度/(°)	运条方式
1	打底层	3.2	110~125	20~30	横向小摆动
2	填充层	3.2	120~130	10~20	“8”字形运条
3	填充层	3.2	120~130	10~20	“8”字形运条
4	盖面层	3.2	120~130	10~20	“8”字形运条

焊处及坡口根部成半熔状态（可通过护目镜很清楚地看到），迅速压低电弧将熔滴过渡到坡口的根部，并借助电弧的吹力将熔滴往上顶，并做一稳弧动作和横向小摆动使电弧的 2/3 穿透坡口钝边，作用于试板的背面上去，这时既能看到一个比焊条直径大的熔孔，同时又能听到电弧击穿根部的“噗噗”声，为防止熔池铁液下垂，这时应熄弧以冷却熔池，熄弧的方向应在熔孔的后面坡口一侧，熄弧动作应果断。在引弧时，待电弧稳定燃烧后，迅速做横向小摆动（电弧在坡口钝边两侧稍稳弧），运到坡口中心时还是尽力往上顶，使电弧的 2/3 作用于工件背面，使熔滴向熔池过渡，这样依次重复引弧→稳弧→小摆动→电弧往上顶→熄弧，完成仰焊试板的打底焊。施焊应注意的是，电弧穿透熔孔的位置要准确，运条速度要快，手要把稳，坡口两侧钝边的穿透尺寸要一致，保持熔孔的大小要一样。熔滴要小，电弧要短，焊层要薄，以加快熔池的冷却速度，防止铁液下垂形成焊瘤和试板的背面产生凹陷过大。焊条与工件的角度如图 2-80 所示。

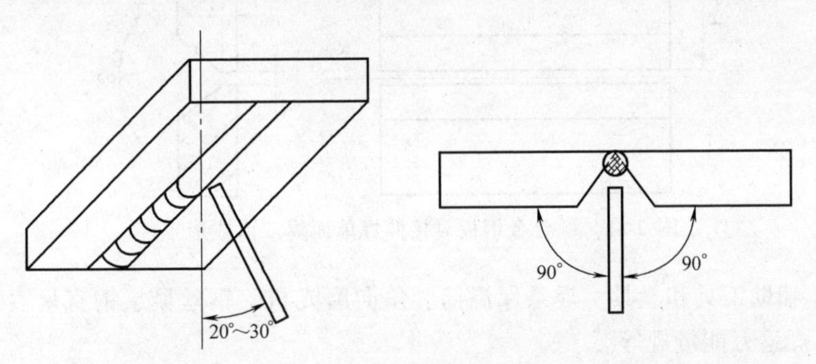

图 2-80 焊条与工件角度示意

2）换焊条熄弧前，要在熔池边缘部位迅速向背面多补充几滴熔滴利于熔池缓冷，防止产生缩孔，然后将焊条拉向坡口断弧。接头动作要迅速，在熔池红热状态引燃电弧进行施焊。接头引弧点在熔池前 10~15mm 的焊道上，接头位置在熔孔前边缘，当听到背面电弧穿透声后，又形成新的熔孔，恢复打底焊的正常焊接。

（2）填充层和盖面层的焊接 第 2、3 层为填充层的焊接，第 4 层为盖面层的焊接，每层的清渣工作要仔细，采取“8”字形运条法进行焊接，该运条法能控制熔池形状，不易产生坡口中间高、两侧有尖角的焊缝，但运条要稳，电弧要短，焊条摆动要均匀，运条方法如图 2-81 所示。

4. 操作注意事项

在整个焊接过程中，必须注意的是，仰焊的熔池体积不能过大，必须保持最短的电弧长度，表面层焊接速度要均匀一致，控制好焊道高度和宽度，利用电弧吹力使熔滴在很短的时间内过渡到熔池中，并使熔池尽可小而薄，以减小因重力而下坠现象，防止焊道下凹和焊瘤的出现。

图 2-81 仰焊填充焊、盖面焊运条示意

实践二 低合金钢板对接仰焊单面焊双面成形“连弧焊”

1. 焊前准备

（1）焊机 选用直流弧焊机、硅整流弧焊机或逆变弧焊机均可。

（2）焊条 选用 E5015、E5016 碱性焊条均可，焊条直径为 $\phi 3.2$mm、$\phi 4.0$mm，焊前经 300~350℃烘干，保温 2h，随用随取。

（3）工件（试板） 采用 Q355 低合金钢板，规格为 300mm×125mm×12mm，两件，用剪板机或气割下料，然后加工成 V 形坡口，坡口角度为 32°±2°。气割下料的工件，其坡口边缘的热影响区应该使用角向打磨机加工去掉，工件如图 2-82 所示。

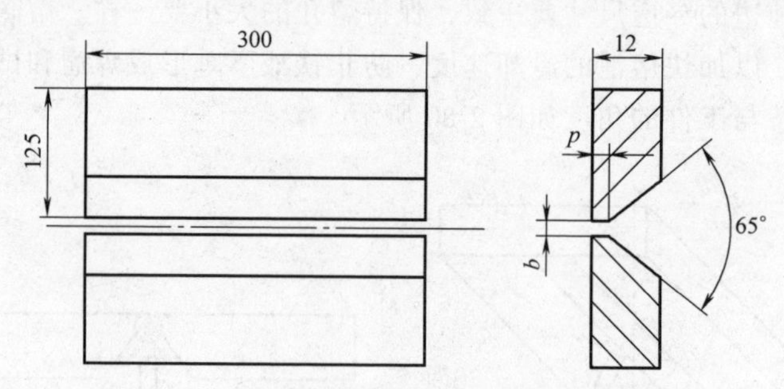

图 2-82 低合金钢板对接仰焊单面焊双面成形工件

（4）辅助工具和量具 焊条保温筒、角向磨光机、钢丝刷、钢直尺（300mm）、敲渣锤、焊缝万能量规等。

2. 任务分析

1）仰焊时，熔池在高温作用下表面张力减小，而铁液在自重条件下产生下垂，容易引起正面焊缝产生下坠，背面焊缝产生未焊透、凹陷等缺陷。

2）清渣困难，容易产生层间夹渣。

3）操作、运条困难，焊缝成形不易控制。

4）宜采用较小的电流和直径较小的焊条及适当的运条手法进行施焊。

3. 对接仰焊操作步骤

（1）试板装配

1）将打磨好的试板装配成 V 形 65°坡口的对接接头，始焊端装配间隙为 3.2mm，终焊端装配间隙为 4mm（可以用 ϕ3.2mm 和 ϕ4mm 的焊条头夹在试板坡口的钝边处，焊牢两试板，然后用敲渣锤打掉定位用的 ϕ3.2mm 和 ϕ4.0mm 焊条头即可）。定位焊缝长为 10~15mm（定位焊缝在正面焊缝处），对定位焊缝焊接质量要求与正式焊缝一样。错边量≤1mm。仰焊反变形量如图 2-83 所示。

2）焊缝共有 4 层，即第 1 层为打底层，第 2、3 层为填充层，第 4 层为盖面层，焊接层次如图 2-84 所示。

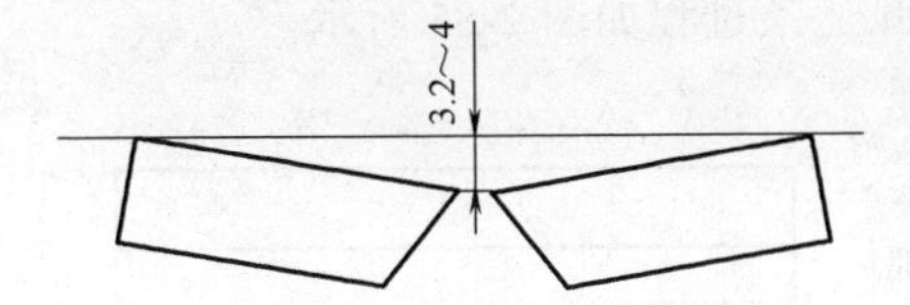

图 2-83 仰焊反变形量示意

注：反变形量可用 ϕ4mm 焊条头测量。

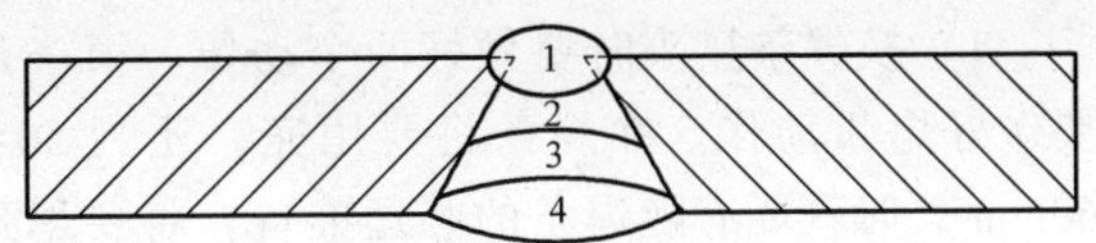

图 2-84 焊接层次

3）对接仰焊焊接参数见表 2-37。

表 2-37 对接仰焊焊接参数

焊接层次	名称	电源极性	焊接方法	焊条直径/mm	焊接电流/A	焊条角度/(°)	运条方式
1	打底层	直流正接	断弧焊	3.2	120~130	75~85	小月牙形或锯齿形小摆动
2	填充层	直流反接	连弧焊	3.2	115~120	80~85	锯齿形或"8"字形
3	填充层	直流反接	连弧焊	3.2	115~120	80~85	锯齿形或"8"字形
4	盖面层	直流反接	连弧焊	3.2	115~120	80~85	锯齿形或"8"字形

（2）打底层的焊接

1）首先要在准备好的试弧板上引弧，试验焊接电流大小是否合适，焊条是否有偏心现象，一切正常后准备施焊。打底焊采用断弧焊方法完成。操作过程注意"看""听""准""稳"这四点，相互配合得恰到好处。断弧焊操作时，引弧点在工件左端或右端（以焊工各自习惯为准）定位焊缝起始端引弧，并让电弧稍做停顿，电弧稳定燃烧后，迅速压低电弧，然后以小锯齿形或小月牙形摆动运条方式移动电弧。当焊接电弧达到定位焊终焊端时，将电弧运到坡口间隙中心处，电弧往上顶，同时手腕也有意识地稍微扭动一下并稍做停顿（这样做能充分发挥电弧的吹力，使电弧喷射正常，并能避免焊条微小的偏心现象，使坡口两侧钝边击穿熔透状况基本一样，但要注意的是电弧往上顶与扭动手腕，使电弧有一个小旋转应同时进行，否则效果不佳）。

2）当看到一个比焊条直径稍大（每侧坡口钝边击穿熔透 1~1.5mm）的熔孔，

同时也能听到电弧击穿坡口根部发出的“噗噗”声，表示第一个熔池已建立，此时应立即断弧，断（灭）弧的方法是迅速把电弧拉向坡口侧前方，不得往后或把电弧灭到已形成的熔孔处。断（灭）弧动作要果断。

3）当透过护目镜看到熔池的颜色逐渐变暗，等熔池中心只剩一点小亮点时，立即在熔池中心的 a 点重新引弧，稍做停留迅速将电弧运动到坡口中心时，电弧往上顶，看到新熔孔，并听到“噗噗”声，再将电弧拉至坡口一侧，也稍做停顿后果断向后断（灭）弧，每个断弧、起弧所形成的熔池应相互搭接 2/3。焊缝要薄，如此类推完成打底层的焊接。引弧、断（灭）弧运条过程如图 2-85 所示。

4）换焊条接头时要做好两个动作。第一是要做好熄弧动作。在焊条将要用完，还剩 50～60mm 长时就要有换焊条的心理准备，将要熄弧时必须给熔池再补给两三滴熔滴，确保弧坑处熔滴充足，这不但能使熔池缓冷，避免缩孔，同时也为接头创造了有利条件。熄弧前应将焊条自然地向后，在坡口侧果断灭弧。第二是接头的方法要得当，接头时应在坡口一侧引弧然后将电弧运动到熔池后（熄弧处）10～15mm 处，电弧稳定燃烧后做小横向摆动，运动到熄弧边缘处时，电弧稍做停顿再运至坡口间隙处电弧往上顶，看到新熔孔产生，并听到“噗噗”声后表明已接好，然后恢复正常断弧焊过程。

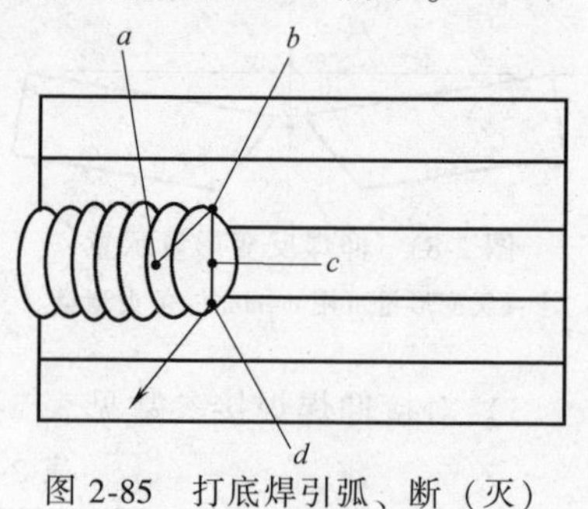

图 2-85　打底焊引弧、断（灭）弧运条过程示意

a—引弧点　b、d—电弧停顿点

c—电弧往上顶点　箭头处为断弧点

（3）填充层的焊接　第 2、3 层为填充层。施焊中要注意分清铁液和熔渣，严禁出现坡口内中间凸而坡口两侧出现夹角的焊道，这样的焊道极易产生夹渣等缺陷。避免这种缺陷的方法是：运条方式采用锯齿形或“8”字形运条方法进行摆动焊接，并做到“中间快，两侧慢”，即焊条在坡口两侧稍做停顿，坡口两侧给足，避免两侧产生夹角。焊条摆动要稳，运条要匀，始终保持熔池为椭圆形为好，避免因“铁液下坠”而产生中部凸起、两边凹陷、过渡不圆滑的焊缝，最后一层填充层（第 3 层焊缝）应低于母材平面 1～1. 5mm，过高或过低都不合适，并保留坡口轮廓线，以利于盖面层的焊接。

（4）盖面层的焊接　盖面层的焊接易产生咬边、“焊肉”下坠、夹渣等缺陷，防止方法是保持短弧焊，采用锯齿形或“8”字形运条方式为好，手要稳，焊条摆动要均匀，焊条摆到坡口边沿要有意识地多停留一会，给坡口边沿添足熔滴，并熔合良好，才能防止产生咬边、“焊肉”下坠等缺陷，焊条保持一定的角度，使焊接电弧总是顶着熔池，使铁液与熔渣分离清楚，防止熔渣超越电弧而产生夹渣。这样方能使焊缝表面圆滑过渡，成形良好。

（5）焊缝的清理　焊接完成后，用敲渣锤、钢丝刷将焊渣、飞溅物等清理干净，严禁动用机械工具进行清理，使焊缝处于原始状态，交付专职检验前不得对各种焊接缺陷进行修补。

4. 操作注意事项

打底焊的全过程，操作者的手要把稳，运条要匀。

焊接时注意调节电流的变化，电流过小熔渣不易浮出，产生夹渣、未熔合缺陷；电流过大产生焊瘤缺陷。运条时坡口两侧不易停留时间过短，避免焊道中间凸起。焊接过程中应注意熔池小些、焊道薄些、电弧短些。

任务六 平 角 焊

平角焊主要是指T形接头和搭接接头的平焊。在焊接结构中多为T形接头，搭接接头采用较少，两者操作技能相类似，本书以T形接头为例。T形接头焊接分单层焊、双层焊、多层焊及船形焊等形式。

一、焊接参数

T形接头平焊时，容易产生立板咬边、焊缝下塌（焊脚不对称）、夹渣等缺陷，焊接时除正确选择焊接参数外，还必须根据板厚调整焊条角度及电弧与立板间的水平距离，电弧应偏向厚板，使两板温度均匀，避免立板过热。

T形接头平焊时的焊接参数见表2-38。

表2-38 T形接头平焊时的焊接参数

<table>
<tr><th>焊脚尺寸/mm</th><th>层数或道数</th><th>焊条直径/mm</th><th>焊接电流/A</th></tr>
<tr><td>2</td><td rowspan="4">1</td><td>2~3.2</td><td>20~60</td></tr>
<tr><td>3~4</td><td rowspan="2">3.2~4</td><td rowspan="2">80~90</td></tr>
<tr><td>6</td></tr>
<tr><td>8</td><td rowspan="2">4~5</td><td rowspan="2">150~200</td></tr>
<tr><td>10~12</td><td>1~2</td></tr>
<tr><td>14</td><td>2~3</td><td rowspan="4">5</td><td rowspan="4">200~300</td></tr>
<tr><td>16</td><td>3~4</td></tr>
<tr><td>18</td><td>4~5</td></tr>
<tr><td>20</td><td>5~6</td></tr>
</table>

二、操作要点

1. 单层焊

当焊脚尺寸小于8mm时，采用单层单道焊，焊条角度如图2-86所示。焊接时行走角太小，则熔深过浅；行走角过大，则熔渣易流到弧坑前面引起夹渣。

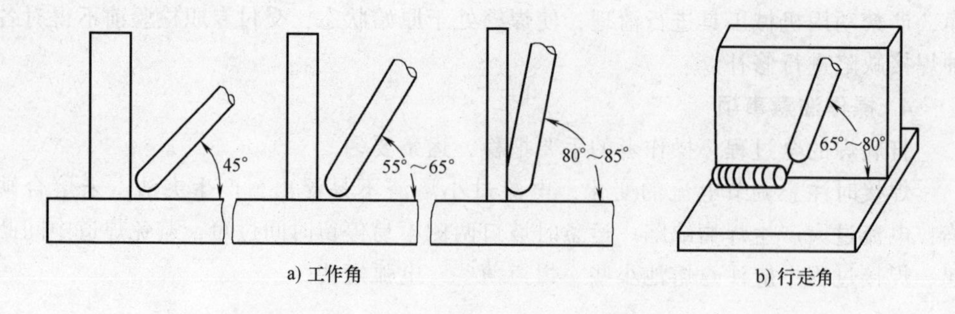

图 2-86　T 形接头单层单道焊时焊条的角度

当焊脚尺寸为 6~10mm 时，可采用斜圆圈形或反锯齿形运条法进行焊接，如图 2-87 所示。焊接时要注意焊条下拖时的速度要慢，使熔池金属吹至斜后方，不易产生咬边和夹渣，上行要快，防止熔池金属下淌，使焊脚不对称，焊条在上下两侧稍停留，保证熔合良好。

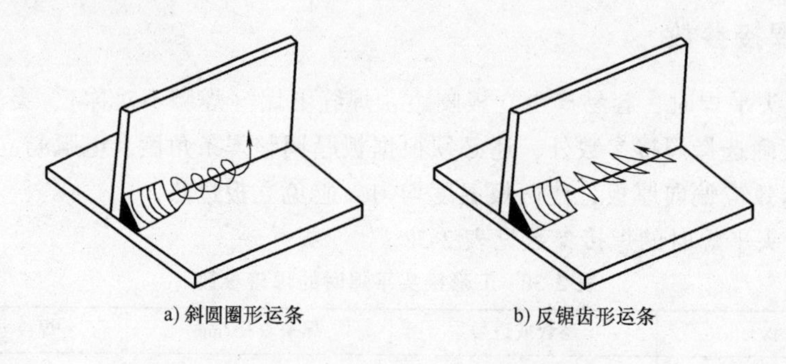

图 2-87　T 形接头平焊运条法

2. 多层焊

当焊脚尺寸为 10~12mm 时，采用两层两道焊法。焊条角度与单层焊相同。第 1 层用小直径焊条，电流稍大，直线运条，焊条头可直接压在焊脚上，收尾时把弧坑填满。第 2 层用大直径焊条，电流不能过大，否则立板易咬边，采用斜圆圈形或反锯齿形运条。此时要注意在焊第 2 层前必须将第 1 层焊道的焊渣清除干净，以防夹渣。

3. 多层多道焊

在多层多道焊中，焊脚尺寸越大，焊接层数和道数也就越多，但焊接不同焊道的行走角均为 65°~80°，工作角在 40°~55°之间变化，电弧应始终对准焊道与板或两条焊道的交界处，后一条焊道应压在前一条焊道的 2/3 处，焊条的摆动和前进速度要均匀，使每层焊道的表面平整，焊接熔合良好。

如果焊脚尺寸大于 16mm 时，可采用 3 层 6 道、4 层 10 道等来完成，如图 2-88 所示。这样的平角焊缝只适用于承受较小静载荷的焊件。对于承受重载荷或动载荷的较厚钢板平角焊应开坡口，见表 2-39。

当工件厚度在 40~80mm 时，在竖直工件两边开坡口，但要保证根部焊透（见表 2-39）。

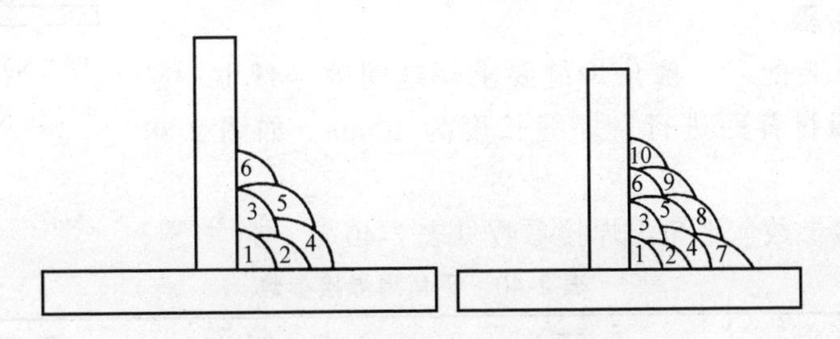

图 2-88 多层多道焊的焊道排列

表 2-39 大厚度工件平角焊时的坡口

坡口形式	图示	说明
单边 V 形坡口	2~3 2~3	在竖直工件一边开坡口，适用于 15~40mm 厚度的工件
K 形坡口	2~3 60° 2~3	在竖直工件两边开坡口，适用于 40~80mm 厚度的工件

实践 T 形接头焊接

1. 焊前准备

1）与平焊的焊前准备相同。

2）工件为 Q355B 钢板，共两件：一件规格为 300mm×180mm×12mm，另一件规格为 300mm×80mm×12mm；焊条为 5016 型或 E5015 型，直径为 ϕ3.2mm 和 ϕ4mm，烘干温度为 350~400℃，保温 2h。

3）焊前清理：焊缝的两侧 15~20mm 要清理干净。采用砂轮修磨或化学处理的方法去除板材表面的氧化膜、铁锈以及油和水等。

2. 任务分析

平角焊时，工件处于平焊位置，与其他焊接位置相比比较容易操作。但是在定位焊及焊接过程中由于立板焊缝单侧受力，空间受限制，容易引起变形、咬边、焊脚下偏、未焊透、夹渣等现象。焊接时应控制焊条速度，也可以采用相应措施限制反变形。

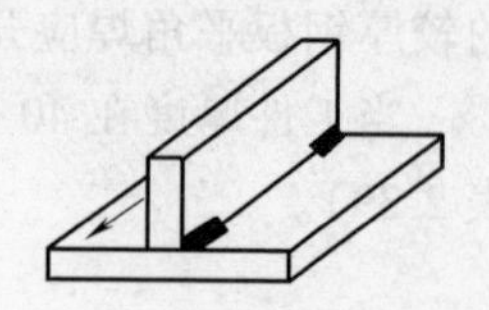

图 2-89 试板装配定位焊示意

3. 焊接步骤

（1）工件装配　一般角焊缝要求焊缝间隙尽量小，定位焊一般在板材背面进行，焊缝长度为 10mm，如图 2-89 所示。

（2）焊接参数　平角焊焊接参数见表 2-40。

表 2-40　平角焊焊接参数

焊道分布	焊接层数	焊条直径/mm	焊接电流/A
3 1 2 焊脚高度 7mm	1	3.2	120~140
	2、3	4	160~180

（3）打底层的焊接　在距离左端部 10mm 处引弧，采用短弧焊，直线运条方式，从左向右焊接。运条角度如图 2-90 所示，电弧对准根部顶角，压低电弧，保证顶角和两侧板熔合。接头在弧坑处前 10mm 处引弧，拉长电弧迅速移动到弧坑处时，沿弧坑形状填满弧坑，然后正常焊接。

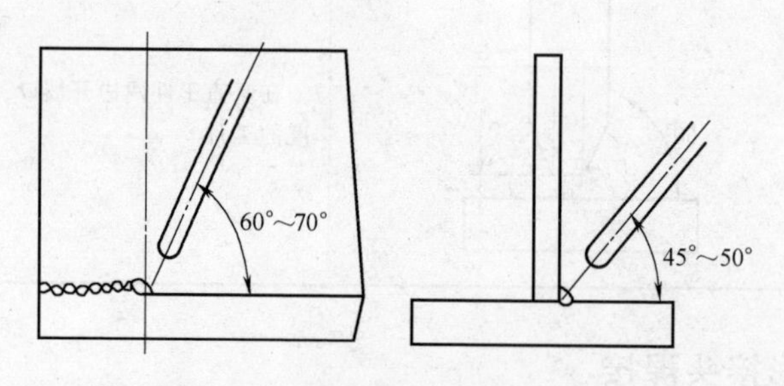

图 2-90　平角焊打底焊运条角度

（4）盖面层的焊接

1）盖面层焊接前，应清除根部焊道焊渣和飞溅，以防止产生夹渣缺陷。

2）盖面层焊两道，先焊下面焊道，再焊上面焊道。焊接下面焊道时，电弧要对准根部焊道的下沿，直线运条，焊条角度要大于 45°；焊接上面焊道时，电弧对准根部焊道上沿，直线运条也可以横向摆动，其焊条角度要小于 45°，如图 2-91 所示。

4. 操作注意事项

打底焊时焊缝的焊缝始焊端和终焊端容易出现磁偏吹现象，此时要适当调整焊

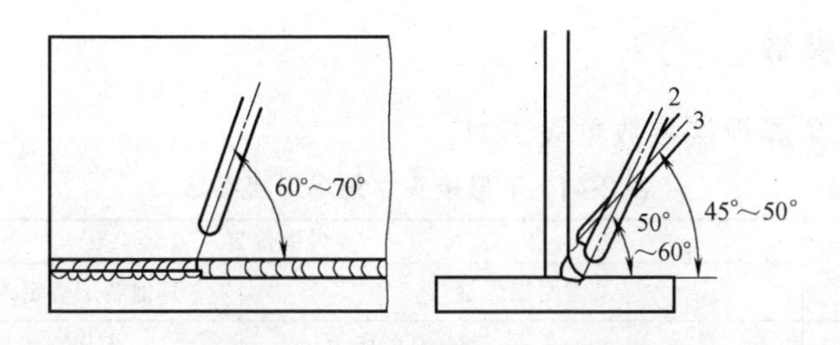

图 2-91　平角焊盖面焊焊条角度

条的角度（见图 2-92），一般把电弧指向熔池来控制。

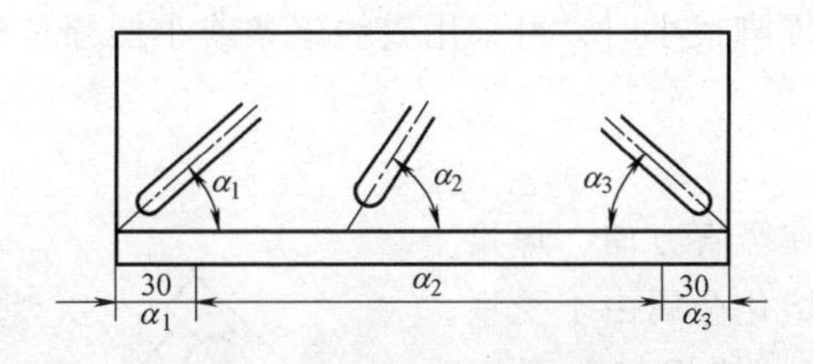

图 2-92　磁偏吹时焊条角度控制

如果焊接工件的厚度不同，在焊接过程中电弧应该偏向于厚板的一侧，使焊接件熔合良好。

任务七　立　角　焊

立角焊是指焊缝垂直于地面的板与板 T 形接头的焊接。其操作姿势与板对接立焊相同，如图 2-93 所示。

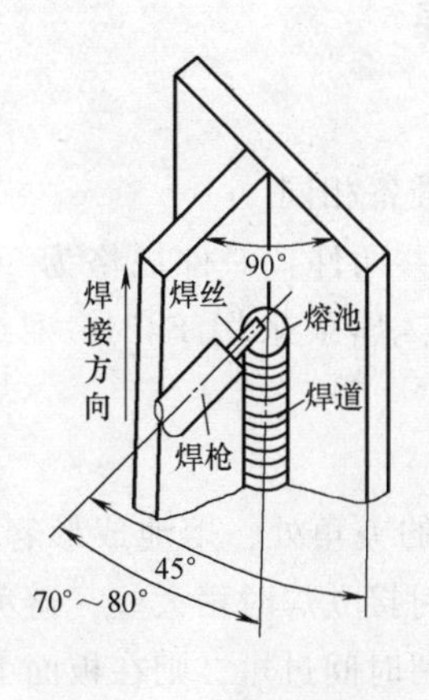

图 2-93　立角焊操作姿势

一、焊接参数

T 形接头立角焊焊接参数见表 2-41。

表 2-41　T 形接头立角焊焊接参数

焊接参数	焊道位置			
	盖面层焊缝		其他各层焊缝	封底焊缝
焊条直径/mm	3.2	4.0	4.0	3.2
焊接电流/A	90~120	120~160	120~160	90~120

T 形接头立角焊的焊条角度如图 2-94 所示，其运条方法可根据板厚和要求的焊脚大小来选择：当要求焊脚较大时，采用三角形运条，盖面焊时采用大摆幅月牙形或锯齿形运条；当焊脚很小时，可采用直线运条或小摆幅月牙形、锯齿形运条。

二、操作要点

立角焊焊接操作在竖直方向，焊接时，熔滴和熔池中的熔化金属由于受重力的作用很容易下滴，使焊缝成形困难。底层焊缝容易出现未焊透，外层焊缝容易出现两侧与母材熔合不良和咬边缺陷。焊接时选择小的焊条直径和电流，采用短弧和合适的运条方法焊接。当焊条摆动到两侧时稍做停留，以促进熔化金属与母材的熔合。因 T 形接头散热快，为保证熔合良好，并防止焊缝根部未熔合，焊接电流可比相同厚度的平板对接稍大些。

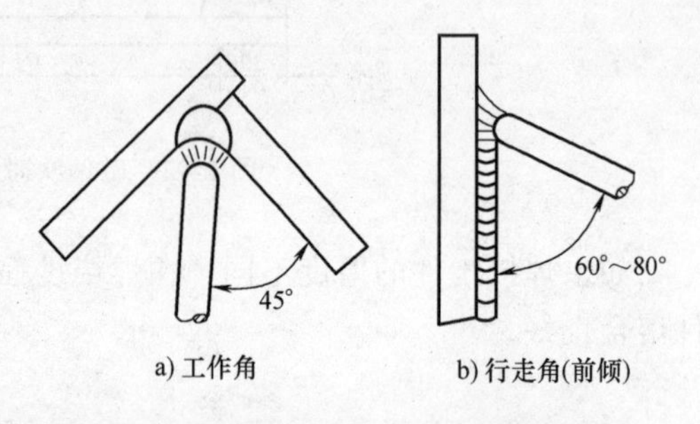

图 2-94　T 形接头立角焊的焊条角度

实践　低碳钢板立角焊

1. 焊前准备

1）与板对接立焊的焊前准备相同。

2）工件为 Q235A 钢板，共两件：一件规格为 300mm×180mm×12mm，另一件规格为 300mm×80mm×12mm，焊条采用 E4316 型或 E4315 型，直径为 ϕ3.2mm 和 ϕ4mm。

2. 任务分析

立角焊时，焊缝处于两板的夹角处，熔池成形容易控制，但是散热速度较对接立焊时快，因此焊接电流应比对接立焊时稍大些，避免产生未熔合和夹渣缺陷。如果焊条角度不正确、焊缝两侧停留时间过短，则在板面上容易产生咬边缺陷。如果熔池温度控制不好，使温度过高，则熔池下边边缘轮廓会逐渐凸起变圆，产生焊瘤。

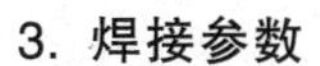

3. 焊接参数

将工件清理干净并校平之后，装配成 T 形接头，并在工件两端对称地进行定位焊，定位焊缝长 10mm。

该工件的板厚为 12mm，确定焊脚尺寸为 10mm，采用两层两道进行焊接。立角焊焊接参数见表 2-42。

表 2-42　立角焊焊接参数

焊接层	运条方法	焊条直径/mm	焊接电流/A
打底层	短弧挑弧法	3.2	110~125
盖面层	锯齿形运条法	4	115~130

4. 立角焊焊接步骤

1）清理工件表面上的铁锈及污垢。

2）将试件竖直固定在操作台上。

3）焊接打底层。在试板上调试出合适的焊接电流，选用直径为 3.2mm 的焊条。采用短弧挑弧法进行焊接，即在始焊端的定位焊缝处引弧，拉长电弧对工件预热 1~2s，压弧焊接。当形成第一个熔池时，立即将电弧沿焊接方向挑起（电弧不熄灭），让熔池冷却凝固。待熔池颜色由亮变暗时，再将电弧向下移动到熔池的 2/3 处，形成一个新熔池。这样不断挑弧→下移熔焊→挑弧，有节奏地运条就能形成一条较窄的打底层，焊道接头采取热接法。如果采用冷接法，可以通过预热法操作来完成。立角焊的运条方法如图 2-95 所示。

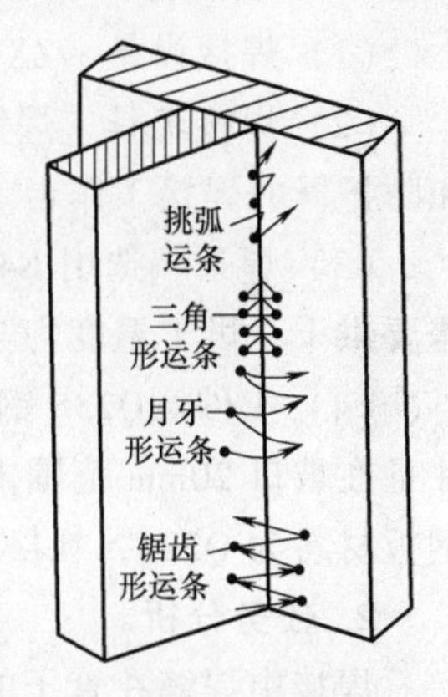

图 2-95　立角焊的运条方法

4）焊接盖面层。清理前一道的焊渣后，采用锯齿形运条法进行焊接，焊条摆动的宽度要小于所要求的焊脚尺寸，即 10mm 之内。待焊缝形成后可以达到焊脚尺寸要求。

5. 操作注意事项

如果在焊接时的板面上产生咬边缺陷，除了选用合适的焊接电流外，焊条中间摆动稍快些，并使焊条在焊缝两侧停顿时间长些，使金属熔化填满焊道两侧边缘，并使每一个熔池均成扁圆形。

任务八　管板 T 形接头水平固定焊

一、管板连接方式

管板焊有两种连接方式：一种为坐骑式，即管在板的外面，如图 2-96 所示；另一种是插入式，即管子插入板的孔中，如图 2-97 所示。常用的焊接方法有板管水平焊接（图 2-96 和图 2-97）、板管竖直焊接（管的轴线为竖直方向）。

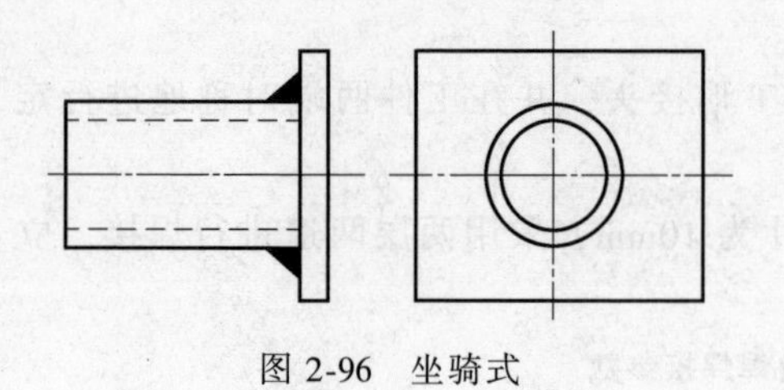

图 2-96　坐骑式

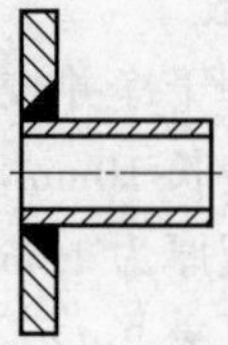

图 2-97　插入式

二、操作要点

管板接头形式是 T 形接头的特例，焊接要领和板式的角接相似，不同是焊缝在管子周围的根部，焊接时需要不断地转动手臂和手腕，才能保证正确的焊条角度和电弧对中点。管板角接接头焊接一般情况都是管和板的厚度不一样，而且差异较大，不同焊接位置变化幅度较大，因此对焊接操作者要求较高。插入式一般在板上开 V 形坡口，坐骑式一般坡口开在管子上或者不开坡口（实践中应用较多些）。

实践　坐骑式管板固定水平焊单面焊双面成形

1. 焊接准备

（1）焊接设备　ZX7-400ST 型逆变器弧焊电源。

（2）焊接工具　焊钳、焊接电缆、工件夹紧工具、焊条保温筒及带有防弧光和防护屏的焊接工作台。此外还有辅助工具及安全保护用品等。

（3）焊条　选用 E4316 型焊条，直径为 3.2mm，使用时保证干燥，如果潮湿需要烘干，烘干温度为 75~150℃，时间为 1~2h。

（4）工件　Q235 钢管，规格为 ϕ120mm×8mm×100mm，对接端面要加工平整，并且在坡口 20mm 范围内清理铁锈、水、油等，最好用角向磨光打磨出金属光泽。钢板材料为 Q235，规格为 200mm×200mm×12mm。

2. 任务分析

焊接中焊缝在管子的根部，焊接时需要不断地转动手臂和手腕，才能保证正确的焊条角度和电弧对中点，比平角焊和立角焊对操作者水平要求高。

3. 焊接步骤

坐骑式管板固定水平焊焊接参数见表 2-43。

表 2-43　坐骑式管板固定水平焊焊接参数

焊脚尺寸/mm	焊接层	焊条直径/mm	焊接电流/A
8	打底层	3.2	95~105
	盖面层	3.2	100~120

（1）打底层的焊接　操作时可分为右侧焊与左侧焊两个过程，如图 2-98 所示。在一般情况下，先焊右侧部分，因为以右手握焊钳时，右侧便于在仰焊位置观察与

焊接。

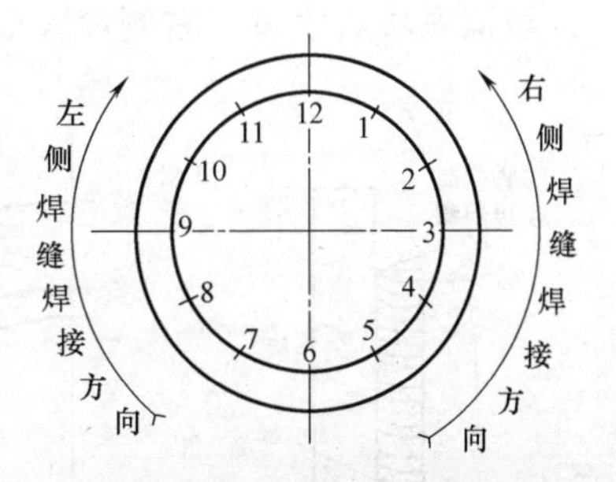

图 2-98 左侧焊与右侧焊位置

1）右侧焊：引弧由 4 点处的管子与底板的夹角处向 6 点以划擦法引弧。引弧后将其移到 6 点到 7 点之间进行 1～2s 的预热，再将焊条向右下方倾斜，其角度如图 2-99 所示。然后压低电弧，将焊条端部轻轻顶在管子与底板的夹角上，进行快速施焊。施焊时，须使管子与底板达到充分熔合，同时焊层也要尽量薄些，以利于与左侧焊道搭接平整。

2）6～5 点位置的操作：为避免焊瘤产生，采用斜锯齿形运条。焊接时焊条端部摆动的倾斜角是逐渐变化的。在 6 点位置时，焊条摆动的轨迹与水平线呈 30°夹角；当焊至 5 点时，夹角为 0°，如图 2-100 所示。运条时，向斜下方摆动要快，到底板表面时要稍做停留；向斜上方摆动相对要慢，到管壁处再稍做停顿，使电弧在管壁一侧的停留时间比在底板一侧要长些，其目的是增加管壁一侧的焊脚高度。运条过程中始终采用短弧，以便在电弧吹力作用下，能托住下坠的熔池金属。

3）5～2 点位置的操作：为控制熔池温度和形状，使焊缝成形良好，应用间断熄弧或挑弧焊法施焊。间断熄弧焊的操作要领为：当熔敷金属将熔池填充得十分饱满，使熔池形状欲向下变长时，握焊钳的手腕迅速向上摆动，挑起焊条端部熄弧，待熔池中的液态金属将凝固时，焊条端部迅速靠近弧坑，引燃电弧，再将熔池填充得十分饱满，引弧、熄弧……如此不断进行。每次熄弧的前进距离为 1.5～2mm。

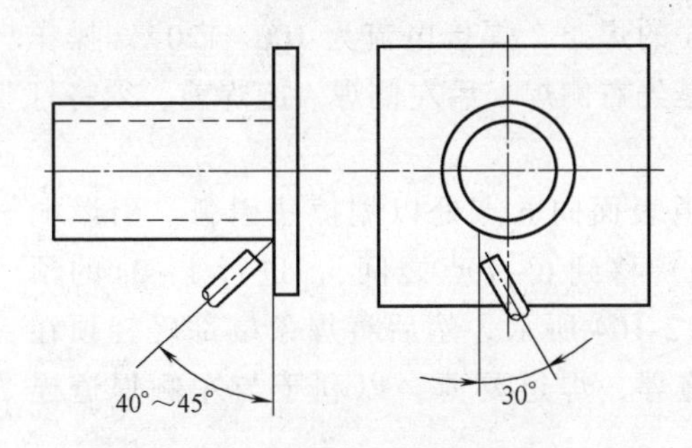

图 2-99 右侧焊时焊条倾斜角度

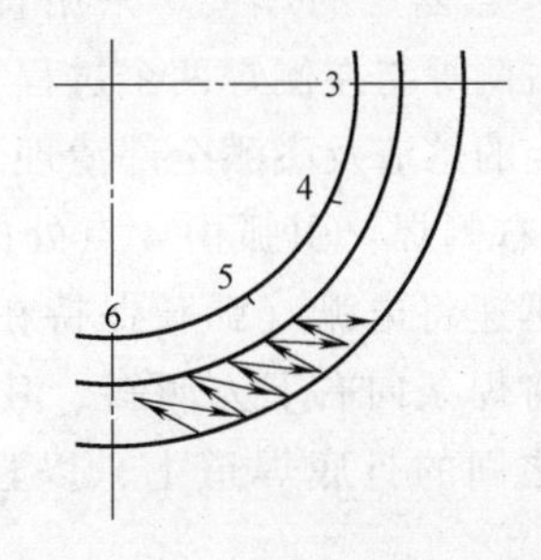

图 2-100 6～5 点位置运条方法

在进行间断熄弧焊时，如果熔池产生下坠，可采用横向摆动，以增加电弧在熔池两侧的停留时间，使熔池横向面积增大，把熔敷金属均匀地分散在熔池上，使成形平整。为使熔渣能自由下淌，电弧可稍长些。

4）2～12 点位置的操作：为防止因熔池金属在管壁一侧的聚集而造成焊脚偏低或咬边，如图 2-101 所示。应将焊条端部偏向底板一侧，按图 2-102 所示方法，做短弧斜锯齿形运条，并使电弧在底板侧停留时间长些。如果采用间断熄弧焊时，在 2～4 次运条摆动之后，熄弧一次。当施焊至 12 点位置时，以间断熄弧或挑弧法，填满弧坑后收弧。右侧焊缝成形与左侧焊道如图 2-103 所示。

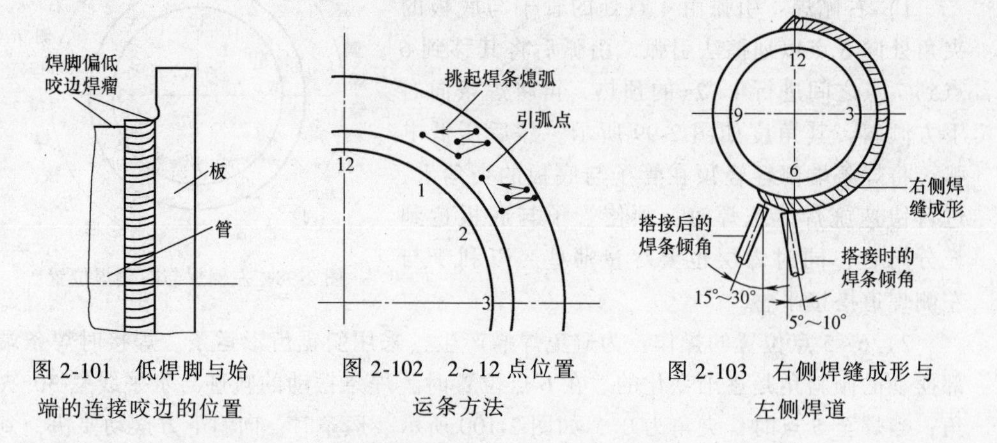

图 2-101 低焊脚与始端的连接咬边的位置

图 2-102 2～12 点位置运条方法

图 2-103 右侧焊缝成形与左侧焊道

5）左侧焊：施焊前，将右侧焊缝的始、末端熔渣除尽。如果 6～7 点处焊道过高或有焊瘤、飞溅时，必须进行整修或清除。

6）焊道始端的连接：由 8 点处向右下方以划擦法引弧，将引燃的电弧移到右侧焊缝始端（即 6 点）进行 1～2s 的预热，然后压低电弧，以快速小斜锯齿形运条，由 6 点向 7 点进行焊接，但焊道不宜过厚。

7）焊道末端的连接：当左侧焊道于 12 点处与右侧焊道相连接时，须以挑弧焊或间断熄弧焊施焊。当弧坑被填满后，方可挑起焊条熄弧。左侧焊其他部位的操作，均与右侧焊相同。

（2）盖面层的焊接　采用直径 3.2mm 的焊条，焊接电流为 100～120A。操作时也分右侧焊与左侧焊两个过程，一般也是先右侧焊，后左侧焊。施焊前，须将打底焊道上的熔渣及飞溅全部清理干净。

1）右侧焊：引弧由 4 点处的打底焊道表面向 6 点处以划擦法引弧。引燃电弧后，迅速将电弧（弧长保持在 5～10mm）移到 6～7 点之间，，进行 1～2s 的预热，再将焊条向右下方倾斜，其角度如图 2-104 所示。然后将焊条端部轻轻顶在 6～7 点之间的打底焊道上，以直线运条施焊，焊道要薄，以利于与左侧焊道连接平整。

2）6～5 点位置的操作：采用斜锯齿形运条，其操作方法与焊条角度同打底层操作。运条时在斜下方管壁侧的摆动要慢，以利于焊脚的增高；向斜上方移动要相对快些，以防止产生焊瘤。在摆动过程中，电弧在管壁侧停留时间比在管板侧要长一些，以利于较多的填充金属聚集于管壁侧，从而使焊脚得以增高。为保证焊脚高度达到 8mm，焊条摆动到管壁一侧时，焊条端部距底板表面应是 8～10mm，如图 2-105 所示。当焊条摆动到熔池中间时，应使其端部尽可能离熔池近一些，以利于短弧吹力托住下坠的液体金属，防止焊瘤的产生，并使焊道边缘熔合良好，成形平整。

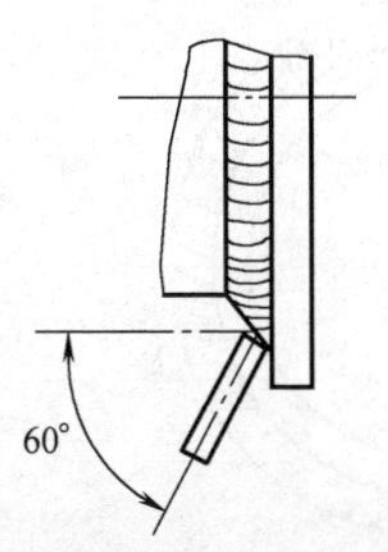

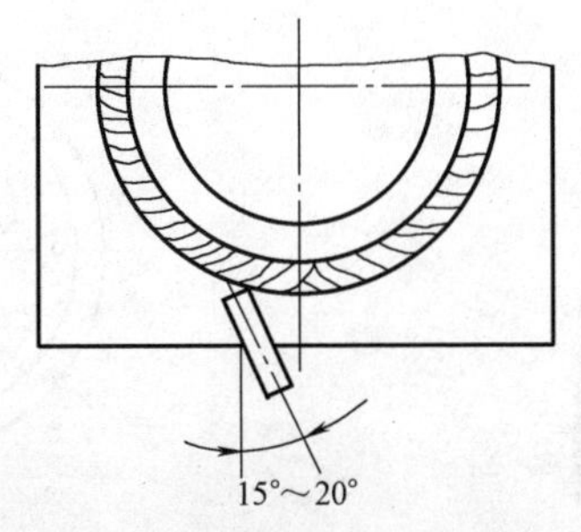

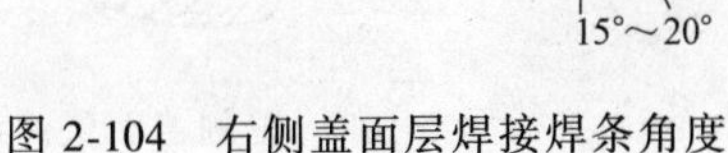
图 2-104　右侧盖面层焊接焊条角度

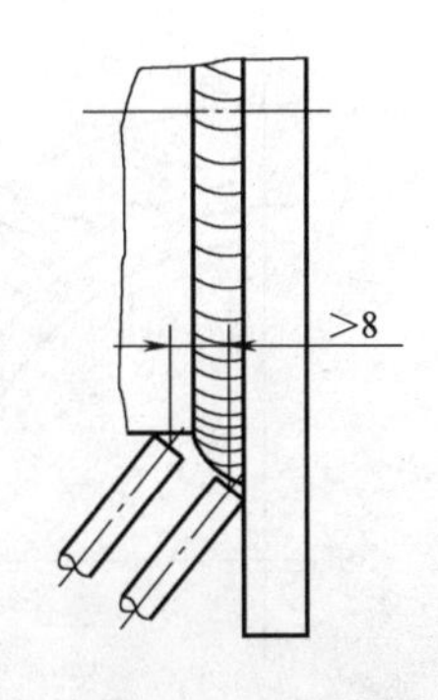

图 2-105　右侧盖面层焊条摆动距离

3）5~2 点位置的操作：由于此处温度局部增高，在施焊过程中，电弧吹力不但起不到上托熔敷金属的作用，而且还容易促进熔敷金属的下坠。因此，只能采用间断熄弧法，即当熔敷金属将熔池填充得十分饱满并欲下坠时，挑起焊条熄弧。待熔池将凝固时，迅速在其前方 15mm 的焊道边缘处引弧（切不可直接在弧坑上引弧，以免因电弧的不稳定而使该处产生密集气孔），再将引燃的电弧移到底板侧的焊道边缘上停留片刻；当熔池金属覆盖在被电弧吹成的凹坑时，将电弧向下偏 5°的倾角并通过熔池向管壁侧移动，使其在管壁侧再停留片刻。当熔池金属将前弧坑覆盖 2/3 以上时，迅速将电弧移到熔池中间熄弧，间断熄弧法如图 2-106 所示。在一般情况下，熄弧时间为 1~2s，燃弧时间为 3~4s，相邻熔池重叠间距（即每熄弧一次熔池前移距离）为 1~1.5mm。

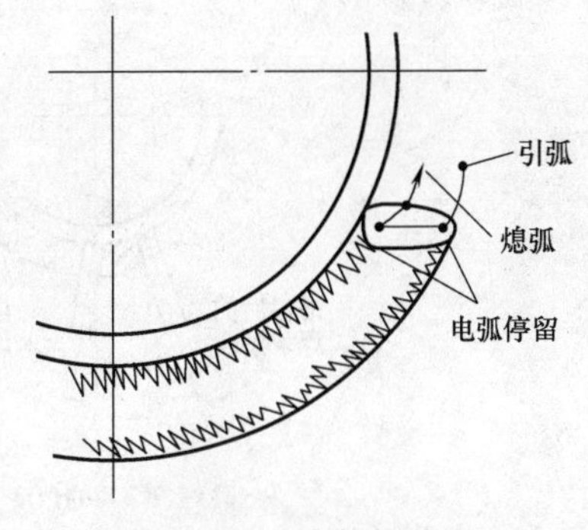

图 2-106　右侧焊盖面层间断熄弧法

4）2~12 点位置的操作：该处类似平角焊接的位置。由于熔敷金属在重力作用下易向熔池低处聚集，而处于焊道上方的底板侧又易被电弧吹成凹坑，难以达到所要求的焊脚高度，应采用由左向右运条的间隙断弧法，即焊条端部在距原熔池 10mm 处的管壁侧引弧，然后将其缓慢移至熔池下侧停留片刻，待形成新熔池后再通过熔池将电弧移到熔池斜上方，以短弧填满熔池，再将焊条端部迅速向左侧挑起熄弧。当焊至 12 点处时，将焊条端部靠在打底焊道的管壁处，以直线运条至 12 点与 11 点之间处收弧，为左侧焊道的末端接头打好基础。施焊过程中，可摆动两三次再熄弧一次，但焊条摆动时向斜上方要慢，向下方要稍快，在此段位置的焊条摆动路线如图 2-107 所示。在施焊过程中，更换焊条的速度要快。在燃弧后，焊条倾角须比正常焊接时多向下倾 10°~15°，并使第一次燃弧时间稍长一些，以免接头处产生凹坑。右侧盖面层焊道形状如图 2-108 所示。

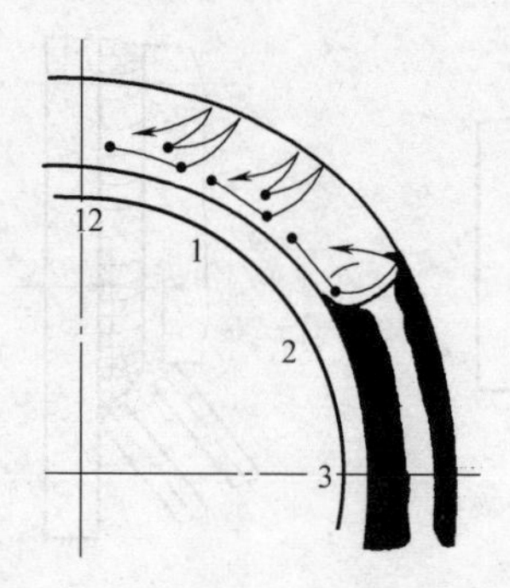

图 2-107　右侧焊盖面层间断熄弧时的焊条摆动

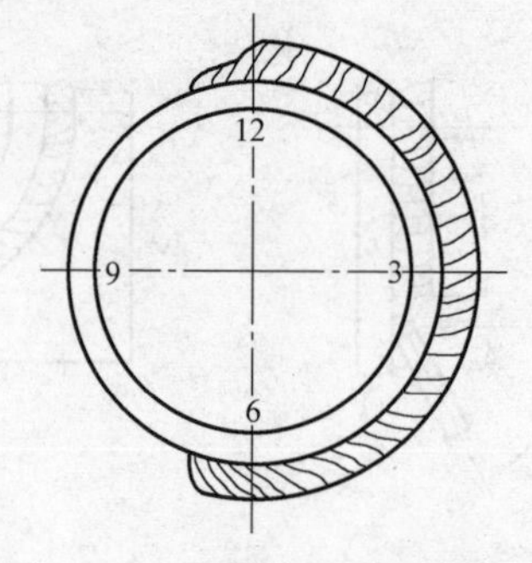

图 2-108　右侧盖面层焊道形状

5）左侧焊：施焊前，先将右侧焊道的始、末端熔渣除尽，如果接头处有焊瘤或焊道过高，须加工平整。

6）焊道始端的连接：由 8 点处的打底焊道表面以划擦法引弧后，将引燃的电弧拉到右侧焊缝始端（即 6 点处）进行 1~2s 的预热，然后压低电弧。焊条倾角与焊接方向相反，如图 2-109a 所示。6~7 点处以直线运条，逐渐加大摆动幅度，摆动时的焊条角度变化如图 2-109b 所示。摆动的速度和幅度由右侧焊道搭接处（6~7 点之间的一小段焊道）所要求的焊脚高度、焊道厚度来确定，以获得平整的搭接接头为目的。

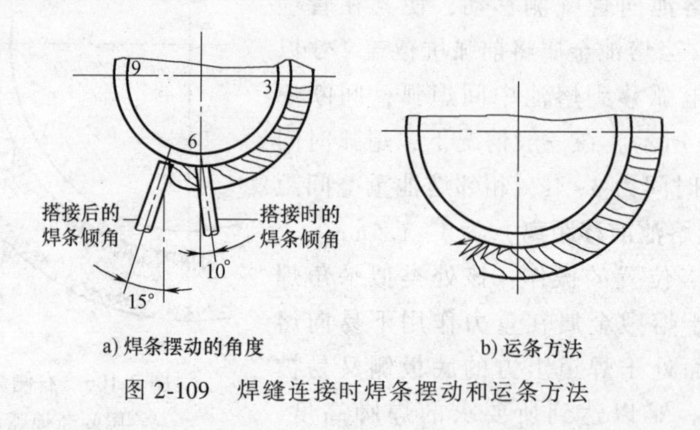

a) 焊条摆动的角度　　b) 运条方法

图 2-109　焊缝连接时焊条摆动和运条方法

7）焊道末端的连接：当施焊至 12 点处时，做几次挑弧动作将熔池填满即可收弧。

左侧焊的其他部位的焊接均与右侧焊相同。

4. 操作注意事项

1）管板水平固定焊时分为两个半圈，每层每个半圈都存在平、立、仰三种焊接位置，为了保证管板背面成形良好，打底层焊时仰位和斜仰位时搭接量为熔池面积的 1/3，立位处搭接量为熔池面积的 1/2，斜平位、平位处搭接量为熔池面积的 2/3。熔池温度应控制得当，始终保持液态金属清晰、明亮。

2）为了形成良好的盖面层，在盖面焊时的仰位和斜仰位焊接区域尽量使焊缝

薄些；斜平焊和平焊区域熔池温度偏高，力求焊缝厚些。

任务九 管对接焊

管对接接头是指两个管以不同角度、对接形式进行焊接而成，这种接头在压力容器、压力管道和锅炉中十分常见，对整个设备十分重要，直接关系产品的质量稳定性。管对接焊接接头由于焊接位置和母材的不同，焊接工艺和操作手法也不同，因此，对于焊接操作人员来说，要想焊出性能优良、质量可靠的焊接接头，必须掌握各种管管对接接头的焊接工艺和操作手法。管与管对接焊有水平固定焊、水平转动焊、竖直固定焊、倾斜固定焊四种情况。

一、管与管对接水平固定焊

因为管子的焊缝是环形的，在焊接过程中需采用平、立、横等几种位置，因此焊条角度变化很大（见图 2-110），操作较困难。

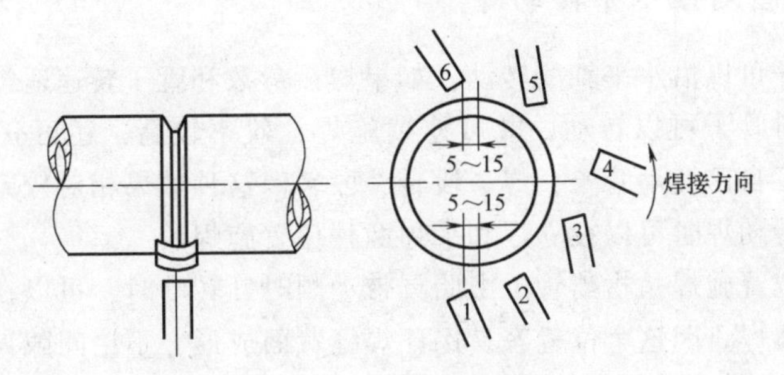

图 2-110 水平固定焊

焊接过程中，因管子受热收缩不均匀，大直径管子的装配间隙上部要比下部大1~2mm。坡口间隙的选择与焊条的种类有关，若使用酸性焊条时，对接口上部间隙约等于焊条的直径；若使用碱性焊条，对接口的间隙一般为1.5~2.5mm。这样可保证底层焊缝的双面成形良好。焊接时坡口间隙要按上述要求合理选择，否则间隙过大，焊接容易烧穿或产生焊瘤；若间隙过小又会造成焊不透。

水平固定焊时，由于管子处于吊空位置，一般先从底部仰焊位置开始起焊，平焊位置终止。焊接时可分两半部分进行，先焊的一半称前半部分，后焊的称后半部分。两半部分的焊接都要按仰、立、平的顺序进行。底层用3.2mm的焊条，先在前半部分仰焊处的坡口边上用直击法引弧，引弧后将电弧移至坡口间隙中，用长弧加热起弧处，约经2~3s，使坡口两侧接近熔化状态，然后迅速压低电弧，待坡口内形成熔池，抬起焊条，熔池温度下降，熔池变小，再压低电弧向上顶，形成第二个熔池，如此反复移动焊条。如果焊接时发现熔池金属有流淌趋势，应采取灭弧，等熔池稍变暗时，再重新引弧，引弧位置要在前熔池稍前一点。

后半部分的焊接与前半部分的焊接基本相同，但要完成两半部分相连处的接头。为了利于接头，前半部分焊接时，仰焊起头处和平焊的收尾处，都要超过管子中心线5~15mm。在仰焊接头时，要把起头处的焊缝磨掉10mm，使之形成慢坡。接头焊接时，先用长弧加热接头处，运条到接头的中心时，迅速拉平焊条，压住熔化金属，此时切记不能熄弧，将焊条向上顶一下，以击穿未熔化的根部，让接头完全熔合。当焊条焊至斜立焊位置时，要采用顶弧焊，即将焊条向前倾并稍做横向摆动，如图2-111所示。

当焊到距接头处3~5mm处快要封口时，切不可灭弧。这时，把焊条向里压一下，可听到电弧击穿根部的“噗、噗”声，此时焊条在接头处来回摆动，保证接头熔合充分。填满弧坑后在焊缝的一侧熄弧。

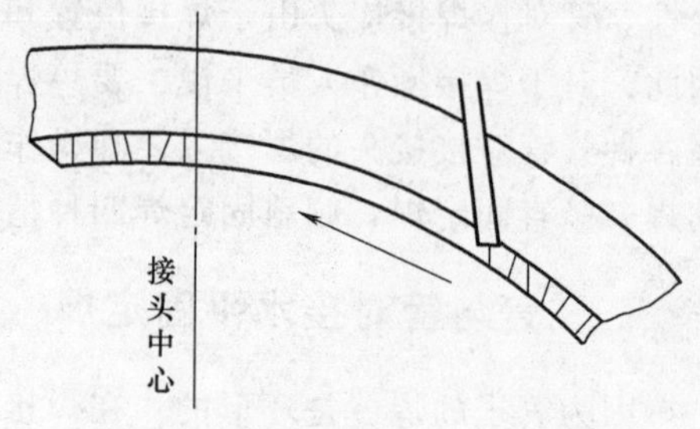

图2-111　平焊部位接头时顶弧焊法

二、管与管对接水平转动焊

焊接时管子可以沿水平轴线转动，如果焊接参数和管子转速适当，则比较容易掌握。因焊接时管子可以转动，既可连续施焊，效率较高，还可获得成形好的焊缝。也可由焊工自己转动管子，焊一段转一段，但这种效果相对较差。

管子水平转动焊时可以在立焊和平焊两种位置施焊。

管子立焊位置施焊是指当管子由胎具带动顺时针转动时，可以在3点至1点半等的任意位置施焊。因这个位置容易保证焊缝背面成形，不论间隙大小，均可获得较好的焊缝。如果焊工自己转动管子，则从3点处逆时针方向焊至1点半处，再将管子顺时针旋转45°，然后继续焊，如此反复直到焊完。

管子平焊位置施焊是指当管子由胎具带动逆时针转动时，在1点半至10点半处接近平焊位置处施焊。如果焊工自己转动管子，则从1点半焊至10点半，再转动管子，如此反复直至焊完。平焊时焊接电流较大，效率比立焊时高。

三、管与管对接竖直固定焊

管子处于竖直位置时，对接焊缝处于横焊位置。由于焊缝是水平面内的一个圆，比对接横焊难掌握，焊条的角度要随焊接处的曲率随时改变，如图2-112所示，行走角为70°~80°。

焊接过程中需换焊条时，动作要迅速，在焊缝未完全冷却时，再次引燃电弧，这样容易接头。一圈焊完回到始焊处时，听到有击穿声时，焊条要略加摆动，填满弧坑后再熄弧。

打底焊时最好使熔孔和熔池呈椭圆形，上沿的熔孔滞后下沿熔孔0.5~1个宽度。焊接电流小时可用连弧焊，焊接电流较大时用跳弧焊或断弧焊。打底焊的位置

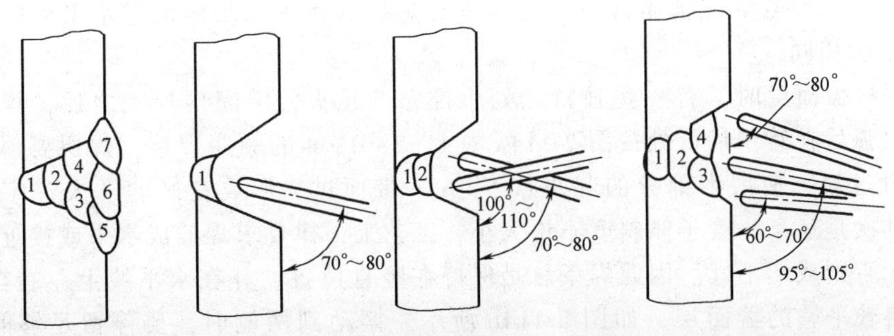

图 2-112 管子竖直固定焊时工作角度的变化

应在坡口中心稍偏下一点。焊道上部不要有尖角，下部不能有黏合现象。中间层可采用斜锯齿形运条，可以减少缺陷，提高生产率，并使焊波均匀，但有一定的操作难度。若采用多道焊法时，可增大直线运条的焊接电流，充分熔化焊道，焊接速度不应太快，让焊道自上而下整齐排列，焊条的竖直倾角随焊道而变化，下部倾角要大，上部倾角要小些。

盖面层焊道由下往上焊，两端焊速快，中间焊速慢。焊最后一道焊缝时，为防止咬边缺陷的产生，焊条倾角要小。

薄壁竖直固定焊最好采用小直径的焊条，小电流焊两层，第一层打底焊，保证焊根熔合，焊缝背面成形；第二层盖面焊，关键是保证焊缝外观尺寸。如果采用单层焊，则焊接时既要保证焊缝背面成形，又要保证焊缝正面成形。

四、管与管对接倾斜固定焊

倾斜固定焊是管子位置介于水平固定焊和垂直固定焊之间的焊接，如图 2-113 所示。

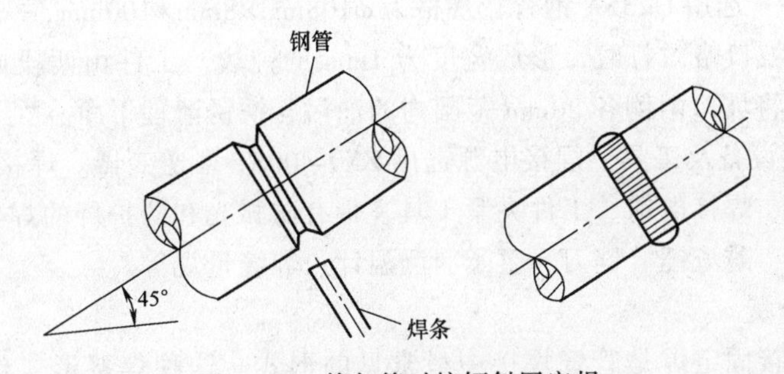

图 2-113 管与管对接倾斜固定焊

打底焊时，选择直径为 3.2mm 的焊条，电流在 100~120A 之间，与水平固定焊一样分两部分进行。前半部分从仰焊位置起弧，然后用长弧对准坡口两侧进行预热，待管壁明显升温后，压低电弧，击穿钝边，然后用跳弧法向前进行焊接。如果温度过高，熔化金属可能会下淌，这时可采用灭弧法来控制熔池

温度，如此反复焊完前半部分。后半部分焊接的接头和收尾法与水平固定焊的操作方法相同。

焊接盖面层时，有一些独特之处。首先是起头，中间层焊完之后，焊道较宽，引弧后在管子最低处按图 2-114a 中 1、2、3、4 的顺序焊接，焊层要薄，并能平滑过渡，使后半部分的起头从 5、6 一带而过，形成良好的“人”字形接头。其次是运条，管子倾斜度不论大小，工艺上一律要求焊波成水平或接近水平方向，否则成形不好。因此焊条总是保持在竖直位置，并在水平线上左右摆动，以获得较平整的盖面层，如图 2-114b 所示。摆动到两侧时，要停留足够时间，使熔化金属覆盖量增加，以防止出现咬边。收尾在管子焊缝上部，要求焊波的中间略高些，所以需按如图 2-114c 中 1、2、3、4 的顺序进行收尾，以保证焊道美观，防止发生咬边。

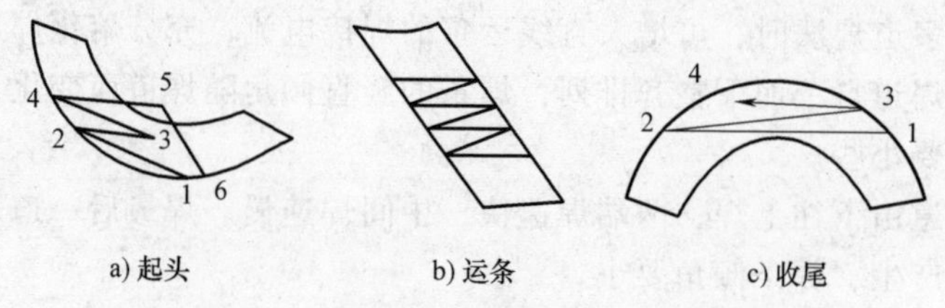

图 2-114　倾斜固定焊的盖面层焊接方法

实践一　低碳钢管对接水平固定焊

1. 焊前准备

（1）焊条　选用 E4316 焊条，直径为 ϕ2. 5mm。焊条使用时应保持干燥，如果遇到潮湿要预先烘干，烘干温度为 75～150℃，时间为 1～2h。

（2）工件　选用 Q235A 钢管，规格为 ϕ108mm×8mm×100mm，一侧加工成 30° V 形坡口，将坡口略微打磨，形成宽度为 1mm 的钝边。工件由两段同样尺寸的管组成。同时应将坡口两侧各 20mm 范围内的油污、铁锈清理干净。

（3）焊接设备及工具　焊接电源选用 ZX7-400ST 型逆变器。焊接工具有焊钳、焊条、保温筒、焊接电缆、工件夹紧工具、带有防弧光和防护屏的焊接工作台。此外还有钢丝刷、敲渣锤、锉刀、錾子、测温计、焊缝量规等。

2. 任务分析

管与管对接固定焊是管管焊接中最常见的形式。这种焊接形式包括仰位、立位、平位三种位置的焊接，因此在焊接过程中，要随焊缝空间位置的变化而相应地调节焊条角度。虽然有三种焊接位置，但焊接时的电流选用仰焊电流和适宜的操作手法就可以达到满意的效果。

3. 焊接步骤

管与管对接固定焊焊接参数见表 2-44。

表 2-44 管与管对接固定焊焊接参数

焊接层	焊条直径/mm	焊接电流/A	电弧电压/V
打底层	2.5	75~80	22~26
填充层	2.5	75~80	22~26
盖面层	2.5	70~75	22~26

(1) 打底层的焊接

1) 水平固定管分两个半周进行焊接，如图 2-115a 所示。

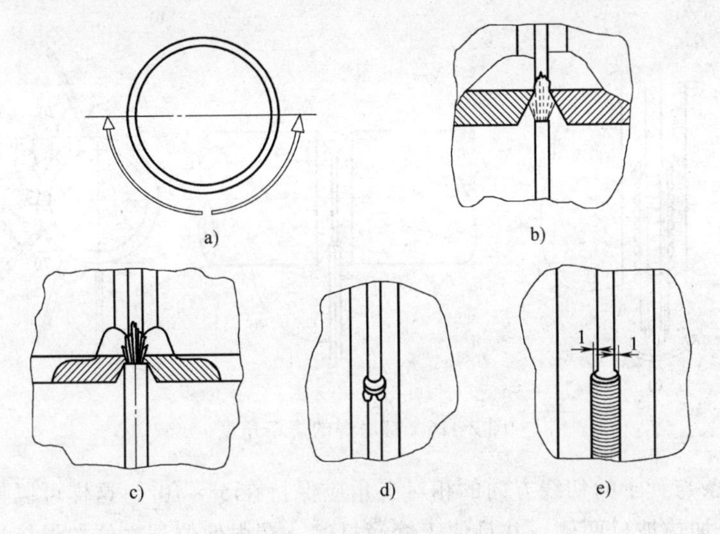

图 2-115 水平固定焊操作示意

2) 从管子的下部即从仰位处开始焊接，随后立位，最后平位。焊接时先在坡口内将电弧引燃，然后拉长电弧，在最低处进行预热。如图 2-115b 所示，待管两侧的钝边处有略微熔化迹象时，迅速压低电弧，使电弧全部在管子内燃烧，此时焊条也与管的坡口相接触（图 2-115c），使熔滴过渡到坡口的内部，形成略微凸起的焊缝。焊接 1~2s 后灭弧，此时在坡口的一侧会形成一个焊点，如图 2-115d 所示；而另一侧也会形成一个焊点，但是两个焊点并没有连接，没有形成完整的熔池，如图 2-115e 所示。继续引弧，焊接 1~2s，灭弧，经过 2~3 次重复操作后，两坡口的焊点就可以连接上了。接下来就可以按照这种方法进行单点击穿的焊接了。

3) 在仰位处打底焊时，注意焊条始终紧贴在坡口面上不能存留间隙，让电弧全部在内部燃烧。这样就会使熔化的金属无法向正面过渡，只能过渡到坡口的背面形成略微凸起的焊缝。如果焊接时，焊条没有紧贴在坡口面上而是留有间隙，则会使熔化的金属由于重力作用下形成过厚的焊缝，严重时会形成焊瘤，并且背面的焊缝也不会形成凸起的焊缝，而是形成凹陷的焊缝，破坏了焊缝的有效面积。另外，焊接时产生的熔孔过小，说明焊接时间短，易形成未熔合、未焊透、夹渣等缺陷。

4）打底焊的焊条角度如图 2-116 所示。

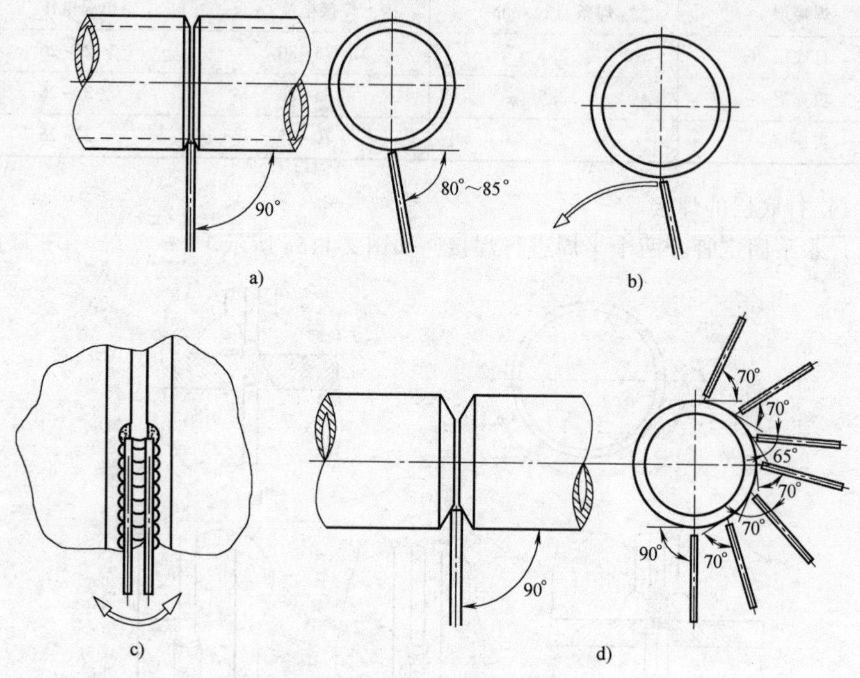

图 2-116　打底焊的焊条角度

5）焊条与管子的切线方向的相对夹角应保持在 5°~10°。这样可以集中焊条的热量，充分加热坡口两侧，并且便于熔滴过渡，在由仰位到立位的焊接过程中始终保持着这一夹角即可，并且由仰位到立位焊接过程中，焊接采用灭弧焊时，焊条运动方向也是由前向后，这样有利于电弧的迅速熄灭，并且部分熔滴和熔渣也会落到地面，而不会落到操作者身上，如图 2-116b 所示。当焊接到相对于时钟 3 点位置到 4 点位置中间的时候，焊接位置由仰位过渡到立位，此时应及时改变焊接方法及焊条位置，即由原来的单点击穿法改为两点击穿法，也就是由坡口的一侧引弧，然后迅速向坡口的另一侧运条，这样两坡口间形成一个大小、形状均适当的焊接熔池，如图 2-116c 所示。两点击穿法可以有效地避免焊瘤，使熔滴能够过渡到焊缝坡口两侧，促进焊缝形成。焊条角度也会相应地变化，即焊条与管子的切线方向保持 60°~80°夹角，如图 2-116d 所示。

6）立焊时，熔孔要适当减小，由原来仰焊时向外扩展 2mm 左右缩小到向外扩展 1mm 左右，这样能够有效地控制焊缝背面的形成，不使其过高。另外，应向上挑弧进行灭弧，有利于熔池的快速凝固。

7）立焊时，进行到相对于时钟 10 点位置和 2 点位置时，正好会与定位焊点相会合，当接近定位焊点的一侧（距离 3~4mm）时，由原来的灭弧改为连弧，这样焊接后，由原熔池与定位焊点间就会形成一个 2~3mm 带圆孔的熔池。此时将焊条

端部压入焊孔内，使整个电弧都在背面燃烧，当发出“噗噗”的闷响声时，迅速抬起电弧至2mm左右高度，同时做圆环形运条，将圆孔填满。焊接到此时，也由立焊转为平焊，采用两点击穿法进行焊接。焊条角度也会发生变化，可分为两种角度：一种是继续保持立焊时的角度，如图2-117a所示；另一种是采用顶弧焊的方式进行焊接，如图2-117b所示。焊条的角度由原来的送弧改为顶弧，以便更好地控制熔池的温度，防止背面焊缝过高。

8）平焊过程中应严格控制熔孔的大小，一般把坡口边缘熔化进0.5mm左右为宜，同时控制好焊接速度，使熔池金属能够充分地将热量分散出去。在平焊末尾将弧坑填满后，将电弧带到坡口的一侧再熄灭电弧，以防产生缩孔。

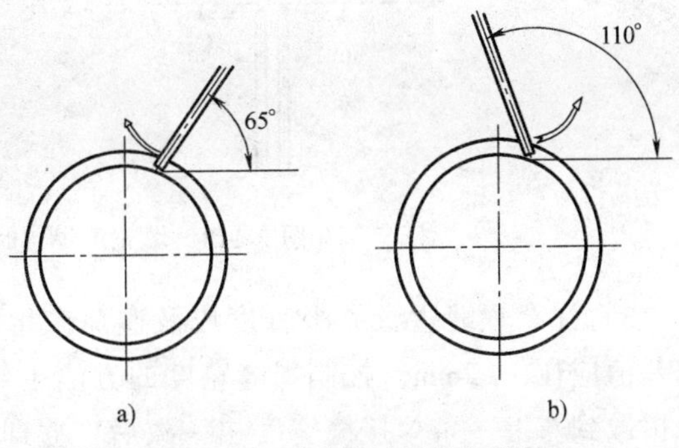

图2-117 平焊时焊条角度

9）仰焊接头时，先用长弧将接头处加热几秒后，待接头部位部分熔化时迅速压低电弧，使电弧完全在背面燃烧，当听到“噗噗”声时，说明已将接头处熔透，灭弧，然后再次压低电弧焊接一次，这样能够使接头充分熔合。待两次运条结束后，回复到正常仰焊的方式即可。平焊接头时，其接头方式与定位焊接头的方式相同。

（2）填充层的焊接

1）填充焊也分前、后两半部分进行，与打底焊一样。首先去除打底焊过厚处及焊瘤后进行填充层焊接。通常将打底焊的前半部分作为填充焊的后半部分，填充层焊缝的厚度以超过坡口边缘2mm为宜。采用锯齿形运条方法最恰当。要在焊缝中间快速摆动焊条，在焊缝两侧稍做停顿，使热量均匀，避免熔池产生下坠现象。起弧时，在仰位处打底焊的焊缝上引燃电弧，用长弧将起头处的部位加热，待起头处的焊缝有部分熔化的迹象后，随即压低电弧，连续地做锯齿形运条，焊条角度与立焊角度相近，与管子的切线方向保持70°~80°的夹角，如图2-118所示。

2）在仰位焊接处，有可能会遇到前半周焊缝过厚的现象，此时再用电弧切割过厚焊缝，方法与打底层焊时切割一样。其次，平焊时，熔化的金属由于受到重力的影响，焊缝会薄些，可在焊完填充层的平位处再焊接一段，以增加焊缝的厚度来平衡整个焊缝的高度。

（3）盖面层的焊接　盖面焊与填充焊的焊条角度、运条方法、焊接电流一样，盖面焊表面要求严格些，因此应注意以下几点：

1）注意熔池的形状。熔池形状为扁状椭圆形并且在整个焊缝的焊接中始终保持一致。如果过扁会使中间有凹陷的现象；过圆会使焊缝中间高，产生超高现象。因此需要对运条速度和焊条在焊缝两侧停顿的时间进行控制。

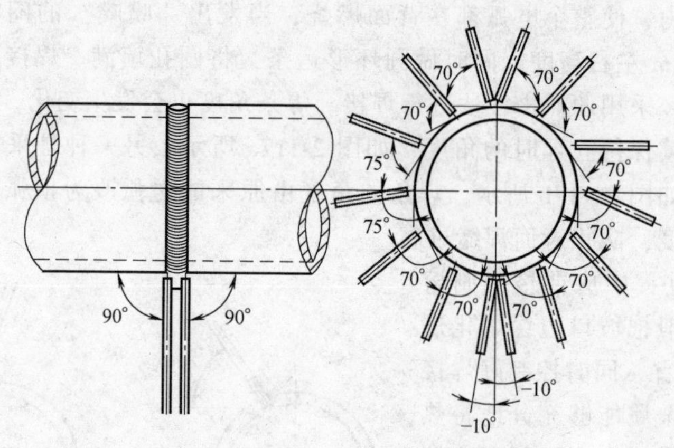

图 2-118　填充层焊接时的焊条角度

2）注意焊缝边缘的平直度以及避免产生咬边现象。好的焊缝应该宽窄一致，偏差值应在 1~2mm，控制焊缝宽度的方法主要是当电弧在焊缝边缘停留时，在熔池扩散到与上一条焊接缝宽度相一致后，立即向另外一侧运条。此外，焊接时手、眼的配合程度也将影响盖面层焊接的效果。产生咬边的原因主要是运条不到位以及焊条在焊缝边缘停留时间过短。因此，只需要使焊条在焊缝的边缘多停留一会和运条到位就能解决咬边问题。

3）焊缝薄厚控制。由于重力影响，运条速度一样时管的下半部会略微厚些，上半部会略微薄些，因此上半部运条速度适当慢些，这样可以平衡上下焊缝的厚度。

4. 操作注意事项

焊接时下部焊缝易产生超高或焊瘤现象，可以采用角向磨光机将其磨去。如果条件不允许可以采用电弧进行切割。先用长电弧将要切割处加热，当出现熔化状态时，迅速将焊条角度调为平直，顶住熔化金属，利用未熔化的焊条药皮套筒和电弧的吹力将已熔化的金属剔除，形成斜坡状沟槽。如果一次未能得到所需的形状则可以重复几次。

实践二　竖直固定管单面焊双面成形“连弧焊”

1. 焊前准备

1）焊机、焊接材料、辅助工具及量具的选用与低合金钢板焊接相同。

2）管子材质为 20 钢，规格为 ϕ133mm×10mm×100mm，两件。

2. 任务分析

竖直固定管的焊接，即管子横焊。管件处于竖直或接近竖直位置，而焊缝则处于水平位置。单面焊双面成形焊接的特点如下：

1）焊缝处于水平位置，下坡口能托住熔化后的铁液，填充层与盖面层焊接时

均为叠加堆焊，熔池温度比水平管焊接易控制。

2）铁液因自重而下淌，打底层焊接时比立焊困难。

3）填充层、盖面层的堆焊焊接易产生层间夹渣与未熔合等缺陷。

4）由于管子曲率的变化，盖面焊时若操作不当，易造成表面焊缝排列不整齐，影响焊缝外表美观。

3. 焊接步骤

（1）工件的组对

1）竖直管的组对钝边≤0.5mm，根部间隙为3mm。按管径周长的1/3点固焊处（一处为引弧焊接点），定位焊缝长≤10mm，高≤3mm，定位焊两端加工成陡坡状。

2）管子竖直固定单面焊双面成形的焊接分3层6道，焊缝连弧焊接完成（即打底焊1层1道，填充焊1层2道，盖面焊1层3道），各层焊道的排列顺序如图2-119所示，焊接参数见表2-45。

3）竖直固定管的焊接，基本与试板横焊相似。不同的是管子的横焊是弧线形，而不是直线形。焊接过程中如果焊条倾角不随管子的曲率弧线而变化就容易出现“焊肉”下坠，焊缝成形不好，影响美观，或出现局部“冷接”未熔合、夹渣等缺陷，影响焊接质量。

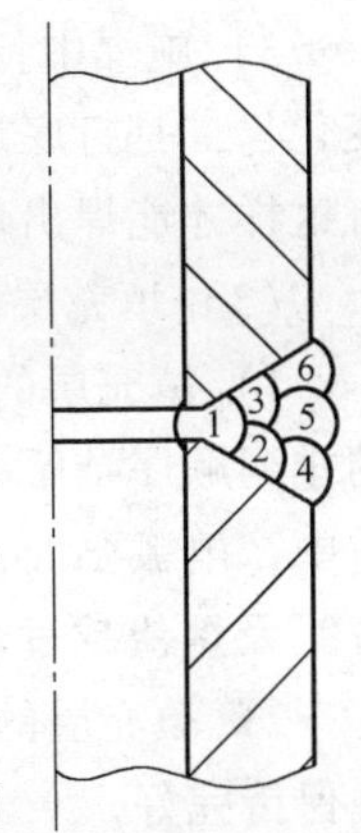

图2-119 管子竖直固定焊焊道的排列

表2-45 管子竖直固定焊焊接参数

焊接层数	名称	电源极性	焊接方法	焊条直径/mm	焊接电流/A	运条方式
1	打底层	直流反接	连弧焊	2.5	75~80	小椭圆圈运条
2	填充层	直流反接	连弧焊	3.2	115~125	直线运条
3	盖面层	直流反接	连弧焊	3.2	115~125	小椭圆圈运条

（2）打底层的焊接

1）打底层焊接时的焊条右倾角（焊接方向）为70°~75°，下倾角为50°~60°。电弧引燃后，焊条首先要对准坡口上方根部压低电弧，做1~2s的稳弧动作，并击穿坡口根部，形成一个熔池和熔孔，然后做斜圆圈运条上下摆动小动作，焊条送进深度的1/2电弧在管内燃烧，并形成上小、下大的椭圆形熔孔为宜。施焊中，电弧击穿管坡口根部钝边的顺序是先坡口上缘，而后是坡口下缘，在上缘的停顿时间应比在下缘时要稍长些，焊接速度要均匀，尽量不要挑弧焊接，焊条运动方式如图2-120所示。这样的运条方式避免了背面焊缝产生焊瘤和坡口上侧产生咬边等缺陷。

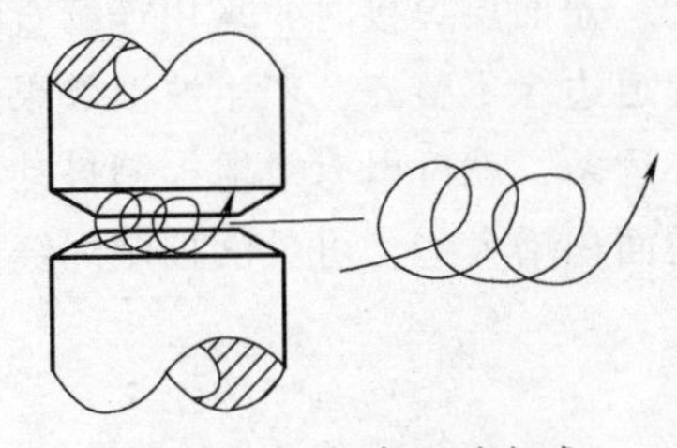

图2-120 焊条运动方式

2）换焊条收弧前，应在熔池后再补加两三

滴熔滴后，将电弧带到坡口上侧，向后方提起收弧。这种收弧方式有利于接头，并不宜使背面焊缝产生缩孔、凹坑、接头脱节等缺陷。接头时，在弧坑后15mm处引弧，并作椭圆形运条，当运至熔池的1/2处时，将电弧向管内压，听到“噗噗”声，透过护目镜清楚地看到铁液与熔渣流向坡口间隙的背后，再恢复正常一焊接。

3）施焊中特别要强调两个问题：一是焊条的倾角应随管子的曲率弧度变化而变化；二是打底焊时一定要控制熔池温度，并始终保持熔孔的形状和大小一致。只有这样才能焊出理想与质量好的打底焊缝。

（3）填充层的焊接

1）填充层的焊接采取2道焊缝叠加堆焊而成。即由下至上的排列焊缝，焊缝的排列顺序是后一道焊缝压前一道焊缝的1/2。运条方法为直线运条，焊接速度要适中，电弧要低，焊道要窄，施焊中要随管的曲率弧度改变焊条角度，防止“混渣”及熔渣越过焊条。合适的焊条角度如图2-121和图2-122所示。

2）填充层的高度应比管外表面低1.5~2mm为宜，并将上、下坡口轮廓边沿线保持完好。

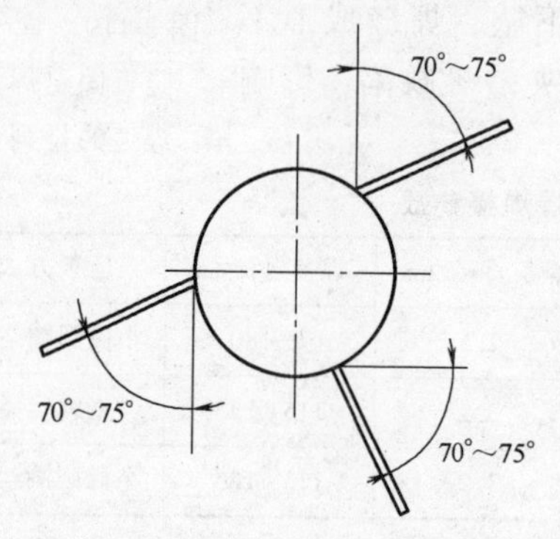

图2-121　填充层焊条右倾角示意

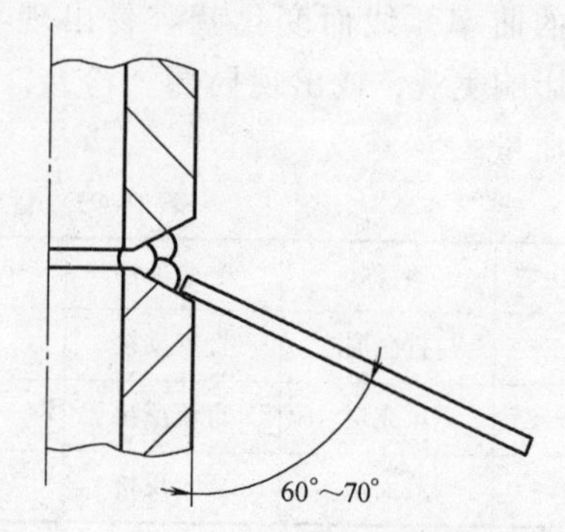

图2-122　填充层焊条下倾角示意

（4）盖面层的焊接　盖面层的焊接方法与填充层基本相同，只是运条方式有所不同，运条时应压低电弧，焊条做斜椭圆形摆动，每道焊缝相互搭接1/2，每道焊缝焊完要清渣，这样可使焊出的表面焊缝成形美观，过渡圆滑，且无咬边缺陷。

4. 操作注意事项

盖面层焊接时，采用连续直线运条法，直线运条时由于人体自然抖动常常造成焊道边缘不整齐，产生波浪效果。如果采用小斜环运条法，人为有规律地进行斜圆环运条，就可以有效地控制抖动现象。另外，采用小斜环运条法也能够将熔滴铺展的面积增大些，可灵活控制焊缝厚度。

项目三 CO_2 气体保护焊

CO_2 气体保护焊是从 20 世纪 50 年代初期发展起来的一种焊接技术方法，是利用 CO_2 气体作为保护介质的一种熔化极气体保护电弧焊的方法，简称 CO_2 焊。焊接时，CO_2 气体将焊接电弧及熔池与空气机械地隔离开来，在电弧周围形成气体保护层，从而避免了有害气体的侵入，保证稳定的焊接过程，获得优质的焊缝。CO_2 气体保护焊的工作现场如图 3-1 所示。

图 3-1　CO_2 气体保护焊的工作现场

任务一　平板对接焊

CO_2 气体保护焊的基本操作包括引弧、焊枪的摆动、接头、收弧等。

一、CO_2 焊的设备

按照自动化程度，CO_2 焊设备分为半自动焊设备和自动焊设备。CO_2 自动焊设备主要由焊接电源、焊枪、送丝系统、供气系统和控制系统五部分组成，如图 3-2 所示。

1. 焊接电源

CO_2 焊在等速送丝时采用平外特性（恒压外特性）直流电源，或在变速送丝时采用下降外特性（恒流外特性）直流电源，均可以保证焊接电弧稳定，减少飞溅。

（1）焊接电流及电弧电压在一定范围内可调节　在细丝短路过渡的焊接过程

中，要求焊接电流能在 50～250A 均匀调节，电弧电压通常在 17～23V 调节。在自由过渡的焊接过程中，通常要求电弧电压在 25～44V 调节，额定焊接电流根据需要选择（额定焊接电流分为 315A、400A、500A、1000A 等）。

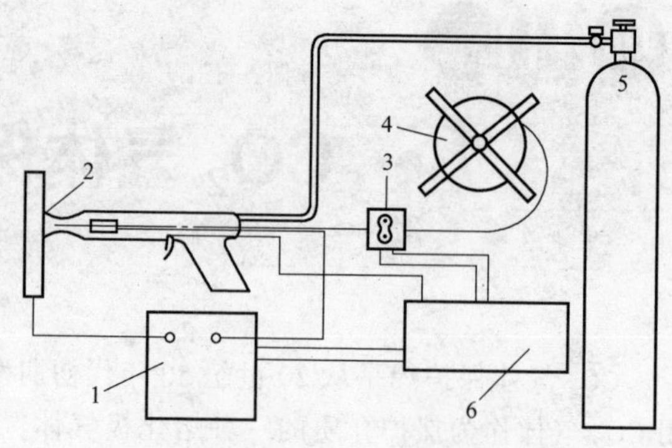

图 3-2　CO_2 自动焊设备

1—焊接电源　2—保护气体　3—送丝轮　4—送丝机构　5—气源　6—控制装置

（2）对电源的动特性要求　采用短路过渡焊接时，要求焊接电源有良好的动特性，即有足够大的短路电流上升速度、短路峰值电流和从短路到燃弧的电源电压恢复速度。采用自由过渡焊接时对电源的动特性要求不高，但是对于 CO_2 保护的电弧焊，虽然以喷射过渡为主，但也有瞬时短路，需选择合适的电源动特性。

（3）对电源的外特性要求　短路过渡焊接时采用平外特性电源引弧容易，对防止焊丝回烧和粘丝有利，一般和等速送丝机配合，这种匹配可以分别调节焊接电流、电弧电压，在受到外界干扰时，弧长能够迅速恢复到原有长度，保证焊接参数稳定。自由过渡焊接时采用下降特性电源，可以保证焊接过程的稳定性，将电弧电压（弧长）的变化及时反馈到送丝控制电路，调节送丝速度，使弧长能及时恢复。

2. 焊枪

CO_2 焊的焊枪按操作方式分为半自动式（手工操作）和自动式（安装在机械装置上）两种，按冷却方式分为空冷和水冷两种。其中，半自动式焊枪按结构又分为鹅颈式焊枪和手枪式焊枪，分别如图 3-3 和图 3-4 所示。鹅颈式焊枪操作轻便灵活，适于细丝焊接，冷却方式通常采用气冷；手枪式焊枪通常用于粗丝焊接，冷

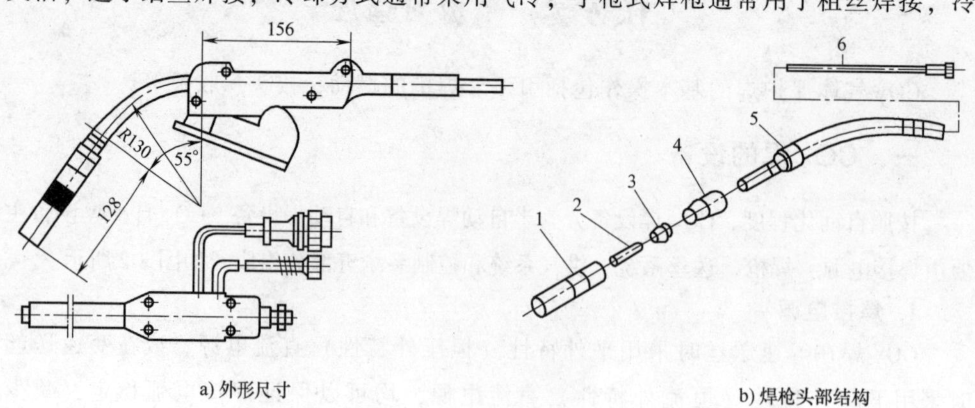

图 3-3　鹅颈式焊枪

1—喷嘴　2—导电嘴　3—分流器　4—接头　5—枪体　6—弹簧软管

却方式通常采用水冷。

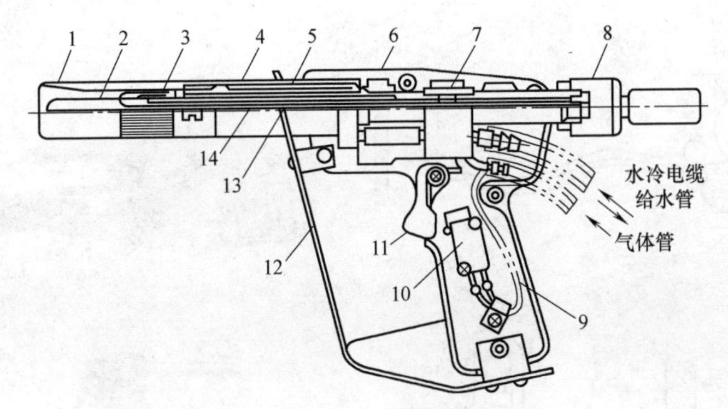

图 3-4 手枪式焊枪

1—焊枪 2—焊嘴 3—喷管 4—冷却水管 5—冷却水通路 6—焊枪架 7—焊枪主体装配件 8—螺母 9—控制电缆 10—开关控制杆 11—微型开关 12—防弧盖 13—金属丝通路 14—喷嘴内管

焊枪的导电嘴常采用纯铜、铬青铜或磷青铜材质制造。因为焊丝是连续送给的，焊枪必须有一个滑动的电接触管（导电嘴），用来保证焊丝均匀连续穿过其内孔，并把电流传递给焊丝。导电嘴通过电缆与焊接电源连接，要求其内壁光滑，导电性能好、耐磨、熔点高，以利于焊丝送给和良好的导电。通常导电嘴的孔径比焊丝直径大 0.13~0.25mm，对于铝焊丝应该更大些。焊接时应对导电嘴定期检查更换，以防其磨损而变长或由于飞溅而堵塞时破坏电弧的稳定性。

由斑点压力引起的飞溅

短路过渡引起的飞溅

由冶金反应引起的飞溅

3. 送丝系统

送丝系统主要有送丝机（包括电动机、减速器、送丝轮和校直轮）、焊丝盘、送丝软管等部分。CO_2 半自动焊的送丝方式主要有推丝式、拉丝式和推拉丝式三种，如图 3-5 所示。焊丝送给为等速送丝。

（1）推丝式　推丝式是半自动焊应用最广泛的送丝方式之一。因为焊枪与送丝机构、焊丝盘分离，因此焊枪最大的特点就是结构简单、枪体轻便，在焊接操作和焊枪维修时都很方便。但焊丝通过软管会有较大阻力，特别是较细的焊丝和较软材料的焊丝，会造成送丝稳定性变差。因此，送丝软管不能太长，通常为 3~5m。

（2）拉丝式　拉丝式焊枪结构复杂，焊枪与送丝机构、焊丝盘连在一起，无须软管，送丝稳定。拉丝式焊枪可分为三种形式。第一种是焊丝盘与焊枪通过送丝软管连接，如图 3-6a 所示；第二种是焊丝盘直接安装在焊枪上，如图 3-5b 所示。这两种都适合细丝（焊丝直径<0.8mm）半自动焊，焊接时能实现均匀送给，但第

一种操作比较简单。第三种是焊丝盘与送丝机构都和焊枪分开，适用于自动焊，如图 3-6b 所示。

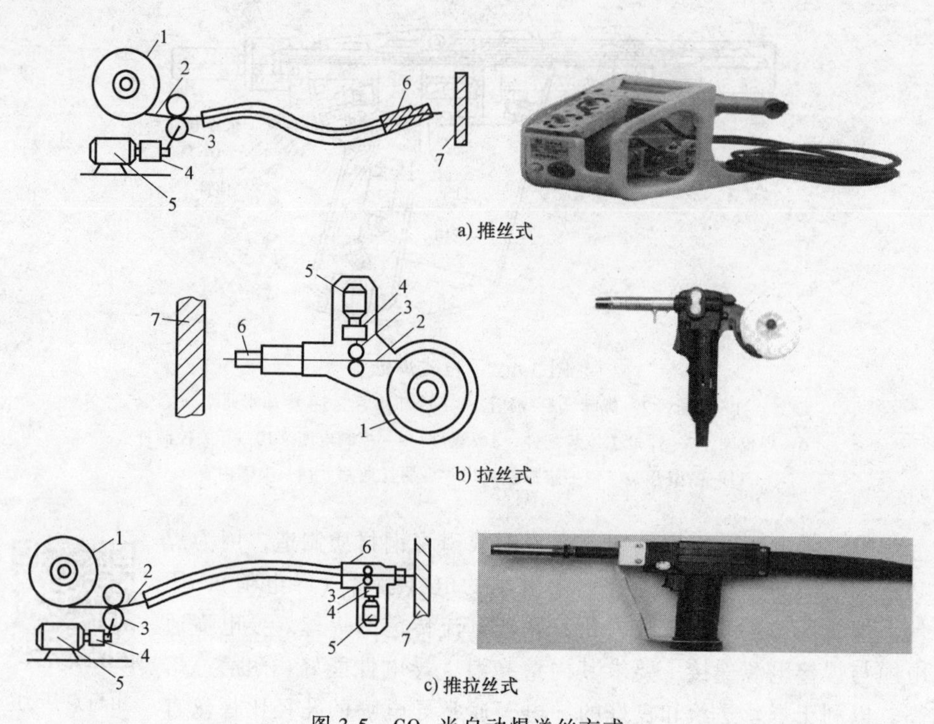

图 3-5 CO_2 半自动焊送丝方式

1—焊丝盘 2—焊丝 3—送丝轮 4—减速器 5—电动机 6—焊枪 7—工件

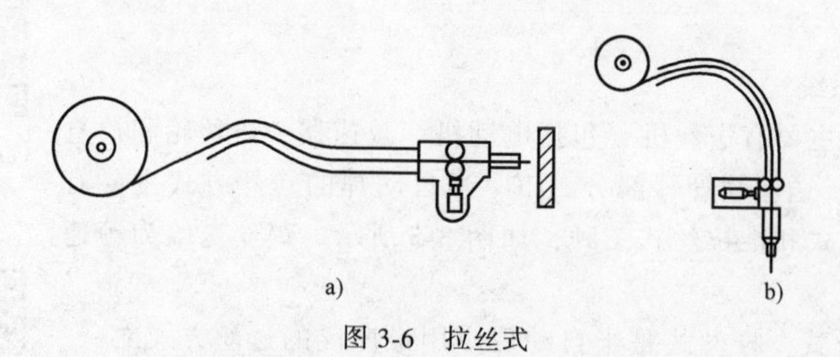

图 3-6 拉丝式

（3）推拉丝式 推拉丝式焊枪在焊丝进给时靠后面送丝机推力，同时前面焊枪内安装的微型直流电动机的拉力将焊丝拉直，拉丝动力要略快于推丝动力，做到以推丝为主。这样在整个送丝过程中，既能有效减小软管中的送丝阻力，同时始终能保持焊丝处于拉直状态，推拉丝式可将一般送丝软管加长到 15m。这种送丝方式常用于半自动焊。

4. 供气系统

CO_2 气体保护焊的供气系统主要有气瓶、预热器、减压器、流量计和气阀等部

分，如果气体纯度不够，还要串接高压干燥器和低压干燥器，如图 3-7 所示。通常将预热器、减压器、流量计做成一体，叫作 CO_2 减压流量计（通常属于焊机的标准随机配备），如图 3-8 所示。

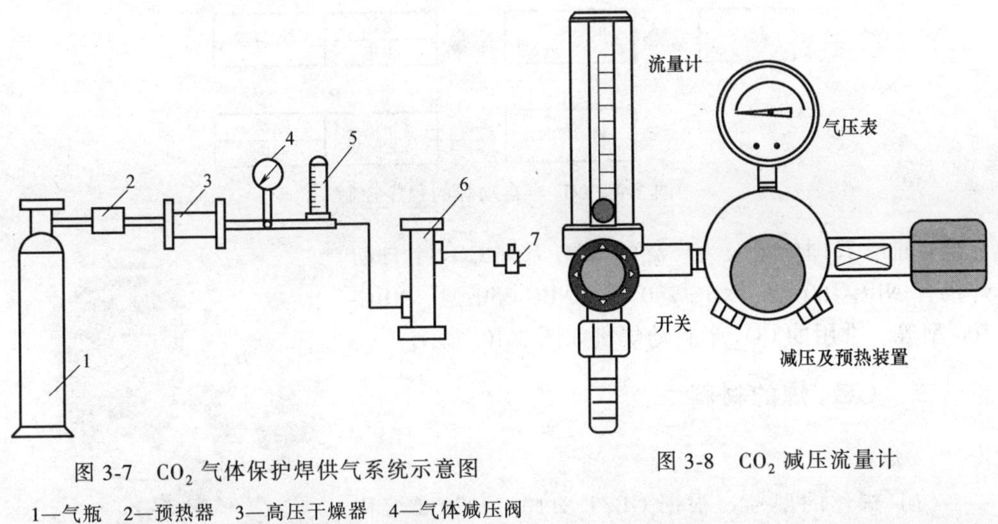

图 3-7 CO_2 气体保护焊供气系统示意图

1—气瓶 2—预热器 3—高压干燥器 4—气体减压阀
5—气体流量计 6—低压干燥器 7—气阀

图 3-8 CO_2 减压流量计

（1）气瓶 CO_2 气瓶按规定表面涂成铝白色，上标黑色“二氧化碳”字样。瓶内存储的是液态二氧化碳。

（2）预热器 预热器对气瓶输出的 CO_2 气体进行加热，补偿液态 CO_2 汽化时吸热和 CO_2 气体体积膨胀时的降温。钢瓶内的液态 CO_2 不断地汽化成 CO_2 气体，在汽化的过程需要吸收大量的热量；同时钢瓶中的 CO_2 气体处于 5MPa 的高压状态，经减压阀减压后，气体体积膨胀也需要大量的热量，这样会导致供气系统温度降低，在气瓶出口处或减压阀中使 CO_2 气体中的水分因温度降低而结冰，造成气路堵塞。因此在靠近 CO_2 气瓶的出气口附近安装预热器，在减压之前，要将 CO_2 气体通过预热器进行预热，可以有效地防止气体管路冻结。

（3）干燥器 干燥器内装有干燥剂，能够吸收 CO_2 气体中的水分和杂质，提纯二氧化碳气体，防止焊接过程中因水分过多而产生氢气孔。干燥器分为高压和低压两种。高压干燥器是气体在未经减压之前进行干燥的装置，低压干燥器是气体经减压后再进行干燥的装置。干燥剂经烘干后可重复使用。

（4）流量计 流量计主要用来测量焊接过程中 CO_2 气体的流量，以确保气体流量适中，从而得到更好的焊接质量。

5. 控制系统

控制系统主要是对供电、供气和送丝等部分实现控制，分为基本控制和程序控制两部分。基本控制是指焊接电源输出调节、气体流量调节、送丝速度调节和小车行走速度调节的控制；其作用是在焊前或焊接过程中调节焊接电流、电压、送丝速度和气体流量的大小。程序控制指设备起动停止、水压开关动作、电磁阀动作、送丝和小车移动及引弧熄弧控制；程序控制是自动的，半自动焊焊接起动开关装在焊枪上。CO_2 半自动焊的程序控制如图 3-9 所示。

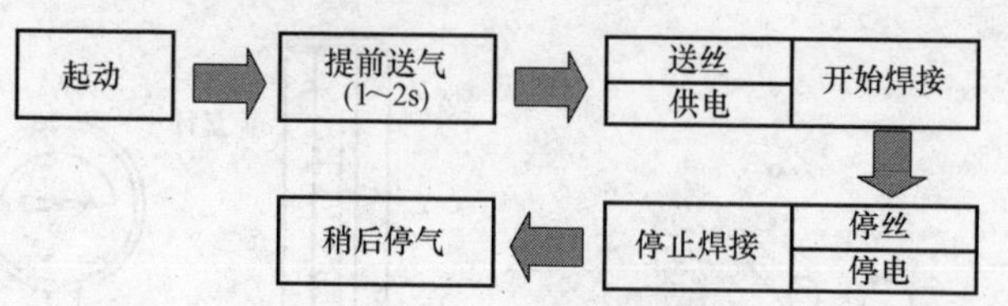

图 3-9　CO_2 半自动焊的程序控制

目前，我国应用较为广泛的 NBC 系列 CO_2 半自动焊机有 NBC-160 型、NBC-250 型、NBC-350 型、NBC-500 型等。常用的 CO_2 半自动焊机如图 3-10 所示。

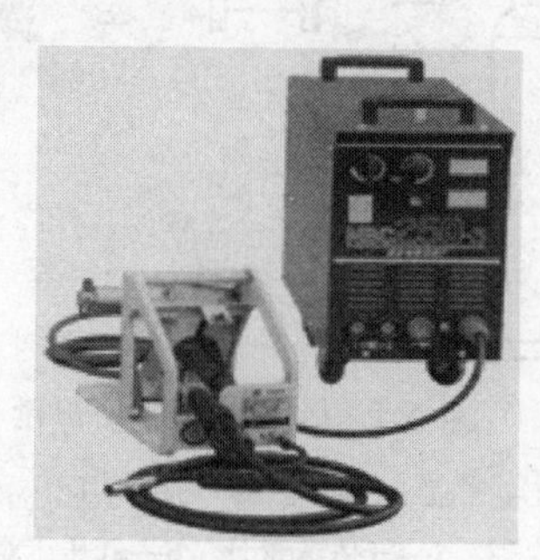

图 3-10　常用的 CO_2 半自动焊机

二、CO_2 焊的材料

1. 焊丝

（1）焊丝的型号　根据 GB/T 8110—2020《熔化极气体保护电弧焊用非合金钢及细晶粒钢实心焊丝》的规定，焊丝型号的表示方法示例如下：

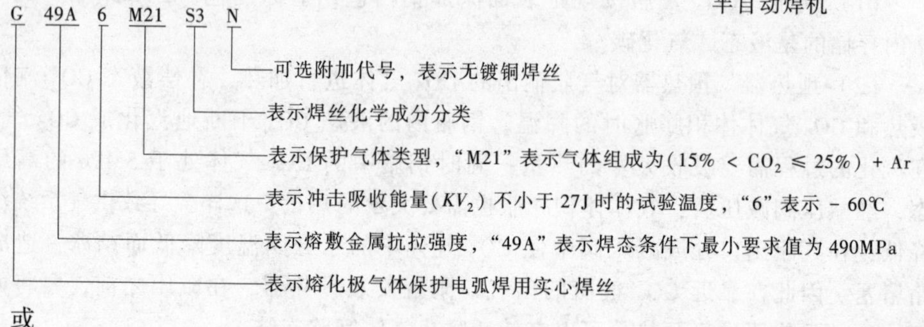

或

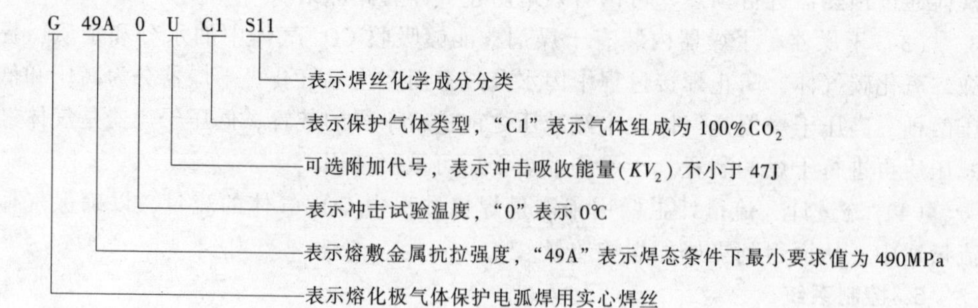

第一部分用字母“G”表示熔化极气体保护电弧焊用实心焊丝；第二部分表示在焊态、焊后热处理条件下，熔敷金属的抗拉强度；第三部分表示冲击吸收能量不小于 27J 时的试验温度代号；第四部分表示保护气体类型代号，保护气体类型代号

按 GB/T 39255 的规定；第五部分表示焊丝化学成分分类。

（2）焊丝的牌号　焊丝牌号的首位字母“H”表示焊接用实心焊丝；后面的一位或两位数字表示碳含量，其他合金元素含量的表示方法与钢材的表示方法大致相同。牌号尾部标有“A”时，表示硫、磷含量要求低的优质钢焊丝，“E”表示硫、磷含量要求特别低的特优质钢焊丝。

焊丝牌号示例如下：

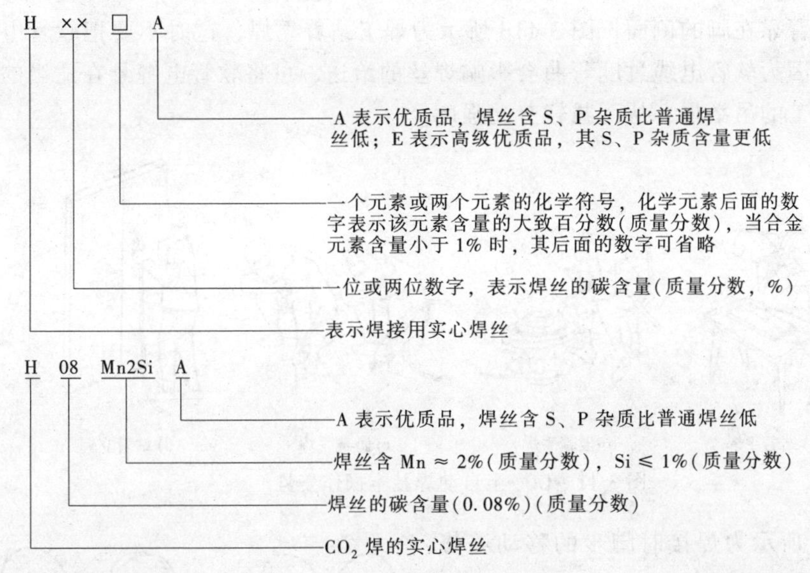

2. 保护气体

CO_2 是一种活性气体，是唯一适合焊接用的单一活性气体。根据 GB/T 39255—2020《焊接与切割用保护气体》的规定，用字母 C 表示二氧化碳气体的类型代号，CO_2 气体要求纯度≥99.8%（体积分数），水含量≤120×10^{-6}（体积分数）。

CO_2 气体是无味、无色、具有氧化性的气体，易溶于水，通常 CO_2 被压缩成液体装入钢瓶中，标准气瓶容积为 40L，可装 25kg 的液态 CO_2，约占钢瓶容积的 80%。

为了提高 CO_2 气体的纯度，可进行脱水提纯处理，常用处理方法：①新罐倒立静置 1~2h，放水 2~3 次，间隔为 30min，放水结束后将瓶转正放置；②放水处理后，用前先放气 2~3min，将瓶上部含有空气和水分的纯度低的气体放掉，再接输气管；③在供气系统中串接高压干燥器和低压干燥器，可以进一步干燥 CO_2 气体；④气压低于 980kPa 后不再使用，因为气压越低，气体的含水量越高。

三、引弧

CO_2 半自动焊焊工的劳动强度要大于焊条电弧焊焊工，这是因为 CO_2 半自动焊的焊枪和软管电缆重量不轻，而且属于连续工作，所以必须合理组织焊接姿势与劳动位置，才能减小体力消耗，使工作顺利进行。

1. 焊接基本操作姿势

只有合理的焊接姿势才能减轻劳动强度，CO_2 半自动焊焊工不需要像焊条电弧焊焊工那样手臂悬空握住焊枪进行工作。图 3-11 所示为 CO_2 半自动焊几种焊接位置的基本姿势。图 3-11a 所示为焊工站着平焊，将手臂靠在身体一侧；图 3-11b 所示为工件在回转台上焊工坐着平焊，可将肘搁在膝盖上；图 3-11c 所示为焊工蹲着平焊，将手臂靠在脚的侧面；图 3-11d 所示为焊工站着立焊，这时不要把软管电缆背在身上，因为软管电缆过度弯曲会影响焊丝的给送，可将软管电缆悬在适当的地方，减小焊工的吊举量，从而减轻劳动强度。

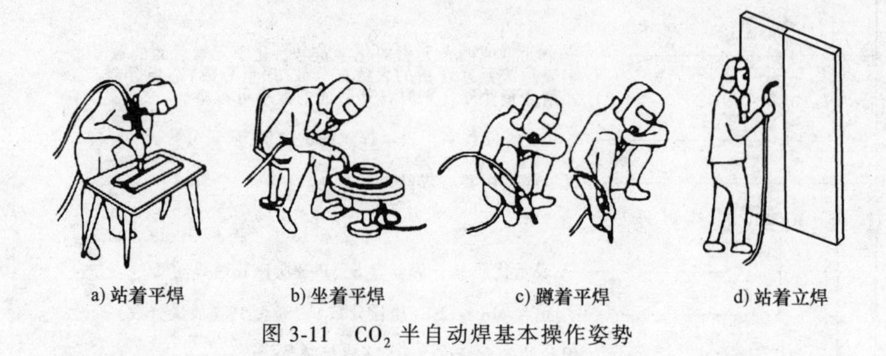

a) 站着平焊　b) 坐着平焊　c) 蹲着平焊　d) 站着立焊

图 3-11　CO_2 半自动焊基本操作姿势

图 3-12 所示为焊接时脚步的移动姿势，脚步移动时要确保焊枪不晃动。CO_2 半自动焊是连续工作的，经常需要连续焊接几米长的焊缝，这就需要焊工以平稳的脚步来移动工位。

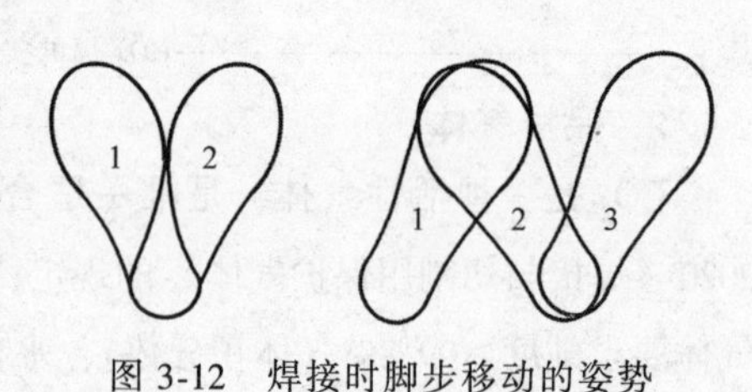

图 3-12　焊接时脚步移动的姿势

2. 引弧方法

CO_2 气体保护焊是采用划擦法引弧的，引弧操作步骤见表 3-1。

表 3-1　引弧操作步骤

步骤	操作方法	示意图
准备对准	打开点动送丝开关，送出一段焊丝，将焊丝前端按喷嘴高度剪成斜面，对准引弧处，使喷嘴与工件保持合适的高度，且焊丝底部与工件不接触	喷嘴 保持高度 对准位置 自定
送丝引弧	打开送气开关，提前送气，延时接通电源，保持高电压、慢速送丝，当焊丝接触到工件后，自动引燃电弧	

引弧时需要用力压住焊枪，这是因为焊丝接触到工件，但未能引燃电弧，焊枪会有自动顶起的倾向，焊枪会因为抬起太高，电弧拉长而自动熄灭。CO_2 焊采用引弧板可消除在引弧时产生的飞溅、烧穿、气孔及未焊透等缺陷，如图 3-13 所示。如果不采用引弧板，直接在工件端部引弧时，需要在焊缝始焊端前 15~20mm 处（×点处）引弧后，立即快速返回始焊点，然后开始正式焊接，如图 3-14 所示。

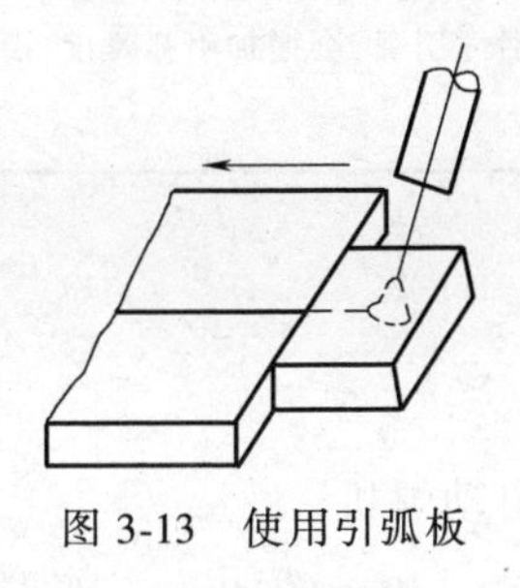

图 3-13 使用引弧板

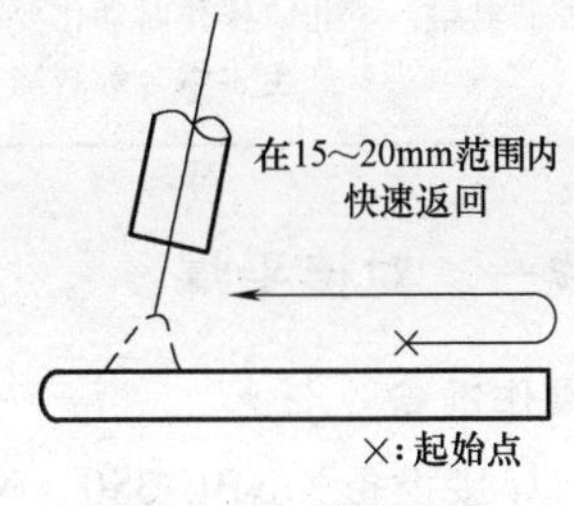

图 3-14 倒退弧法

四、焊枪的摆动

CO_2 焊进行焊接时，焊枪要保持摆幅和摆动频率一致的横向摆动。CO_2 焊焊枪进行横向摆动可以控制坡口两侧的熔合情况和焊缝的宽窄，小的横向摆动可以减小焊接变形。焊枪摆动的形式与适用范围见表 3-2。

表 3-2 焊枪摆动的形式与适用范围

摆动示意图	摆动方式
	直线摆动，适合小间隙打底焊
	锯齿形，适合大间隙中厚板打底焊及填充焊
	斜圆圈形，适合堆焊或 T 形接头打底焊
	8 字形，大坡口填充焊
⑦ ⑤⑥ ③④ ①②	往返摆动，大间隙焊接

五、收弧

焊接收弧不当，会产生弧坑，出现弧坑裂纹（火口裂纹）、气孔等缺陷。收弧方式分为有弧坑控制电路和无弧坑控制电路两种，见表 3-3。收弧操作时需要“停枪不动，延迟供气”，即收弧时保持焊枪停止前进且不能抬高喷嘴，让焊枪在弧坑处停留几秒直至熔池完全凝固后才能移开焊枪。这是因为收弧时抬高焊枪，即使弧坑已经填满，电弧也已熄灭，也会因保护不良而产生缺陷。灭弧后，控制电路需要延迟供气一段时间，可保证熔池凝固时得到可靠的保护。

表 3-3 收弧方式

收弧方式	操作规程
弧坑控制电路	焊枪在收弧处停止前进,同时接通此电路,焊接电流与电弧电压自动衰减,待熔池填满后断电
无弧坑控制电路	在收弧处焊枪停止前进,并在熔池未凝固时,反复断弧、引弧几次,直到弧坑填满为止。操作时动作要迅速,如果等到熔池凝固后才引弧,会增加引弧难度,而且还可能产生未熔合等缺陷

实践一　对接平焊

1. 操作准备

(1) 焊接设备　NBC-350、NBC-500 型 CO_2 半自动焊机。

(2) 工件　材质为 Q355 的钢板，规格为 350mm×140mm×10mm，两件。

(3) 焊接材料　焊丝型号为 G49AYUC1S10，规格为 ϕ1.2mm。

(4) 辅助工具　CO_2 气体流量计、CO_2 气瓶、角向磨光机、敲渣锤、钢直尺、焊缝万能量规等。

2. 任务分析

为了控制焊缝成形，在焊接过程中要调整好焊枪与工件的相对位置，调节熔深，保证焊接质量。焊枪与工件的相对位置包括：喷嘴高度、焊枪的倾斜角度、电弧的对中位置和摆幅。它们的作用如下：

1) 喷嘴高度。在保护气体流量不变的情况下，喷嘴高度越大，保护效果就越差，但观察熔池越方便。同时如果需要保护的范围越大，焊丝伸出长度越大、焊接电流对焊丝的预热作用越大，焊丝熔化越快，焊丝端部摆动越大，保护气流的扰动越大。因此要求喷嘴高度越小，则保护气体的流量越小，焊丝伸出长度越短。

2) 焊枪的倾斜角度。焊枪的倾斜角度可以改变电弧功率和熔滴过渡的推力在水平和竖直方向的分配比例，控制熔深和焊缝形状。

3) 电弧的对中位置和摆幅。电弧的对中位置实际上是摆动中心。它和接头形式、焊道的层数和位置有关。

3. 操作步骤

(1) 焊前准备　清理坡口及其正反两侧 20mm 范围内的油污、铁锈、水分等污物，直至露出金属光泽，去除毛刺。

(2) 装配及定位焊　试板组对间隙为 2~2.5mm，钝边为 1.5mm，坡口角度为 70°，反变形量为 3.2mm，如图 3-15 所示。在试板的两端分别定位焊，定位焊焊缝长约 5mm、焊缝高小于 4mm。采用接触引弧法。

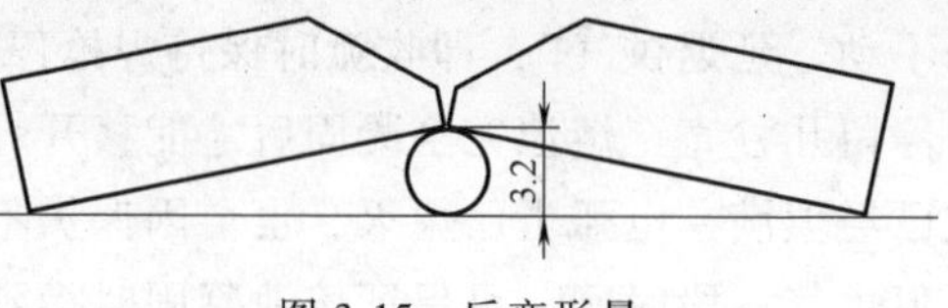

图 3-15　反变形量

（3）打底焊　在定位焊缝上引弧，先从间隙小的一端引弧焊接，采用直线或小幅度锯齿形摆动，焊枪与工件表面呈90°角。自右向左焊接，焊枪与焊缝的后倾角为75°~85°；左向焊时，焊枪与焊缝的后倾角为75°~85°，如图3-16所示。当焊丝摆动到定位焊缝的边缘时，在击穿工件根部形成熔孔后，使电弧停留约2s，使其接头充分熔合，然后以稍快的焊接速度改用月牙形摆动向前施焊。

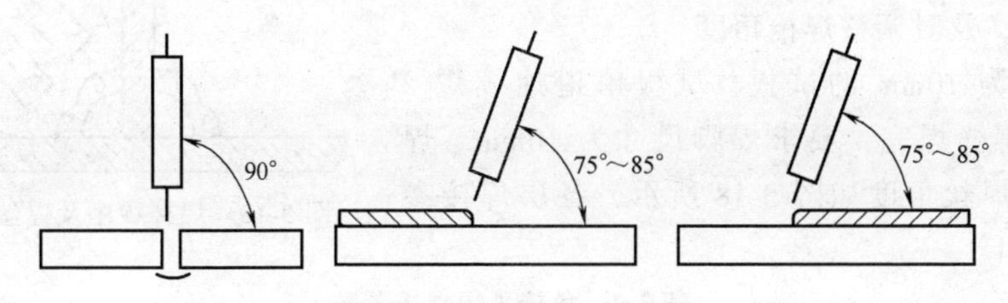

图3-16　对接平焊焊枪角度

（4）填充焊　先去除飞溅及焊道表面焊渣，增大焊接电流，根据坡口宽度的增大而增大电弧横向摆动的幅度，焊枪与焊缝的后倾角为75°~85°。填充焊缝厚度应低于母材表面1~2mm，坡口棱边不熔化，焊缝边缘平直，焊缝与母材过渡圆滑。

（5）盖面焊　盖面焊时，焊枪与焊缝的后倾角为75°~85°，焊接电流比打底焊稍大。焊接时做锯齿形运丝，两边慢中间快，可以保证表面焊缝成形良好。因为CO_2气体的冷却作用，焊缝边缘温度较低，容易产生熔合不良，所以焊丝运动时，必须在两边做比普通电弧焊时间稍长的停顿，以延长焊缝边缘的加热时间，焊缝两边有足够的热量使坡口两侧熔合良好，避免未熔合等缺陷。盖面层焊完，焊缝应宽窄整齐，高低平整，波纹均匀一致。

多层单道多面焊如图3-17所示。

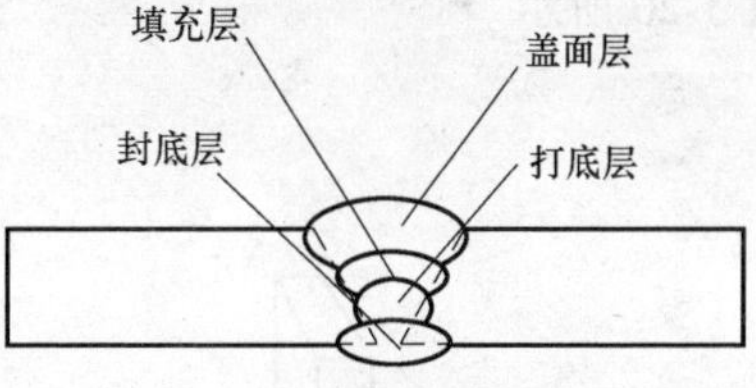

图3-17　多层单道多面焊

4. 操作注意事项

1）接头处用角向磨光机打磨成斜面可以保证接头质量。

2）焊接过程中电弧中断，需将接头处焊道打磨成斜坡，在打磨的焊道最高处引弧，电弧以小幅度锯齿形摆动，前端形成熔孔后，继续焊接。

3）为保证坡口两侧钝边完全熔化，焊接时调整焊枪角度，把焊丝送入坡口根部。

实践二　角接平焊

1. 操作准备

（1）焊接设备　NBC-350、NBC-500型CO_2半自动焊机。

（2）工件　材质为Q355的钢板，规格为200mm×100mm×10mm，两件。

（3）焊接材料　焊丝型号为G49AYUC1S10，规格为ϕ1.2mm。

(4) 辅助工具　CO_2 气体流量计、CO_2 气瓶、角向磨光机、敲渣锤、钢直尺、焊缝万能量规等。

2. 任务分析

角接平焊在操作时容易产生未焊透、咬边、焊脚下垂等缺陷，因此在操作时必须选择合适的焊接参数，及时调整焊枪角度。

板厚为 10mm 的试板，试板单道连续焊 2 层、3 道焊缝焊完，要求焊脚尺寸为 10mm。焊接顺序及焊丝角度如图 3-18 所示，各层焊接参数见表 3-4。

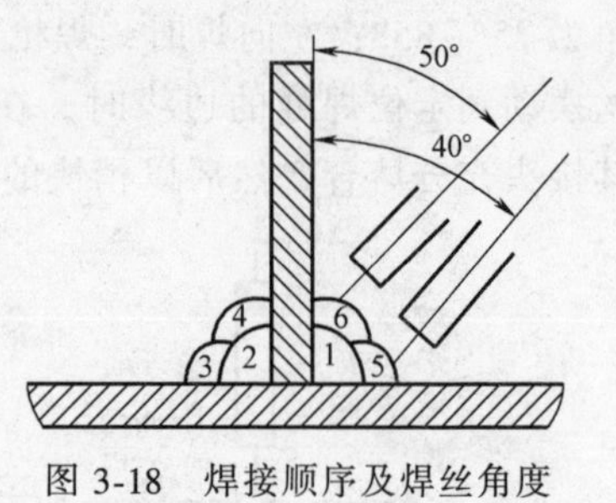

图 3-18　焊接顺序及焊丝角度

表 3-4　角接平焊焊接参数

焊接层次	焊接电流/A	电弧电压/V	焊丝伸出长度/mm	气体流量/(L/min)
1~2	120	20	12~13	10
3~6	130	20~21	10~12	10

3. 操作步骤

(1) 角接平焊操作步骤

1) 焊前处理：试板坡口及坡口边缘 20~30mm 范围内的油、污、锈、垢清除干净，使之呈现出金属光泽。角接平焊焊接接头如图 3-19 所示。

2) 装配及定位焊：组对严密结合，立板与底板垂直，在工件两端定位焊，如图 3-20 所示。

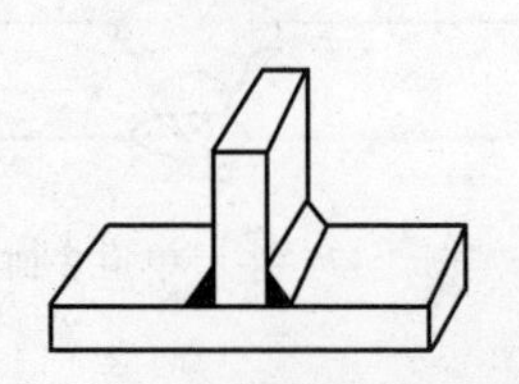
图 3-19　角接平焊焊接接头示意图

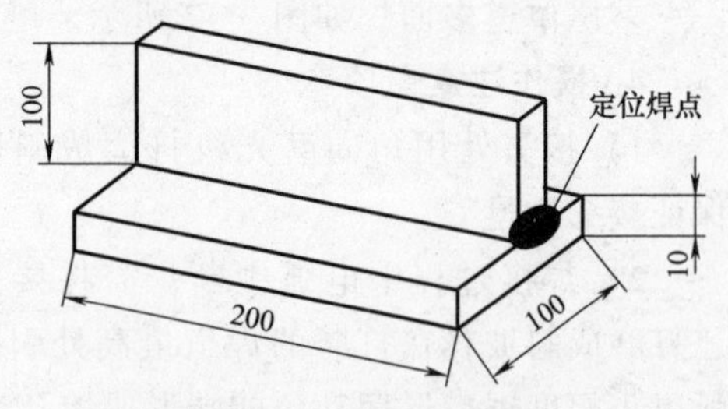

图 3-20　组对示意图

3) 打底焊：将两块板中的一块竖直放置，两端头对齐，当进行同等板厚单层单道角接平焊时，焊枪与两板之间角度为 45°，焊枪的后倾夹角为 75°~85°，如图 3-21 所示。电弧在始焊端引燃后，在第 1 层焊道焊丝以直线匀速施焊。焊丝上、下倾角为 45°，焊丝对准水平板侧 1~2mm 处防止焊偏，以保证两板的熔深均匀，焊缝成形良好。当焊接不同板厚时还必须根据两板的厚度来调节焊枪的角度。一般焊枪角度应偏向厚板 5°左右。

4) 盖面焊：为防止角焊缝出现偏板（焊缝偏上板或偏下板）、咬边缺陷，保证焊缝成形美观，第 2 层的 3~6 焊道用堆焊形式直线运动，不做摆动连续焊接完成。

（2）船形焊操作步骤

1）焊前准备　清理坡口及正反两侧 20mm 范围内的油污、铁锈、水分等污物，直至露出金属光泽，去除毛刺。

2）施焊　将 T 形角接焊缝置于水平焊缝位置进行的焊接称为船形焊。焊接时，翼板与水平面夹角为 45°，焊枪与腹板的角度为 45°，如图 3-22 所示。船形焊可以采用大电流和大直径焊丝焊接，可得到大熔深，同时提高焊接生产率，因此，当工件具备翻转条件件时，焊接 T 形角接焊缝时，应尽可能把工件置于船形焊位置焊接。

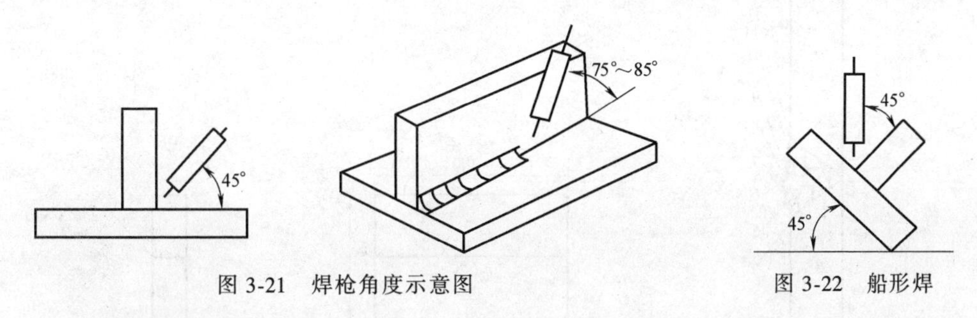

图 3-21　焊枪角度示意图　　图 3-22　船形焊

4. 操作注意事项

1）控制熔孔大小。焊枪快速摆动横过间隙，一带而过，在坡口两侧较慢。

2）控制电弧位置。电弧的 2/3 应压在熔池上，1/3 在熔孔上。

3）短路过渡形式焊接时，焊接电流在 80~240A 范围内选择，电弧电压在 18~30V 范围内相匹配。

4）焊丝伸出长度取决于焊丝直径，焊丝伸出长度一般为焊丝直径的 10~11 倍。

实践三　横焊

1. 操作准备

（1）焊接设备　NBC-350 型 CO_2 气体保护焊焊机。

（2）工件　材质为 Q355 的钢板，规格为 300mm×240mm×12mm，两件。

（3）焊接材料　焊丝型号为 G49AYUC1S10，规格为 ϕ1mm。

（4）辅助工具　CO_2 气体流量计、CO_2 气瓶、角向磨光机、敲渣锤、钢直尺、焊缝万能量规等。

2. 任务分析

1）焊接 2mm 以下的薄板，采用 I 形坡口，装配间隙在 0.5mm 左右；焊接中厚板时，开单 V 形坡口，钝边≤0.5mm，装配间隙为 3~4mm。

2）CO_2 气体保护焊单面焊双面成形都采用连弧焊操作法。

3）板厚为12mm的试板，焊缝共有4层11道，即第1层为打底层（1点），第2、3层为填充层（共5道焊缝），第4层为盖面层（共5道焊缝堆焊而成），焊缝层次及焊道排列如图3-23所示，各层焊接参数见表3-5。

表3-5 平板对接横焊焊接参数

焊接层	焊丝直径/mm	焊丝伸出长度/mm	焊接电流/A	电弧电压/V	气体流量/(L/min)
打底层(1)	1	10~12	100~105	16~18	10
填充层(2~6)	1	10~12	115~125	18~20	10
盖面层(7~11)	1	10~12	115~125	18~20	10

平板对接横焊图样如图3-24所示。

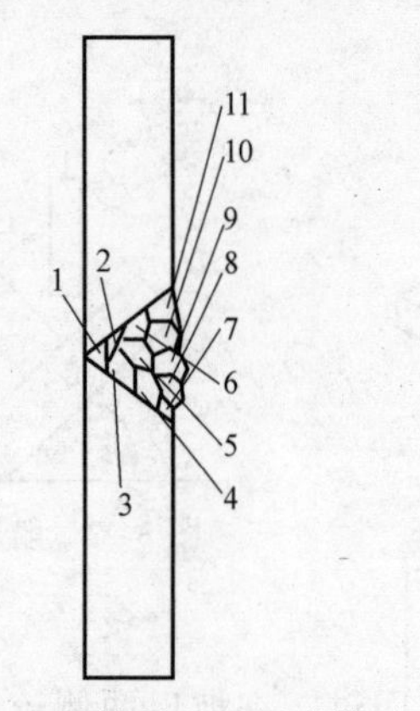

图3-23 焊缝层次及焊道排列

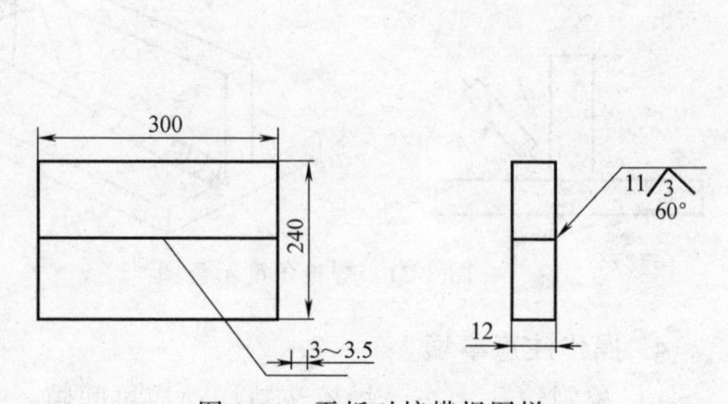

图3-24 平板对接横焊图样

3. 操作步骤

(1) 焊前准备　采用刨边机制作接头坡口（V形），并清理坡口及正反两侧20mm范围内的油污、铁锈、水分等污物，直至露出金属光泽，去除毛刺，如图3-25所示。

(2) 装配　将两块板水平放置，两端头对齐，始焊处装配间隙为3mm，终焊处装配间隙为3.5mm，反变形量为3°~5°，如图3-26所示。

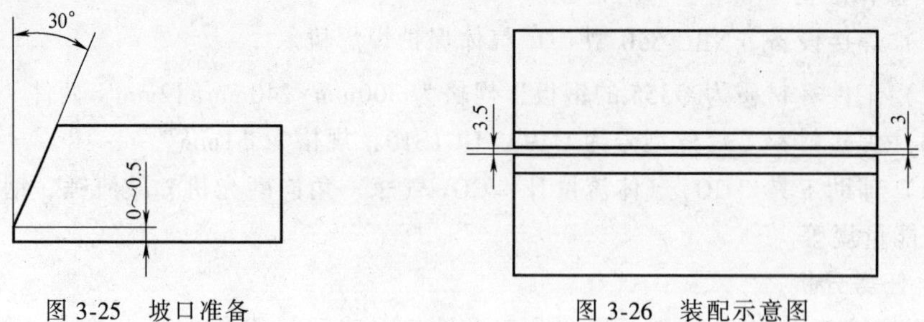

图3-25 坡口准备　　图3-26 装配示意图

(3) 定位焊　选择焊丝（焊丝直径为1mm）进行点焊，并在坡口内两端进行定位焊，焊缝长度为10~15mm，如图3-27所示。

（4）打底焊　在定位焊缝上引弧，以小幅度锯齿形摆动，自右向左焊接，如图 3-28 所示。

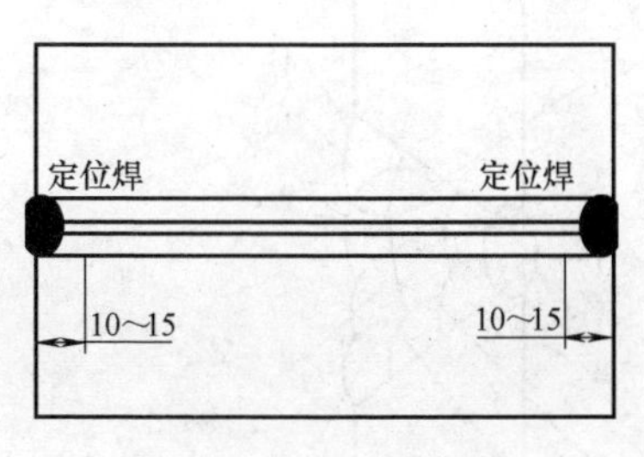

图 3-27　定位焊示意图

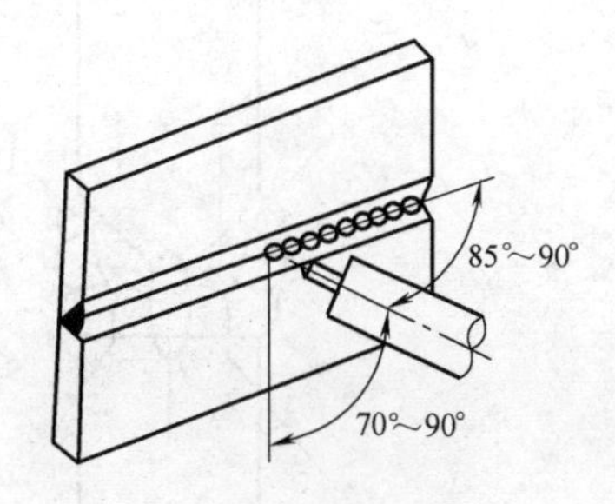

图 3-28　打底焊示意图

（5）填充焊　去除飞溅及焊道表面焊渣，调试好填充焊焊接参数，焊枪呈 0°~10°仰角，进行填充焊道 2 与 3 的焊接，如图 3-29 所示。整个填充层厚度应低于母材 1.5~2mm，且不得熔化坡口棱边。

（6）盖面焊　去除飞溅及焊道表面焊渣，调试好盖面焊焊接参数，焊枪呈 0°~10°仰角，如图 3-30 所示，进行盖面焊。

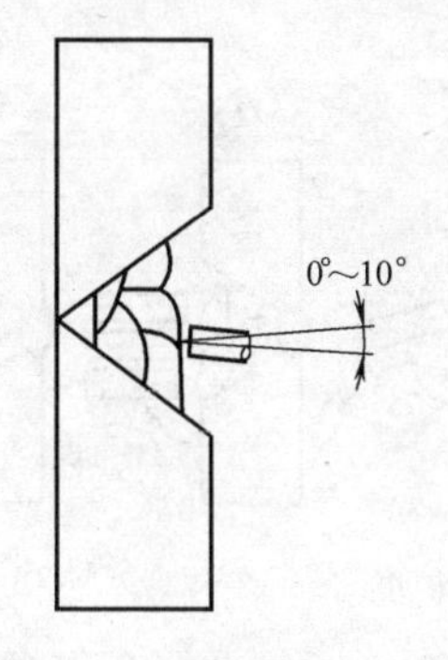

图 3-29　填充焊示意图

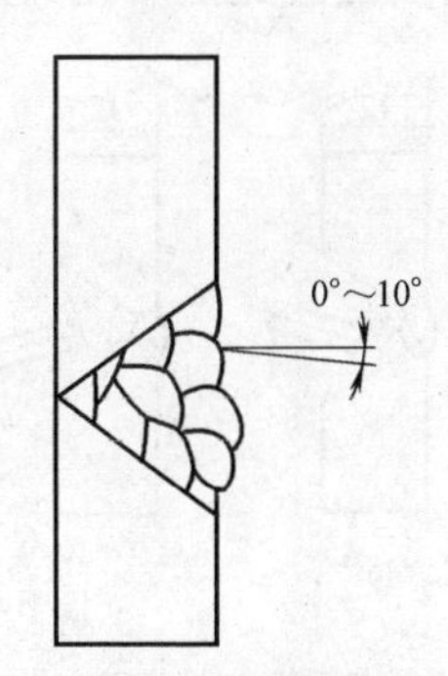

图 3-30　盖面焊示意图

4. 操作注意事项

1）打底焊中保持已形成的熔孔大小始终一致，焊枪用手把稳，焊接速度均匀。焊枪喷嘴在坡口间隙中摆动时，其在上坡口钝边处停顿的时间比在下坡口钝边停顿的时间要稍长，防止熔化金属下坠，形成下大上小并有尖角成形不好的焊缝，如图 3-31 所示。

2）工件厚度决定了焊接层数和道数。开坡口对接横焊焊接层数和道数如图 3-32 所示。

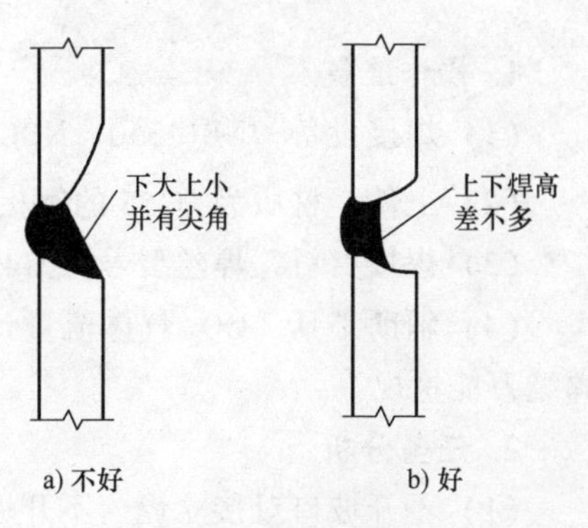

图 3-31　打底层焊缝形状

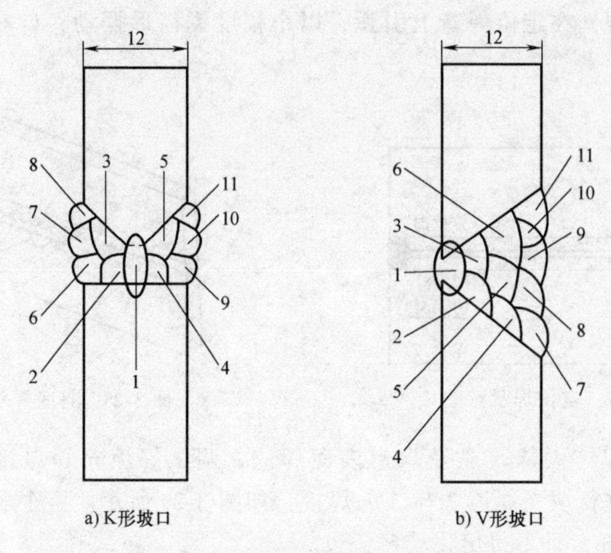

图 3-32　开坡口对接横焊焊接层数和道数

3）开坡口对接横焊焊枪角度如图 3-33 所示，要把焊丝送入坡口根部，以电弧能将坡口两侧钝边完全熔化为好。

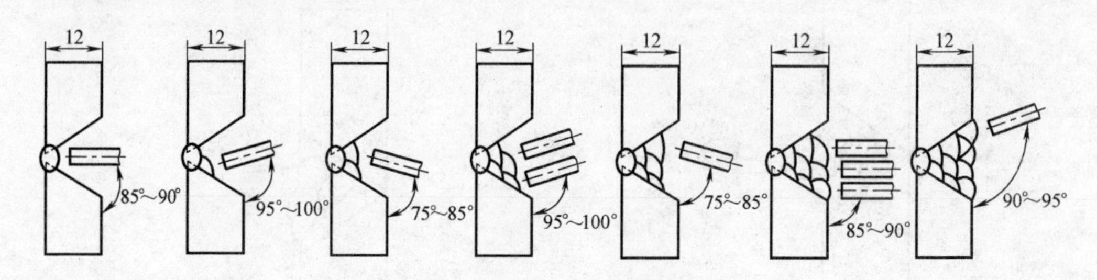

图 3-33　开坡口对接横焊焊枪角度

实践四　对接立焊

1. 操作准备

（1）焊接设备　NBC-350、NBC-500 型 CO_2 半自动焊机。

（2）工件　材质为 Q355 的钢板，规格为 350mm×140mm×10mm，两件。

（3）焊接材料　焊丝型号为 G49AYUC1S10，规格为 $\phi1.2$mm。

（4）辅助工具　CO_2 气体流量计、CO_2 气瓶、角向磨光机、敲渣锤、钢直尺、焊缝万能量规等。

2. 任务分析

（1）不开坡口对接立焊　不开坡口的对接立焊常适用于薄板的焊接。施焊前，要正确调节焊接电流与电弧电压匹配的最佳值，以获得完美的成形焊缝。焊接时，

焊缝的坡口形式为I形，热源自下向上进行焊接。由于立焊时易造成咬边、焊瘤、烧穿等缺陷，因此，采用的焊接参数比平焊时小10%～15%，以减少熔滴的体积，减轻重力的影响，有利于熔滴的过渡。焊接时，焊枪与焊缝呈90°，焊枪下倾夹角为75°～85°，有利于熔滴过渡，如图3-34所示。

图3-34 不开坡口的对接立焊焊枪角度

(2) 开坡口的对接立焊 当板厚大于6mm时，电弧的热量很难熔透焊缝根部，为了保证焊透，必须开坡口。坡口的形式主要根据工件的厚度来选择。开坡口对接立焊时，一般采用多层单道双面焊和多层单道单面焊双面成形方法，焊接层数的多少可根据工件厚度来决定。工件越厚，焊层越多。

(3) 焊接参数 应合理地选择对接立焊焊接参数，见表3-6。

表3-6 对接立焊焊接参数

焊层类别	焊接电流/A	电弧电压/V	焊丝伸出长度/mm	气体流量/(L/min)
打底层	100	19～20	12	10
填充层	110	19～20	12	10～12
盖面层	120	20～22	12	11～12

3. 操作步骤

(1) 焊前准备 清理接头正反两侧20mm范围内的油污、铁锈、水分等污物，直至露出金属光泽，去除毛刺。

(2) 装配及定位焊 试板组对间隙为2.5～3mm，钝边为1.5mm，坡口角度为70°，反变形量为2.5mm。在试板的两端分别定位焊，定位焊焊缝长约5mm、焊缝高小于4mm。采用接触引弧法。

(3) 打底焊 施焊时，采用立向上连弧手法焊接。先在试板的始焊处起弧(间隙下端)，采用月牙形或锯齿形横向摆动运弧法使焊丝在坡口两边之间做轻微的横向运动，焊丝与试板下部夹角约为80°，当焊到定位焊端头，沿坡口熔化的铁液与焊丝熔滴连在一起，听到“噗噗”声，形成第一个熔池，这时熔池上方形成深入每侧坡口钝边1～2mm的熔孔，应稍加快焊速，焊丝立即做小月牙形摆动向上焊接，注意坡口两侧熔合情况并防止烧穿。

(4) 填充焊 焊接电流适当加大，电弧横向摆动的幅度视坡口宽度的增大而加大，电弧摆动到坡口两侧时稍做停顿，避免出现沟槽现象。焊完最后一层填充层焊缝应比母材表面低 1~2mm，这样能使盖面层焊接时看清坡口，保证盖面层焊缝边缘平直，焊缝与母材圆滑过渡。

（5）盖面焊　盖面层的焊接焊丝与试板下部夹角为 75°左右为宜，焊丝采用锯齿形运动为好（因 CO_2 焊“起肉”大，比其他方法焊缝余高较大）。焊接速度要均匀，熔池铁液应始终保持清晰明亮。同时焊丝摆动应压过坡口边缘 2mm 处并稍做停顿，以免咬边，保证焊缝表面平直美观。

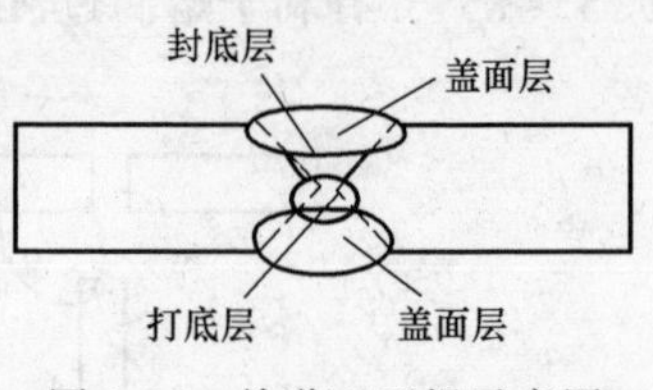

图 3-35　单道双面焊示意图

单道双面焊如图 3-35 所示。

4. 操作注意事项

1）CO_2 焊对接立焊的操作要领与普通电弧焊大致相似，也要“一看、二听、三准”。

“看”就是要注意观察熔池的状态和熔孔的大小，施焊过程中，熔池呈扇形，其形状和大小应保持一致。

“听”就是要注意听电弧击穿试板时发出的“噗噗”声，有这种声音表明试板背面焊缝穿透且熔合良好。

“准”就是将熔孔端点位置控制准确，焊丝中心要对准熔池前端与母材交界处，使每个新熔池压住前一个熔池，搭接 1/2 左右，防止焊丝从间隙中穿出，使焊接不能正常进行，造成焊穿，影响背面成形。

2）熄弧的方法是先在熔池上方做一个熔孔（比正常熔孔大些），然后将电弧拉至坡口任何一侧熄弧，接头的方法与焊条电弧焊相似，在弧坑下方 10mm 处坡口内引弧，焊丝运动到弧坑根部时焊丝摆动放慢，听到“噗噗”声后稍做停顿，随后立即恢复正常焊接。

3）施焊中接头的方法是在熄弧处引弧接头，收弧时要注意填满弧坑，焊缝表面余高为 1~1.5mm 最好。

实践五　角接立焊

1. 操作准备

（1）焊接设备　NBC-350 型 CO_2 半自动焊机。

（2）工件　材质为 Q355 的钢板，规格为 300mm×240mm×12mm，两件。

（3）焊接材料　焊丝型号为 G49AYUC1S10，规格为 ϕ1.6mm。

（4）辅助工具　CO_2 气体流量计、CO_2 气瓶、角向磨光机、敲渣锤、钢直尺、焊缝万能量规等。

2. 任务分析

（1）薄板　当板厚小于或等于 6mm 时，一般采用不开坡口的正背面单层单道角接立焊，热源自下向上进行焊接，焊缝的坡口形式为I形。当焊接同等板厚单层单道角接立焊时，焊枪与两板之间的角度为45°，焊枪后倾夹角为75°~85°。

（2）厚板　当板厚大于6mm时，电弧的热量很难熔透焊缝根部，为了保证焊透，必须开坡口。开坡口的角接立焊应用广泛的是单层双面焊。焊时，由于熔滴下垂焊缝熔合不良，焊枪角度应稍偏向坡口面3°~5°。

3. 操作步骤

（1）焊前准备　清理（坡口及）接头正反两侧20mm范围内的油污、铁锈、水分等污物，直至露出金属光泽，去除毛刺。角接立焊接头如图3-36所示。

（2）施焊　将两块板竖直放置，两端头对齐，自下向上划圈式焊接，焊枪后倾夹角为75°~85°，如图3-37所示。

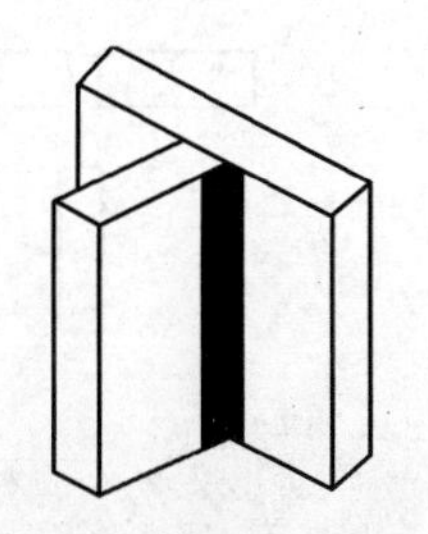

图3-36　角接立焊接头

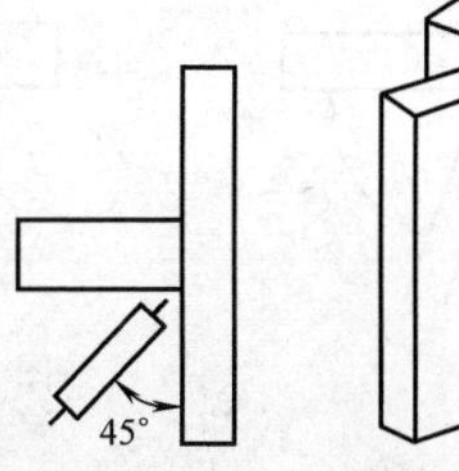

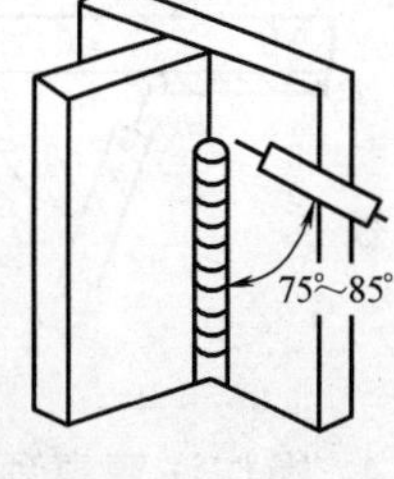

图3-37　焊枪角度

4. 操作注意事项

1）相同板厚时焊枪与两板之间角度为45°，不同板厚时焊枪角度偏向厚板约5°。

2）根据熔池情况调整焊接速度，控制熔池温度和熔池形状及尺寸大小。

实践六　对接仰焊

1. 操作准备

（1）焊接设备　NBC-350型CO_2半自动焊机。

（2）工件　材质为Q355的钢板，规格为300mm×240mm×12mm。

（3）焊接材料　焊丝型号为G49AYUC1S10，规格为ϕ1.6mm。

（4）辅助工具　CO_2气体流量计、CO_2气瓶、角向磨光机、敲渣锤、钢直尺、焊缝万能量规等。

2. 任务分析

1）对接仰焊位置是焊缝倾角为0°、180°，焊缝转角为250°、315°的焊接位置，对接仰焊的坡口形式主要有I形和V形等。

2）不开坡口的对接仰焊常用于薄板（板厚小于或等于6mm）焊接。由于仰焊时易造成咬边、焊瘤、烧穿等缺陷，因此立焊时采用的焊接参数应比平焊时稍小一点。

3）当板厚大于6mm时，电弧的热量很难熔透焊缝根部，为了保证焊透，必须开坡口。坡口的形式主要根据工件的厚度来选择，一般常用的对接仰焊坡口形式是V形。

3. 操作步骤

（1）焊前准备　清理接头正反两侧20mm范围内的油污、铁锈、水分等污物，直至露出金属光泽，去除毛刺。

（2）施焊　定位焊缝在工件两端头，始焊处装配间隙为3mm，终焊处装配间隙为3.5mm，采用月牙形或锯齿形横向摆动运弧法，电弧摆动到坡口两侧时稍做停顿，以防焊波中间凸起及液态金属下淌。焊枪与焊缝呈90°，焊枪后倾夹角为75°~85°，均匀运弧，如图3-38所示。

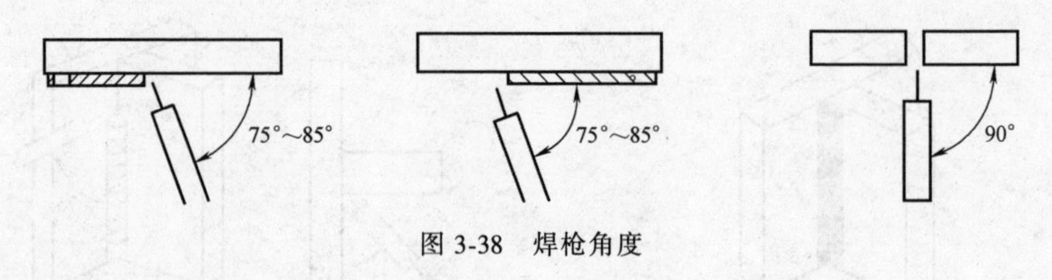

图3-38　焊枪角度

4. 操作注意事项

1）开坡口对接仰焊时，常采用多层单道单面焊双面成形方法。焊接层数的多少可根据工件厚度来决定，工件越厚，层数越多。

2）注意调整焊枪角度，要把焊丝送入坡口根部，以电弧能将坡口两侧钝边完全熔化为好。熔孔过大，会使背面焊缝余高过高，甚至形成焊瘤或烧穿。熔孔过小，坡口两侧根部易造成未焊透缺陷。

3）填充焊缝应比母材表面低1~2mm，这样盖面层焊接时能看清坡口，保证盖面焊缝边缘平直，焊缝与母材圆滑过渡。盖面层焊缝应宽窄整齐，高低平整，波纹均匀一致。

实践七　角接仰焊

1. 操作准备

（1）焊接设备　NBC-350型CO_2半自动焊机。

（2）工件　材质为Q355的钢板，规格为300mm×240mm×12mm，两件。

（3）焊接材料　焊丝型号为G49AYUC1S10，规格为ϕ1.6mm。

（4）辅助工具　CO_2气体流量计、CO_2气瓶、角向磨光机、敲渣锤、钢直尺、焊缝万能量规等。

2. 任务分析

（1）薄板　板厚小于或等于6mm时，一般采用不开坡口的正背面单层单道角接仰焊。

(2) 厚板　当板厚大于 6mm 时，电弧的热量很难熔透焊缝根部，为了保证焊透，必须开坡口。一般常用的焊缝坡口形式有 K 形和单边 V 形等。开坡口的角接仰焊，应用比较广泛的是单层双面焊。

3. 操作步骤

(1) 焊前准备　清理接头正反两侧 20mm 范围内的油污、铁锈、水分等污物，直至露出金属光泽，去除毛刺。

(2) 施焊　焊接时采用斜划圈、斜锯齿形或斜月牙形进行运弧，并及时调整焊枪角度，不开坡口时焊枪与两板之间的角度为 45°，右向焊时，焊枪的前倾夹角为 75°~85°，如图 3-39 所示。

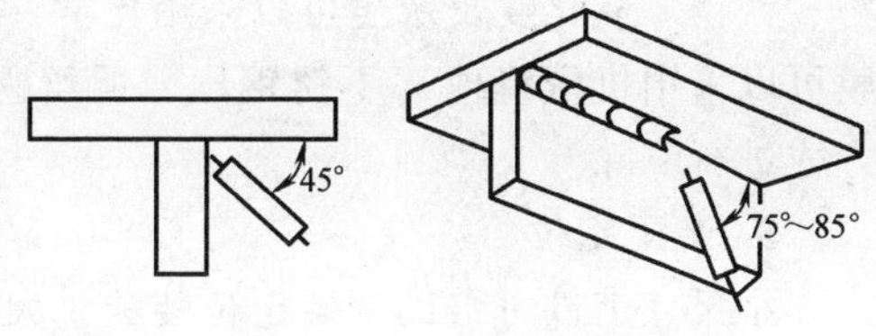

图 3-39　焊枪角度

4. 操作注意事项

1) 施焊时的操作要领与对接立焊基本相同。

2) 由于角接仰焊在操作时容易产生焊缝根部未焊透、焊缝两侧咬边等缺陷，操作时须选择合适的焊接参数。

3) 当焊接不同板厚时还必须根据两板的厚度来调节焊枪的角度。一般焊枪的角度应偏向厚板约 5°。

4) 开坡口焊接时，由于熔滴下垂，焊缝熔合不良，焊枪角度应稍偏向坡口面 3°~5°。焊完正面焊缝焊背面焊缝时，应将背面焊缝熔渣等污物清理干净后再进行焊接。

任务二　管子对接焊

一、焊前准备

1. 接头和坡口设计

接头设计主要是根据工件厚度、工件材料、焊接位置及熔滴过渡形式等因素来确定坡口形式和间隙。工件厚度小于或等于 6mm 时，一般采用单面焊 I 形坡口；工件厚度大于 6mm 时，可以采用 CO_2 气体保护焊 V 形坡口或是双面焊。

采用细颗粒过渡焊接时，因为熔深较大，必须选择较小的间隙和较大的钝边，根部间隙通常不能超过 2mm，较小的坡口角度，从一般的 60°降低到 30°~40°，这样还可以减少填充金属和节省工时。例如直径为 1.6mm 的焊丝，钝边可留 4~6mm，坡口角度可减小到 40°左右。

采用短路过渡焊接时，因为熔深小，可以选择较小的钝边和较大的间隙。因为熔池较小，搭桥性能好，即使间隙大也不会造成烧穿，对接接头允许根部间隙为 3mm，当焊缝要求较高时，根部间隙应小于 1mm，根部错边允许±1mm。

若工件的导热性能较好，例如铝及铝合金焊接时，坡口角度应开得较大，从一般的 60°增大到 90°，可以减少未熔合的缺陷。

2. 坡口加工和清理

坡口可采用机械加工或采用气割和碳弧气刨等方法进行加工。为保证焊接质量，避免焊缝出现气孔、夹杂等缺陷，焊前必须经过严格清理，清除坡口和焊丝表面的油污、锈蚀、水分、灰尘、氧化膜等，否则在焊接过程中稳定性差，易出现气孔、夹杂、未熔合及焊缝成形不良的缺陷。焊丝及坡口周围 10~20mm 范围内的油污、铁锈、氧化皮及灰尘可以采用化学方法去除，即有机溶剂清洗。工件上的氧化膜可以采用机械清理（不锈钢丝、铜丝刷、砂布）或是化学清理（化学溶液）的方式进行清除。

3. 装配定位

小尺寸工件可借助工装定位装配，大尺寸工件一般采用定位焊缝定位。定位焊是为了装配和固定工件上的接缝位置而进行的焊接。定位焊缝质量要求与焊缝质量要求一样。定位焊可采用焊条电弧焊或者直接采用 CO_2 半自动焊进行。根据工件厚度确定定位焊缝的长度和间距。一般薄板的定位焊缝长度为 5~10mm，间距为 100~150mm；中厚板的定位焊缝长度为 20~60mm，间距为 200~500mm。

二、焊接参数的选择

CO_2 气体保护焊的焊接参数主要包括焊丝直径、焊接电流、电弧电压、焊接速度、保护气体流量、焊丝伸出长度、电源极性、焊接回路电感、喷嘴至工件的距离、焊枪倾角等。

1. 焊丝直径

焊丝直径应根据被焊工件的厚度、焊缝的空间位置及生产率来选择。当焊接薄板时，多采用直径为 1.6mm 以下的焊丝；中厚板在平焊位置焊接时，可以采用直径为 1.6mm 以上的焊丝；立焊、横焊、仰焊位置焊接时，可选择直径为 1.6mm 以下的焊丝。焊丝直径的选择见表 3-7。

表 3-7 焊丝直径的选择

焊丝直径/mm	熔滴过渡形式	工件厚度/mm	焊接位置
0.5~0.8	短路过渡	1~2.5	全位置
	颗粒过渡	2.5~4	平焊
1~1.4	短路过渡	2~8	全位置
	颗粒过渡	2~12	平焊
1.6	短路过渡	3~12	全位置
≥1.6	颗粒过渡	>6	平焊

2. 焊接电流

焊接电流是决定熔深的最主要因素。其使用范围随焊丝直径和熔滴过渡形式的不同而不同。焊接电流的大小是由焊丝直径、工件厚度、焊接位置及熔滴过渡形式来决定。随着焊接电流的增大，焊缝的熔深、熔宽及余高都会相应增加。短路过渡焊接时，焊接电流在50~250A范围时，焊丝直径为0.8~1.6mm，能得到飞溅小、成形美观的焊道；颗粒状过渡焊接时，焊接电流在250~500A内选择，能得到熔深较大的焊道，常用于焊接厚板。焊接电流与焊丝直径的关系见表3-8。

表3-8 焊接电流与焊丝直径的关系

焊丝直径/mm	焊接电流/A	
	短路过渡	颗粒过渡
0.8	60~160	150~250
1.2	100~175	200~300
1.6	100~180	350~500
2.4	150~200	500~750

3. 电弧电压

电弧电压是焊接参数中很重要的一个参数。电弧电压必须与焊接电流相匹配，随着焊接电流的增加而增大，与弧长有着对应关系。电弧电压的大小也会影响焊缝宽度、焊缝熔深、接头质量、飞溅大小及熔滴过渡的稳定性。电弧电压与焊缝形状的关系如图3-40所示。弧长则电弧电压高，电弧难以潜入工件表面，容易产生气孔、飞溅和咬边。弧短则电弧电压低，焊丝会插入熔池不熔化，容易造成短路。短路过渡焊接时，应保持较短的电弧长度，即小电流、低电压，电弧电压范围为17~24V；细颗粒过渡焊接时，电弧电压范围为25~36V。电弧电压对焊接过程和金属与气体间的冶金反应的影响比焊接电流大，且随着焊丝直径的减小，电弧电压影响的程度增大。

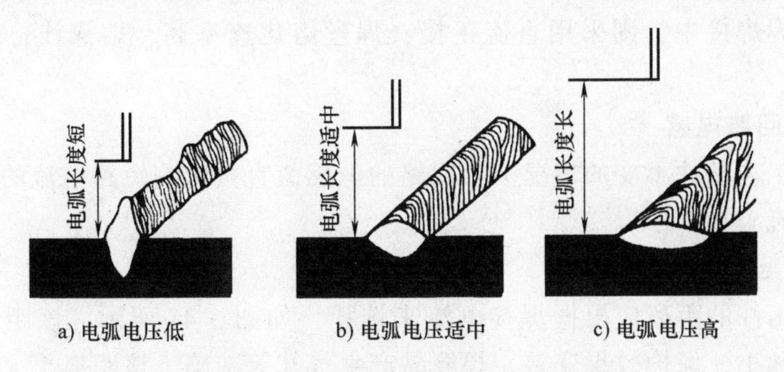

图3-40 电弧电压与焊缝形状的关系

电弧电压是在导电嘴与工件间测定的电压，而焊接电压是电焊机上电压表显示的电压，是电弧电压与焊机和工件间连接电缆线上的电压降之和，焊接电压比电弧电压高。

4. 焊接速度

在焊丝直径、焊接电流和电弧电压等焊接参数不变的条件下，随着焊接速度的增加，焊缝的熔宽与熔深减小。焊接速度快，则保护效果变差，热输入减少，冷却速度加大，使焊缝塑性降低，不利于焊缝成形，容易产生咬边、气孔、未焊透等缺陷；但焊接速度过慢，则热输入变大，易形成大量熔敷金属堆积现象，严重时会造成烧穿、变形增大、接头组织粗大、生产率降低等问题。半自动焊时，焊接速度为15~40m/h。

5. 保护气体流量

CO_2 气体流量的大小应根据焊接电流、焊接速度及喷嘴直径、焊接区域等来选择。过大或过小的气体流量都会影响保护效果。当气体流量过大时，会产生湍流，破坏保护效果，容易产生气孔、飞溅等缺陷，增加氧化性，焊接飞溅增大；当气体流量过小时，挺度不够，会有空气侵入，起不到应有的保护效果，也容易产生气孔缺陷。通常在短路过渡细丝焊接时，CO_2 气体流量为 5~15L/min；粗丝焊接时，CO_2 气体流量为 15~25L/min；粗丝大电流焊接时，CO_2 气体流量为 35~50L/min。

6. 焊丝伸出长度

焊丝伸出长度指焊丝从导电嘴伸出到工件的距离。根据生产经验，焊丝伸出长度通常为焊丝直径的 10~12 倍。若伸出长度过小，焊丝熔化速度快，焊接生产率高，但是焊接过程中易造成飞溅物堵塞喷嘴，或导电嘴过热夹住焊丝，甚至烧损导电嘴，影响保护效果，还妨碍焊工的视线；若伸出长度过大，则焊接电流下降，熔深减小，焊接过程不稳定，焊丝会成段熔断，飞溅严重，气体保护效果差。

7. 电源极性

短路过渡及颗粒过渡的 CO_2 焊一般材料的焊接，通常采用直流反接，因为反接时飞溅小、电弧稳定、焊缝熔深大、成形好、焊缝金属氢含量低。高速焊接、堆焊、铸铁补焊焊接中，则采用直流正接，焊丝熔化速率高，熔深浅，熔宽及余高较大。

8. 焊接回路电感

在其他工艺条件不变的情况下，回路的电感值直接影响短路电流的上升速度和短路峰值电流大小。

9. 喷嘴至工件的距离

喷嘴至工件的距离应根据焊接电流来选择，如图 3-41 所示。该距离越大，有效保护范围越小，保护效果变差，焊缝易产生气孔等缺陷。该距离小，虽然保护效果好，但是过小会使保护气流冲击熔池，降低保护效果，同时金属飞溅会黏附在喷嘴口附近，影响送丝及保护气体的均匀流出。

10. 焊枪倾角

焊枪与工件成后倾角时，熔深较大，会产生大量的熔敷金属；焊枪与工件成前倾角时，熔深较小，焊缝平整。焊枪倾角对焊缝成形的影响，如图 3-42 所示。

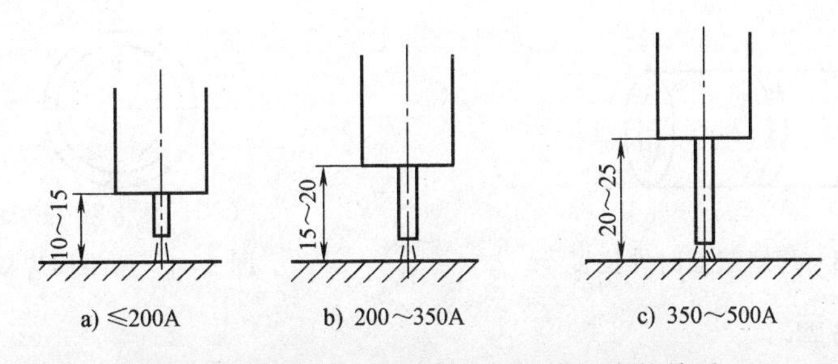

图 3-41 喷嘴至工件的距离与焊接电流的关系

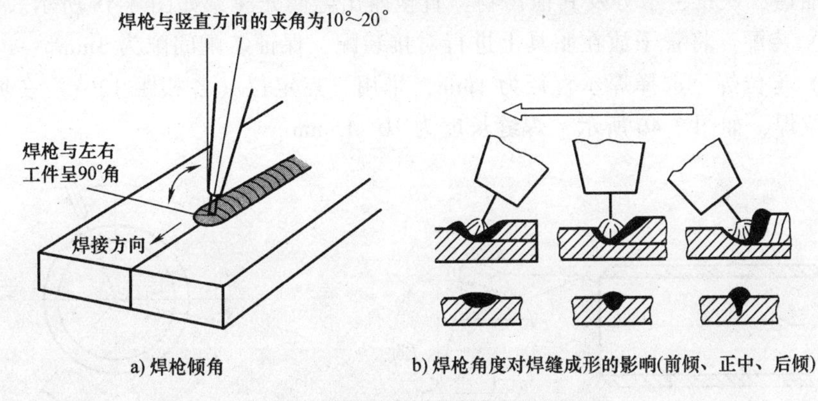

图 3-42 焊枪倾角对焊缝成形的影响

实践一 水平固定管的焊接

1. 操作准备

（1）焊接设备 NBC-350 型 CO_2 半自动焊机。

（2）工件 钢管材质为 Q355，规格为 ϕ108mm×12mm×100mm，两件。

（3）焊接材料 焊丝型号为 G49AYUC1S10，规格为 ϕ1mm。

（4）辅助工具 CO_2 气体流量计、CO_2 气瓶、角向磨光机、敲渣锤、钢直尺、焊缝万能量规等。

2. 任务分析

1）由于焊缝是水平环形的，因此在焊接过程中需经过仰焊、立焊、平焊等全位置环焊缝的焊接，如图 3-43 所示，焊枪与焊缝的空间位置角度变化很大，为方便叙述施焊顺序，将环焊缝横断面看作钟表盘，划分成 3 点、6 点、9 点、12 点等时钟位置。

2）环焊缝分为两个半周，即前半周为时钟 6→3→12 位置，后半周为 6→9→12 位置，如图 3-44 所示。焊接时，把水平管子分成前半周和后半周两个半周来焊接。焊枪的角度要随着焊缝空间位置的变化而变换。

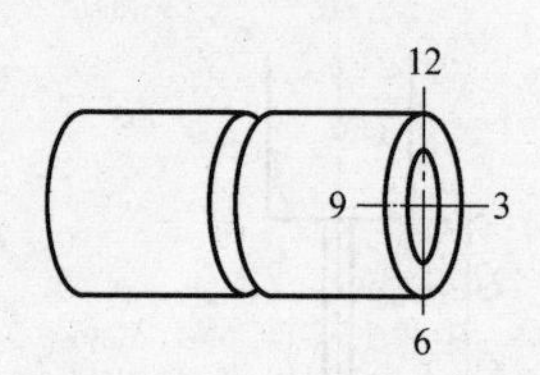

图 3-43　焊缝截面时钟位置

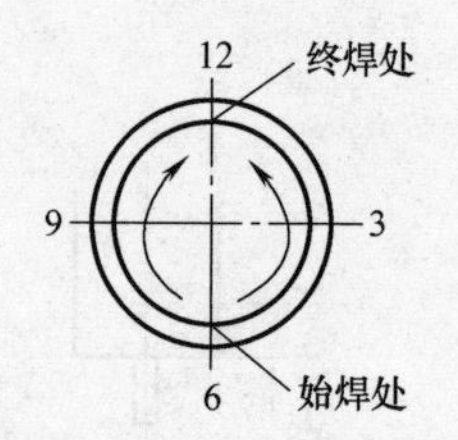

图 3-44　两半周焊接法

3. 操作步骤

(1) 焊前准备　管子开 U 形坡口，并清除坡口面及其端部内外表面 20mm 范围内的油污、铁锈、水分及其他污物，直至露出金属光泽，如图 3-45 所示。

(2) 装配　将管子放在胎具上进行对接装配，保证装配间隙为 3mm。

(3) 定位焊　选择焊丝直径为 1mm，采用三点定位（各相距 120°）在坡口内进行定位焊，如图 3-46 所示，焊缝长度为 10~15mm。

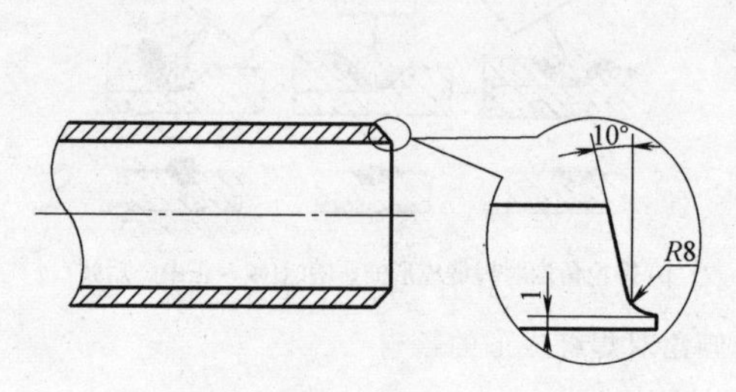

图 3-45　焊缝坡口

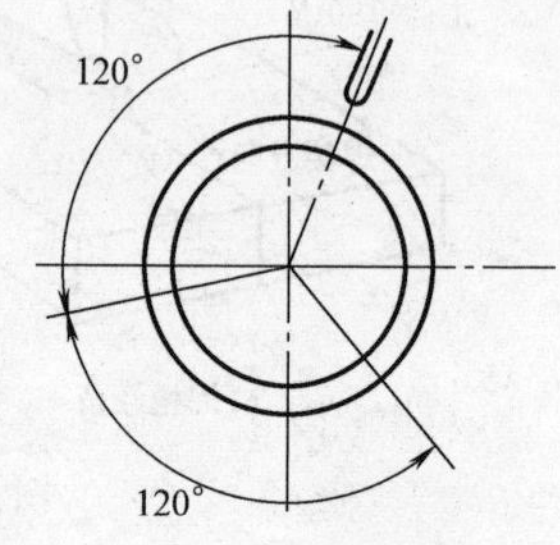

图 3-46　三点定位焊

(4) 打底焊　转动管子，将一个定位焊点位于 1 点位置，调节好焊接参数，在处于 1 点处的定位焊缝上引弧，并从右至左焊至 11 点处断弧，如图 3-47 所示。立即用左手将管子按顺时针方向转一角度，将灭弧处转到 1 点处，再进行焊接（如此反复，至焊完整圈焊缝）。

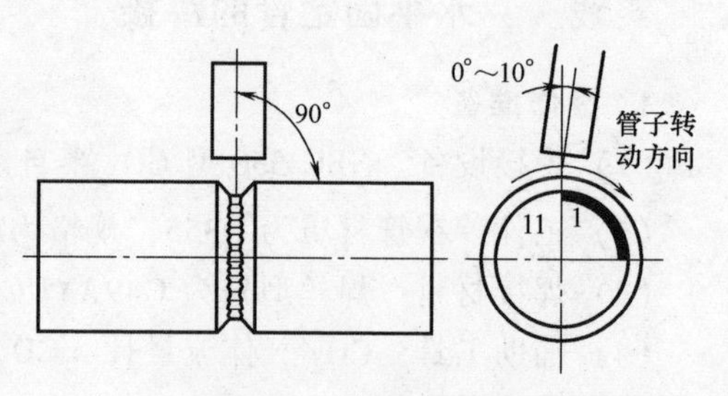

图 3-47　打底焊示意图

(5) 填充焊　焊枪横向摆动幅度应稍大，并在坡口两侧适当停留，按打底焊方法焊接填充焊道（最后一层填充焊道高度应低于母材表面 2~3mm，并不得熔化坡口棱边），如图 3-48 所示。

(6) 盖面焊　调节好焊接参数，焊枪横向摆动幅度比填充焊时大，并在两侧稍停留，使熔池超过坡口棱边 0.5~1.5mm，保证两侧熔合良好，如图 3-49 所示。

4. 操作注意事项

1) 焊接时操作难度较大，容易造成 6 点（见图 3-44）仰焊位置内焊缝形成凹

坑或未焊透，外焊缝形成焊瘤或超高，12点（见图3-44）平焊位置内焊缝形成焊瘤或烧穿，外焊缝形成焊缝过低或弧坑过深等缺陷。

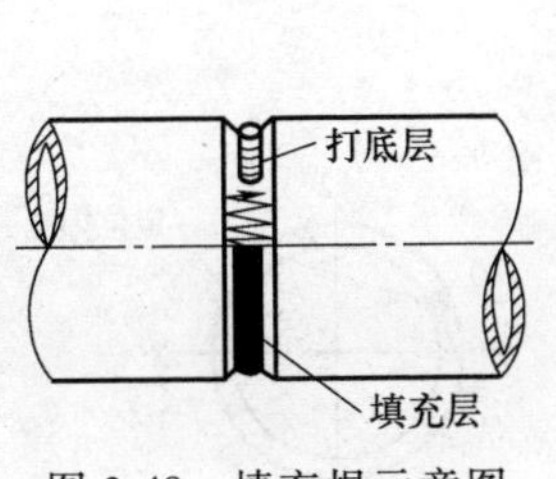

图3-48 填充焊示意图

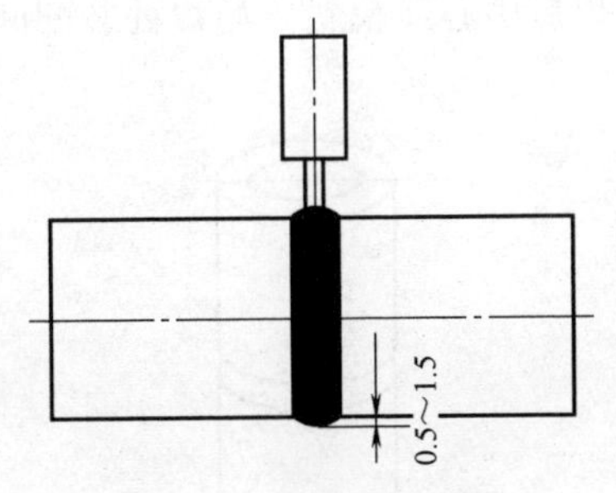

图3-49 盖面焊示意图

2）管子转动最好采用机械转动装置，边转边焊，或一人转动管子，一人进行焊接，也可采用左、右手转动的方法。

3）装配时管子轴线必须对正，以免焊后中心线偏斜。

4）焊接时，分两个半周焊接，可采用月牙形或锯齿形横向摆动运弧法，电弧摆动到坡口两侧时稍做停顿，以防焊层中间凸起及液态金属下淌产生焊瘤等缺陷。

5）随时调整焊枪角度，如图3-50所示。要把焊丝送入坡口根部，以电弧能将坡口两侧钝边完全熔化为好。焊完后的背面焊缝余高为0~3mm。

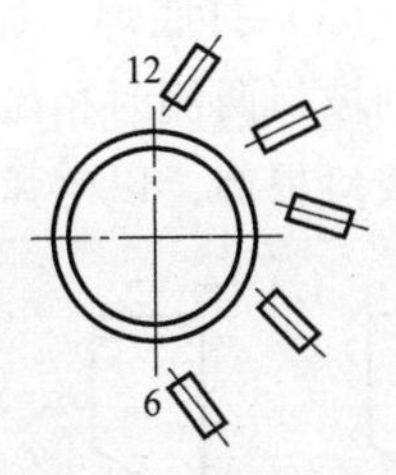

图3-50 焊枪角度

实践二 竖直固定管的焊接

1. 操作准备

（1）焊接设备 NBC-350型CO_2半自动焊机。

（2）工件 钢管材质为Q355，规格为ϕ108mm×12mm×100mm，两件。

（3）焊接材料 焊丝型号为G49AYUC1S10，规格为ϕ1.6mm。

（4）辅助工具 CO_2气体流量计、CO_2气瓶、角向磨光机、敲渣锤、钢直尺、焊缝万能量规等。

2. 任务分析

1）竖直固定管焊缝为垂直于水平位置的环焊缝，类似于板对接横焊，区别在于管的横焊缝是有弧度的，焊枪要随焊缝弧度位置变化而变换角度进行焊接，如图3-51所示。

2）在竖直固定管焊接生产中，主要采用开坡口的多层单道单面焊双面成形方法。竖直固定管焊接层数和道数应根据工件壁厚来决定。工件壁厚越厚，焊接层数和道数越多。

3. 操作步骤

（1）焊前准备 清理接头正反两侧20mm范围内的油污、铁锈、水分等污物，直至露出金属光泽，去除毛刺。

（2）定位焊　定位焊缝为两处，如图 3-52 所示，装配时管子轴线必须对正，以免焊后中心线偏斜。始焊处装配间隙为 3mm，终焊处装配间隙为 3. 5mm。

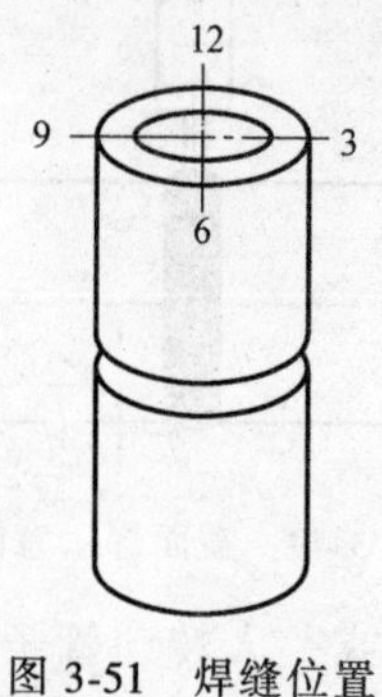

图 3-51　焊缝位置

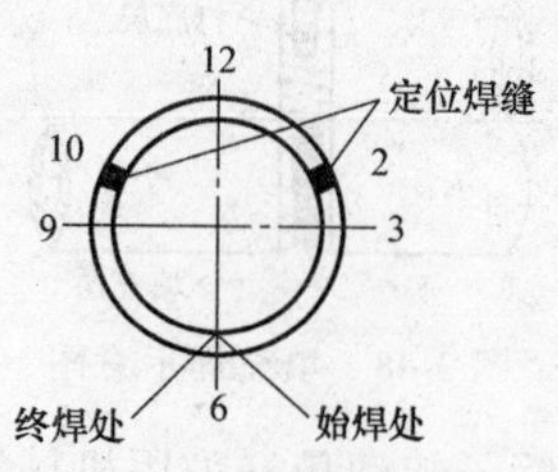

图 3-52　定位焊位置

（3）打底焊　焊接时，可采用小月牙形或小锯齿形上下摆动运弧法，电弧摆动到坡口两侧时稍做停顿，注意随时调整焊枪角度，如图 3-53 所示。要把焊丝送入坡口根部，以电弧能将坡口两侧钝边完全熔化为好。

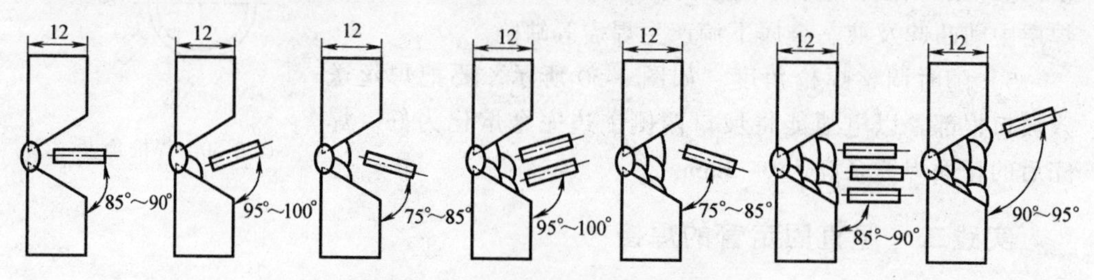

图 3-53　竖直固定管焊接时焊枪角度

（4）填充焊　第一填充层为两道焊缝，第二填充层为三道焊缝。可采用直线形或小锯齿形上下摆动运弧法。焊接电流适当加大，注意随时调整焊枪角度。焊接时，后一道焊缝压前一道焊缝的 1/2，严格控制熔池温度，使焊层与焊道之间熔合良好，保证每层每道焊缝的厚度和平整度。

（5）盖面焊　焊接时，后一道焊缝压前一道焊缝的 1/2，焊接时要随时调整焊枪角度，并保持匀速焊接，要保证每层每道焊缝的厚度和平整度。当焊至最后一道焊缝时，焊接电流应适当减小，焊速适当加快，使上坡口温度均衡，焊缝熔合良好，边缘平直。盖面层为一层四道焊缝，如图 3-54 所示。

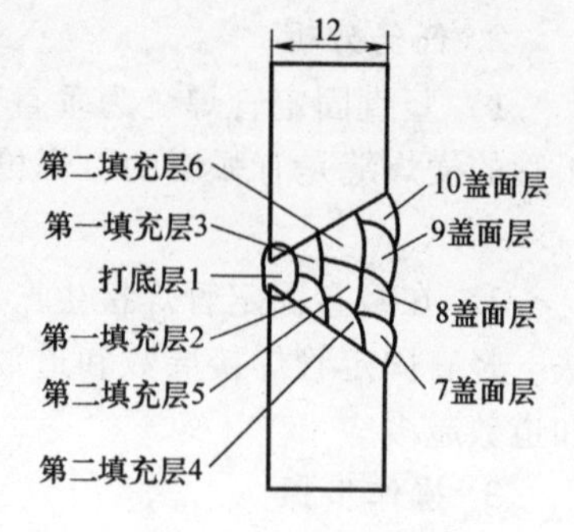

图 3-54　焊缝示意图

4. 操作注意事项

1）由于竖直固定管焊接时，工件上下坡口受热不均衡，上坡口温度过高易产生咬边，下坡口温

度过低易产生未熔合或焊瘤等缺陷。

2）焊完最后一层填充层焊缝时应比母材表面低 1~2mm，以保证盖面层焊缝边缘平直，焊缝与母材圆滑过渡。

3）焊完后的盖面层焊缝余高为 0~3mm。焊缝应宽窄整齐，高低平整，焊缝与母材圆滑过渡。

任务三　管板焊接

一、定位焊

采用 CO_2 焊时电弧的热量较焊条电弧焊大，要求定位焊缝有足够的强度，既要熔合好，其余高又不能太高，还不能有缺陷。通常定位焊缝都不磨掉，仍保留在焊缝中，焊接过程中很难全部重熔。这就要求焊工按焊接正式焊缝的工艺要求来焊接定位焊缝，保证定位焊缝的质量。定位焊缝的尺寸见表 3-9。

表 3-9　定位焊缝的尺寸

板厚	定位焊缝长度/mm	定位焊缝间距/mm	示意图
薄板	5~10	100~150	100～150 定位焊缝 5～10 5～10
中厚板	20~60	200~500	200～500 焊缝 20～60 引弧板 引弧板

二、焊枪的移动方向

CO_2 气体保护焊焊接时，根据焊枪的移动方向可以分为左焊法和右焊法，如图 3-55 所示。在采用左焊法进行焊接时，喷嘴不会挡住视线，能够很清楚地看见焊缝，不容易焊偏，而且熔池受到的电弧吹力小，能得到较大熔宽，焊缝成形较美观。因此，这种焊接方法被普遍采用。采用右焊法时，熔池的可见度及气体保护效果较好，但因焊丝直指熔池，电弧将熔池中的液态金属向后吹，容易造成余高和焊波过大，影响焊缝成形，而且焊接时喷嘴挡住了待焊的焊缝，不便于观察焊缝的间隙，容易焊偏。

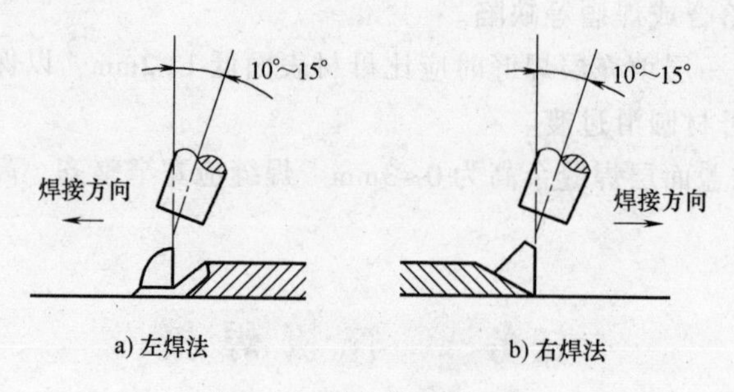

图 3-55 焊枪的移动方向

实践一 管板垂直平焊

1. 操作准备

（1）焊接设备 NBC-350 型 CO_2 半自动焊机。

（2）工件 钢管材质为 Q355 钢，规格为 ϕ108mm×4mm×100mm；钢板材质为 Q355，规格为 300mm×240mm×12mm。

（3）焊接材料 焊丝型号为 G49AYUC1S10，规格为 ϕ1. 6mm。

（4）辅助工具 CO_2 气体流量计、CO_2 气瓶、角向磨光机、敲渣锤、钢直尺、焊缝万能量规等。

2. 任务分析

1）管板垂直平焊焊接的是一条管垂直于板水平位置的角焊缝。与板板角平焊所不同的是管板垂直平焊焊缝是有弧度的，焊枪随焊缝弧度位置变化而变换角度进行焊接。

2）焊接时，由于管壁较薄没有坡口，而板较厚则有坡口，坡口角度为 40°，管与板受热不均衡，易产生咬边、未熔合或焊瘤等缺陷。

3. 操作步骤

（1）焊前准备 清理接头正反两侧 20mm 范围内的油污、铁锈、水分等污物，直至露出金属光泽，去除毛刺。

（2）定位焊 装配时，装配间隙为 3mm。管与板应垂直对正。定位焊缝两处，分别在顺时针 2 点和 10 点位置定位焊，自 6 点位置始焊。

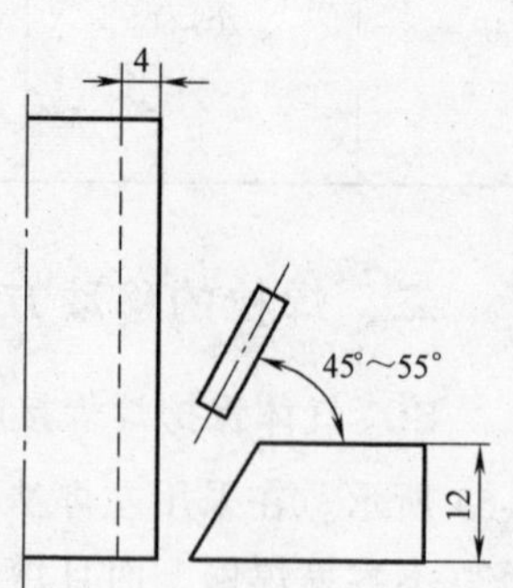

图 3-56 焊枪与管板角度

（3）打底焊 采用锯齿横向摆动运弧法，电弧摆动到坡口两侧时稍做停顿，焊枪与管板之间角度为 45°，如图 3-56 所示。

（4）填充焊 填充焊时，适当加大焊接电流，电弧横向摆动的幅度视坡口宽度的增大而加大。焊枪后倾夹角为 75°~85°，如图 3-57 所示。

(5) 盖面焊 盖面焊时，电弧横向摆动的幅度随坡口宽度的增大而继续加大，并保持焊枪角度正确，防止管壁一侧产生咬边缺陷。电弧摆动到坡口两侧时应稍做停顿，使坡口两侧温度均衡，焊缝熔合良好，边缘平直。

管板垂直平焊焊缝如图 3-58 所示。

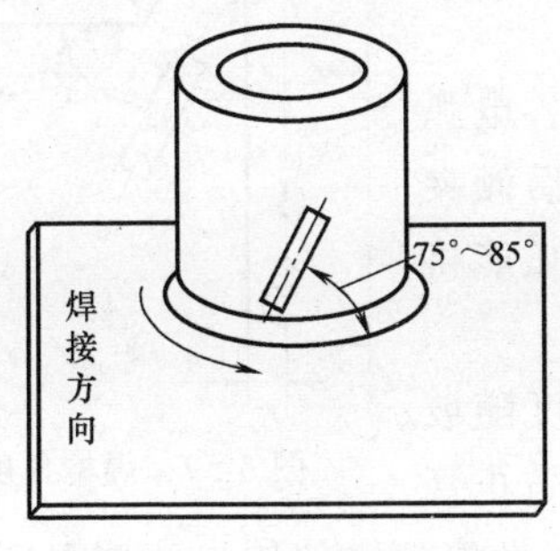

图 3-57 焊枪后倾夹角

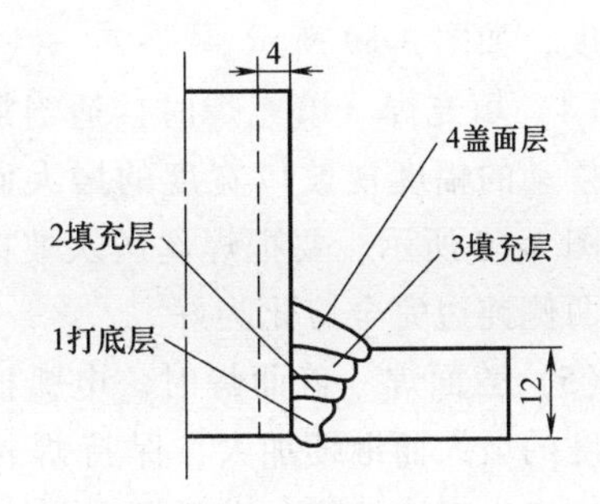

图 3-58 管板垂直平焊焊缝示意图

4. 操作注意事项

1) 填充焊缝应比母材表面低 1~2mm，要保证盖面层焊缝边缘平直，焊缝与母材圆滑过渡。

2) 盖面焊缝的焊脚高度为管壁厚+系数（0~3mm）。焊缝应宽窄整齐，高低平整，波纹均匀一致。

实践二 管板垂直仰焊

1. 操作准备

(1) 焊接设备 NBC-350 型 CO_2 半自动焊机。

(2) 工件 钢管材质为 Q355，规格为 ϕ108mm×4mm×100mm；钢板材质为 Q355，规格为 300mm×240mm×12mm。

(3) 焊接材料 焊丝型号为 G49AYUC1S10，规格为 ϕ1.6mm。

(4) 辅助工具 CO_2 气体流量计、CO_2 气瓶、角向磨光机、敲渣锤、钢直尺、焊缝万能量规等。

2. 任务分析

1) 管板垂直仰焊焊接的是一条处于水平位置的仰角焊缝。与板板仰焊所不同的是管板垂直仰焊焊缝是有弧度的，焊枪在焊接过程中是随焊缝弧度位置变化而变换角度进行焊接的。

2) 焊接时，由于管壁较薄没有坡口，而板较厚则有坡口，坡口角度为 40°，管与板受热不均衡，易产生咬边、未熔合或焊瘤等缺陷。

3. 操作步骤

(1) 焊前准备 清理接头正反两侧 20mm 范围内的油污、铁锈、水分等污物，直至露出金属光泽，去除毛刺。

（2）定位焊　装配时，装配间隙为3mm。管与板应垂直对正。定位焊缝两处，分别在2点和10点位置定位焊，自6点位置始焊，沿圆周焊至6点位置终焊。

（3）打底焊　采用锯齿形横向摆动运弧法，电弧摆动到坡口两侧时稍做停顿，注意调整焊枪与管、板之间的角度，如图3-59所示。

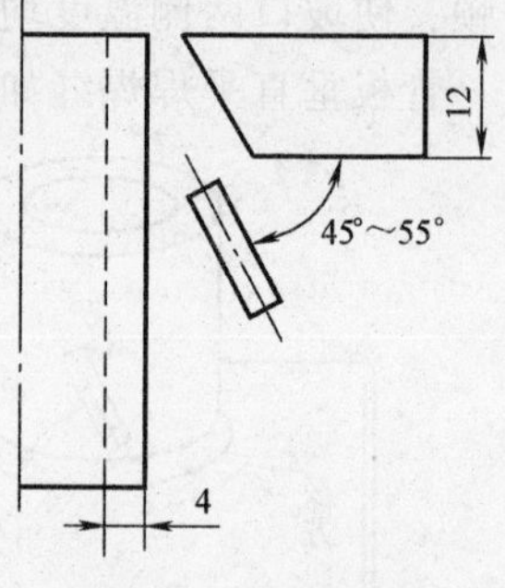

图3-59　焊枪角度

（4）填充焊　填充焊时，适当加大焊接电流，电弧横向摆动的幅度视坡口宽度的增大而加大。焊枪后倾夹角如图3-60所示。要把焊丝送入坡口根部，以电弧能将坡口两侧钝边完全熔化为好。

（5）盖面焊　盖面焊时，电弧横向摆动的幅度随坡口宽度的增大而继续加大，保持焊枪角度正确，防止管壁一侧产生咬边缺陷。电弧摆动到坡口两侧时应稍做停顿，使坡口两侧温度均衡，焊缝熔合良好，边缘平直。

管板垂直仰焊焊缝如图3-61所示。

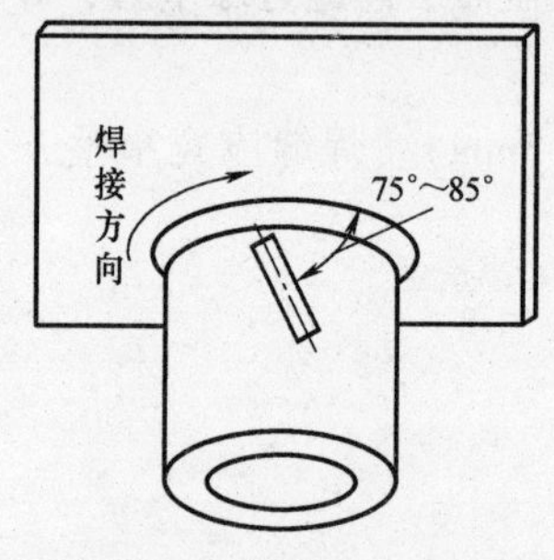

图3-60　焊枪后倾夹角

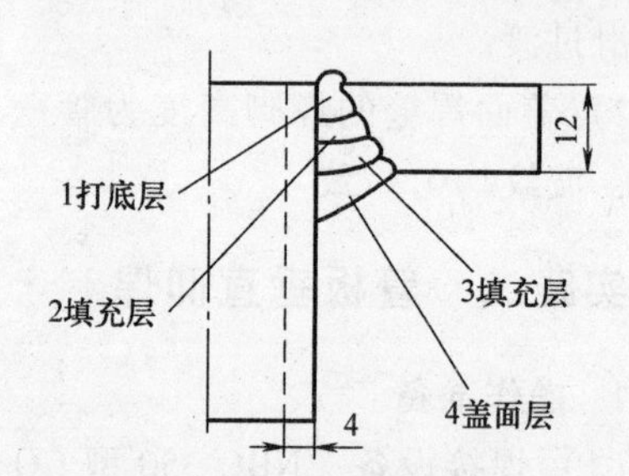

图3-61　管板垂直仰焊焊缝示意图

4. 操作注意事项

1）背面焊缝余高为0~3mm。

2）填充焊缝应比母材表面低1~2mm，以保证盖面层焊缝边缘平直，焊缝与母材圆滑过渡。盖面层焊脚高度为管壁厚+系数（0~3mm）。焊缝应宽窄整齐，高低平整，波纹均匀一致。

手工钨极氩弧焊

钨极惰性气体保护焊（gas tungsten arc welding，GTAW）是使用纯钨或活化钨（如钍钨、铈钨等）作为非熔化电极，采用惰性气体（如氩气、氦气等）作为保护气体的电弧焊方法，简称 TIG 焊。在焊接过程中，钨极不熔化，电极和工件之间产生电弧，并在惰性气体的保护下进行焊接，是一种非熔化极电弧焊方法。当采用氩气作为保护气体时，钨极惰性气体保护焊称为钨极氩弧焊。

图 4-1 所示为手工 TIG 焊工作现场。钨极被夹持在电极夹上，从 TIG 焊焊枪的喷嘴中伸出一定长度。在伸出的钨极端部与工件之间产生电弧，对工件进行加热。与此同时，惰性气体进入枪体，从钨极的周围通过喷嘴喷向焊接区，以保护钨极、电弧及熔池，使其免受大气的侵害。当焊接薄板时，一般不需填充焊丝，可以利用工件被焊部位自身熔化形成焊缝。当焊接厚板和开有坡口的工件时，需要向熔池中填充金属，可以从电弧的前方把填充金属以手动或自动的方式，按一定的速度向电弧中送进。填充金属熔化后进入熔池，与母材熔化形成的金属一起冷却凝固形成焊缝。

图 4-1　手工 TIG 焊工作现场

任务一　平板对接焊

一、手工氩弧焊设备

手工 TIG 焊设备包括焊接电源、控制系统、引弧装置、稳弧装置（交流焊接设备用）、焊枪、供气系统和供水系统等部分，如图 4-2 所示。

1. 焊接电源

TIG 焊的焊接电源分为交流电源和直流电源。焊接时选择哪种电源，以及当选定直流电源时，选择哪种极性接法是十分重要的，应该根据被焊材料来选择。手工

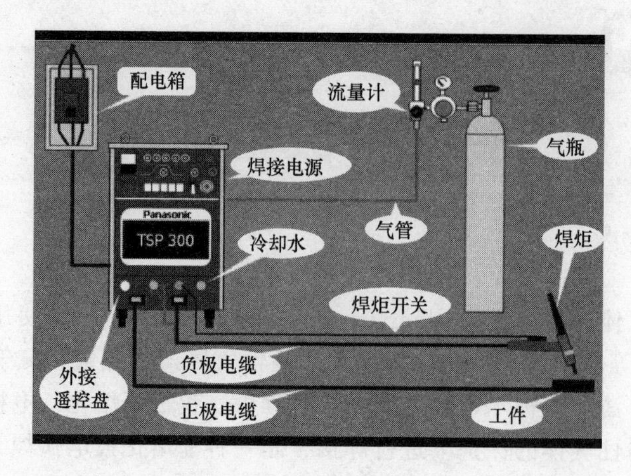

图 4-2　手工 TIG 焊设备

钨极氩弧焊应选用具有陡降特性的电源。一般焊条电弧焊的电源（如弧焊变压器、弧焊整流器等）都可作为手工钨极氩弧焊的电源。氩弧焊电源的空载电压调节范围见表 4-1。氩弧焊电源的焊接电流调节范围见表 4-2。

表 4-1　氩弧焊电源的空载电压调节范围

电源及电流种类		空载电压/V	
		最小	最大
手工	交流	70	90
	直流	65	80

表 4-2　氩弧焊电源的焊接电流调节范围

电流等级	额定电流/A											
	40		100		160		250		400		630	
电流种类	直流	交流	直流	交流	直流	交流	直流	交流	直流	交流	直流	交流
焊接电流调节范围/A	2~40	—	5~100	15~100	16~160	30~160	25~250	40~250	40~400	50~400	63~630	70~630

（1）直流电源　直流 TIG 焊时，电流不发生极性变化，但电极是接正还是接负，对电弧的性质及对母材的熔化有很大影响。

1）直流反接。当工件接在直流电源的负端，而钨极接在直流电源的正端时，称作直流反接。直流反接时电弧对母材表面的氧化膜具有阴极清理作用，这种作用也被称为“阴极破碎”或“阴极雾化”作用。产生这种作用的原因是：反接时，母材作为阴极承担发射电子的任务。由于表面有氧化物的地方电子逸出功小，容易发射出电子，因此电弧有自动寻找金属氧化物的性质，在氧化膜上容易形成阴极斑点；与此同时，阴极斑点受到质量较大的正离子的撞击，因此能使该区域内的氧化膜被破坏掉。

铝、镁及其合金的表面存在一层致密的氧化膜，由于氧化膜熔点很高（例如 Al_2O_3 的熔点为2050℃），焊接时难以熔化，往往覆盖在焊接熔池表面上，如果不及时清除，冷却凝固后会造成未熔合，会使焊缝表面形成皱皮或内部产生气孔、夹渣等缺陷，直接影响焊缝质量。如果利用上述的对氧化膜的清理作用，采用直流反接焊接就可以获得表面光亮美观、成形良好的焊缝。

但是，反接时钨极是电弧的阳极，不具有发射电子的作用，而是接受大量电子及其携带的大量能量。由于得到的能量多，因而钨极易产生过热，甚至熔化，因而钨极为阳极时的许用电流仅为阴极时的1/10左右，钨极端头形状都是圆球状；另外，工件为阴极，阴极斑点寻找氧化膜，不断游动，使得电弧分散，加热不集中，因而得到浅而宽的焊缝（图4-3a），生产率低。由于上述原因，TIG焊直流反接用得较少，只用于厚度在3mm以下的铝、镁及其合金焊接。

2）直流正接。当工件接在直流电源的正端，钨极接在直流电源的负端时，称为直流正接。直流正接时，虽然没有阴极清理作用，但由于钨极熔点很高，热发射能力强，电弧中带电粒子绝大多数是从钨极上以热发射形式产生的电子。这些电子撞击焊件（正极），释放出全部动能和位能（逸出功），产生大量热能加热焊件，从而形成深而窄的焊缝（图4-3b）。直流正接生产率高，焊件收缩应力和变形小。另外，由于钨极上接受正离子撞击时放出的能量比较小，而且由于钨极在发射电子时需要释放大量的逸出功，因此钨极上总的产热量比较小，因而钨极不易过热，烧损少；对于同一焊接电流可以采用直径较小的钨极。再者，由于钨极热发射能力强，采用小直径钨极时，电流密度大，有利于电弧稳定。因此，直流正接适用于除铝、镁及其合金以外的其他金属材料焊接。

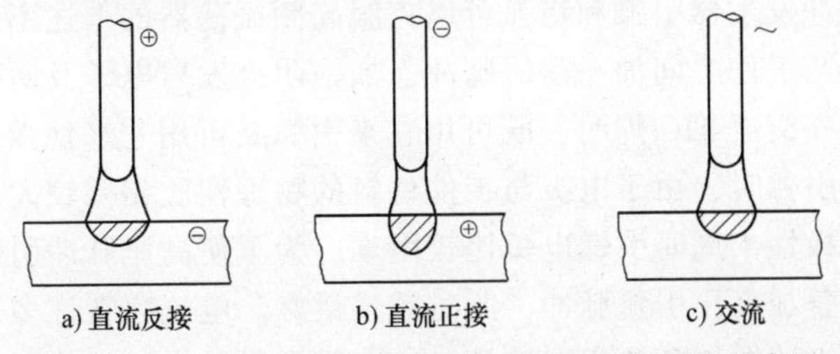

图4-3 TIG焊电流种类与极性对焊缝形状的影响示意图

（2）交流电源 在生产中，焊接铝、镁及其合金时一般都采用交流电源。这是因为在工件为阴极的半波里有去除工件表面氧化膜的作用，在钨极为阴极的半波里钨极可以得到冷却，并能发射足够的电子以利于电弧稳定。交流TIG焊时，焊缝形状介于直流反接和直流正接之间（图4-3c）。实践证明，采用交流电源能够两者兼顾，对于焊接铝、镁及其合金是很适合的。

但交流电源能产生有害的直流分量，必须予以消除；而且在50Hz频率下交流电每秒钟经过零点 100 次，必须采取稳弧措施。

由于交流电弧不如直流电弧稳定，实际应用的交流 TIG 焊机还需配备引弧装置和稳弧装置，凡是具有下降（或恒流）外特性的弧焊变压器都可以用作普通 TIG 焊的交流电源。国产的钨极交流氩弧焊机中主要采用具有较高空载电压的动圈式弧焊变压器作为电源，例如在 WSJ-400 型、WSJ-400-1 型和 WSJ-500 型交流 TIG 焊机中分别配用了 BX3-400-1 型、BX3-400-3 型和 BX3-500-2 型弧焊变压器。

2. 引弧装置和稳弧装置

各类焊机都具有一定的空载电压，以便引燃电弧。但在氩弧焊中，由于氩气的电离电位较高，不易被电离，给引弧造成很大的困难。提高焊机的空载电压虽能改善引弧条件，起到稳弧作用，但会增大变压器的容量，功率因数也会降低，成本高，不经济且对人身安全不利。一般都在焊接电源上加入引弧装置予以解决。目前应用最多的是高频高压式和高压脉冲式引弧装置和稳弧装置。

为了避免钨极对焊缝的污染，TIG 焊时宜采用非接触式引弧，因而需要使用辅助引弧装置。对于普通交流 TIG 焊，引弧后还需要采用稳弧措施，这是因为焊接电流在正、负半波交替过零点，电弧空间发生消电离过程，而且当电弧由工件接正转向接负的瞬间，需要重新引燃电弧的电压很高，而焊接电源往往不能提供这样高的电压，因此就需要有能使电弧重新引燃的稳弧装置。

直流 TIG 焊开始时，使用高频振荡器引弧效果很好，引燃电弧后可以通过控制电路实现自动关闭。交流 T1G 焊一般也只用于焊接开始时引弧。如果引弧后还希望利用其在焊接过程中稳弧，但高频高压的输出和交流电弧过零点的时间不易保持一致，故稳弧不够可靠；加之高频振荡对电源和控制电路的正常工作有干扰作用，甚至损坏器件，对人体健康也不利，因此在稳弧方面已很少采用。

采用高压脉冲发生器引弧和稳弧可以克服高频振荡器的上述不足。高压脉冲引弧方式是在钨极与工件之间加一高压脉冲，加强阴极发射电子及两极间气体介质电离而实现引弧。在交流 TIG 焊时，既可用它来引弧又可用它来稳弧。

交流 TIG 焊引弧时，由于电极与工件材料的物理性质相差较大，因而当工件处于电源电压的负极性半周时引燃电弧比较困难。为了使高压脉冲引弧可靠，应当在此半周的峰值时叠加高压引弧脉冲，此时效果最好。电流存在许多过零瞬间，特别是从工件接正的半波向接负的半波转换时，电子发射转由工件执行而使电弧重新引燃困难。这时，可利用高压脉冲稳弧器，在每次从工件接正的半波向接负的半波转换的瞬间，向弧隙提供一个高压脉冲，以帮助电弧重燃。

3. 焊枪

氩弧焊的必备工具是焊枪，用来装夹钨极、传导焊接电流和输出保护气体以及起动或停止整机的工作系统。优质的氩弧焊焊枪应能保证气体呈层流状均匀喷出，气流挺度良好，抗干扰能力强；枪体能被充分冷却，以保证持久地工作，有良好的气密性和水密性（用水冷时）；传导电流的零件有良好的导电性，喷嘴与钨极之间

绝缘良好，以免喷嘴和工件不慎接触而发生短路、打弧；重量轻、结构紧凑，可达到性好，装拆维修方便；应有足够大的保护电压以满足焊接工艺的要求。

手工钨极氩弧焊焊枪由枪体、钨极夹头、进气管、陶瓷喷嘴等组成，焊枪有大、中、小三种，按冷却方式可分为气冷式氩弧焊枪和水冷式氩弧焊枪，如图 4-4 所示。前者用于小电流（一般≤150A）焊接，其冷却作用主要由保护气体的流动来完成，其重量轻、尺寸小、结构紧凑、价格比较便宜；后者用于大电流（>150A）焊接，其冷却作用主要由流过焊枪内导电部分和焊接电缆的循环水来实现，结构比较复杂，比气冷式重且贵。使用时两种焊枪皆应注意避免超载工作，以延长焊枪寿命。

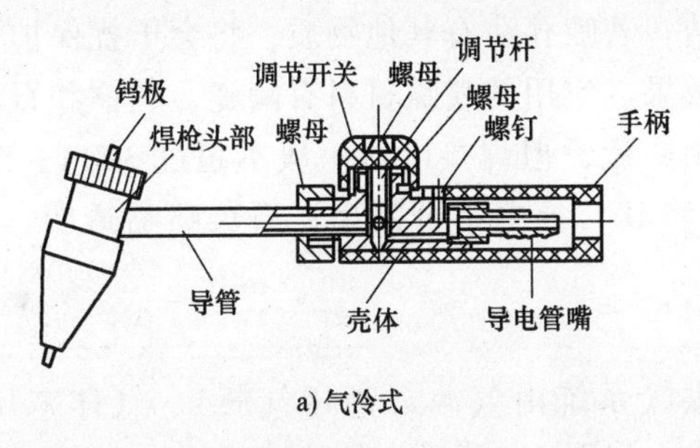

a) 气冷式

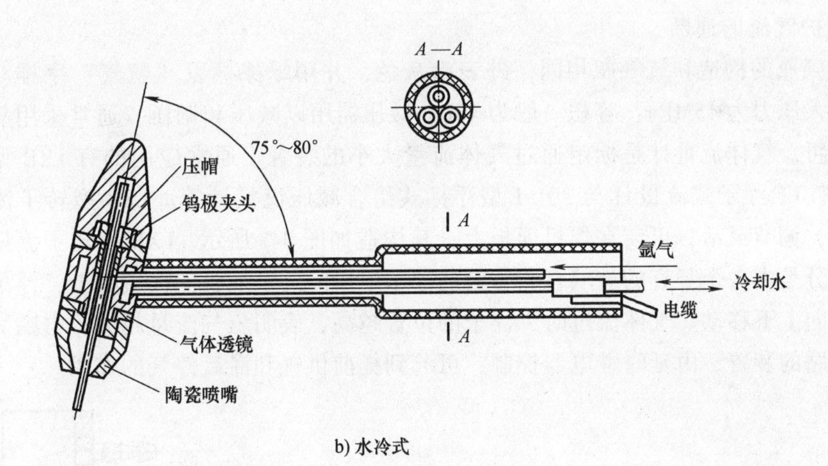

b) 水冷式

图 4-4 手工钨极氩弧焊焊枪

4. 喷嘴

喷嘴的形状尺寸对气流的保护性能影响很大。当喷嘴出口处获得较厚的层流层时，保护效果良好，因此，有时在气流通道中加设多层铜丝网或多孔隔板（称气筛）以限制气体横向运动，以利于形成层流。在喷嘴的下部为圆柱形通道，通道越长保护效果越好；通道直径越大，保护范围越宽，但可达到性变差，且影响视线。常见的喷嘴出口形状有圆柱带锥形和圆锥形两种，如图 4-5 所示。

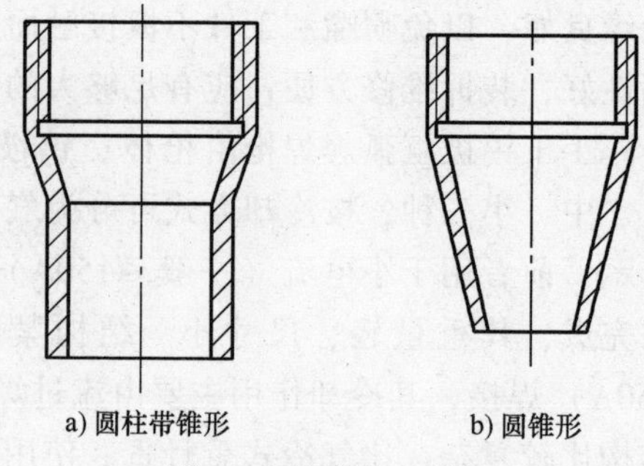

图 4-5　喷嘴出口形状

试验证明，由于圆柱形喷嘴气流通道截面不变，速度均匀，容易保持层流，因此圆柱形喷嘴保护效果最好，是生产中常用的形式。圆锥形喷嘴的电弧可见度好，便于操作，便于观察熔池，但出口处截面减小，气流速度加快，容易造成湍流，其保护性稍差。

喷嘴内表面应保持清洁，若喷孔沾有其他物质，将会干扰保护气柱或在气柱中产生湍流，从而影响保护效果。实用的喷嘴材料有陶瓷、纯铜和石英三种。高温陶瓷喷嘴既绝缘又耐热，应用广泛，但焊接电流一般不超过 300A；纯铜喷嘴使用电流可达 500A，需用绝缘套将其与导电部分隔离；石英喷嘴透明，焊接可见度好，但价格较贵。

5. 供气系统

一般钨极氩弧焊时，供气系统由气源（高压气瓶）、气体减压阀、气体流量计、电磁气阀和软管等组成，如图 4-6 所示。气体减压阀将高压气瓶中的气体压力降至焊接所要求的压力，气体流量计用来调节和标示气体流量大小，电磁气阀用以控制保护气流的通断。

氩气瓶的构造和氧气瓶相同，外表涂灰色，并用绿漆标以“氩气”字样。氩气瓶的最大压力为 15MPa，容积一般为 40L。减压器用以减压和调压，通常采用氧气减压器即可。气体流量计是标定通过气体流量大小的装置。通常应用的有 LZB 型转子流量计、LF 浮子式流量计与 301-1 型浮标式组合减压流量计等。LZB 型转子流量计体积小，调节灵活，可装在焊机面板上，其构造如图 4-7 所示。LZB 型转子流量计的测量部分是由一个竖直的玻璃管与管内的浮子组成的。锥形管的大端在上，浮子可沿轴线方向上下移动。气体流过时，浮子的位置越高，表明氩气流量越大。电磁气阀是开闭气路的装置，由延时继电器控制，可起到提前供气和滞后停气的作用。

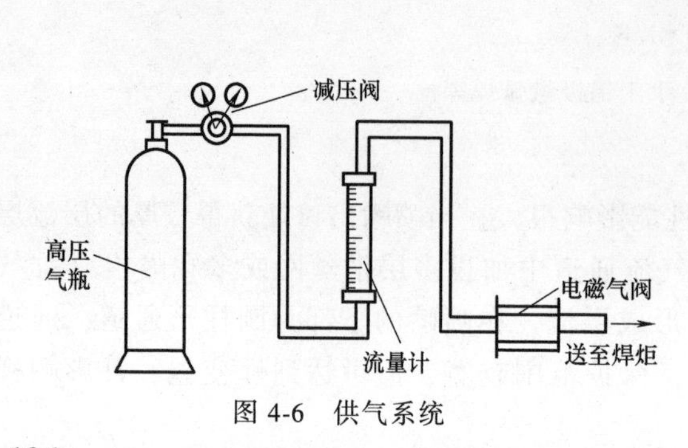

图 4-6　供气系统

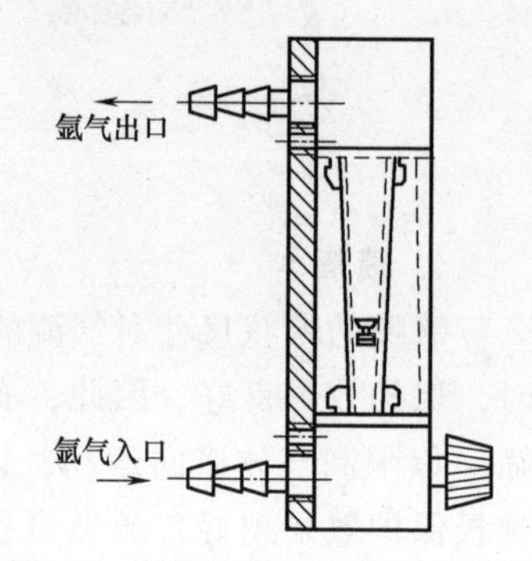

图 4-7　LZB 型转子流量计示意图

6. 水冷系统

通水的目的是用来冷却焊接电缆、焊枪和钨极的，如果电流小于150A时可不用水冷却，但当焊接电流大于150A时，则需要使用水冷式焊枪。为了保证焊接设备使用安全，在水路装有水压开关。当水流的压力太低，甚至断水时，水压开关的接点打开并切断电源，从而可避免焊枪的导电部分烧毁。

对于手工水冷式焊枪，通常将焊接电缆装入通水的软管中做成水冷电缆，这样可大幅度提高电流密度、减轻电缆重量，使焊枪更轻便。每种型号的焊枪都有安全使用电流，它是指水冷条件下的许用电流值。

7. 控制系统

氩弧焊的控制系统主要用来控制和调节气、水、电的各个工艺参数以及起动和停止焊接过程。为了获得优质焊缝，无论是手工TIG焊，还是自动TIG焊都必须有序地进行。通常对TIG焊程序控制系统的要求如下：

1）引弧前，必须用焊枪向起始焊点提前1.5~4s送气，以排除气管内和焊接区的空气。灭弧后应滞后5~15s停气，以保护尚未冷却的钨极与熔池。焊枪须待停气后才离开终焊处，以保证焊缝末端的质量。

2）焊接时，在接通焊接电源的同时，就起动引弧装置，应自动控制引弧器、稳弧器的起动和停止。

3）焊接开始时，为了防止大电流对熔池的冲击，可以使电流从较小的引弧电流逐渐上升到焊接电流。焊接即将结束时，焊接电流应能自动地衰减，直至电弧熄灭，以消除和防止产生弧坑及弧坑裂纹。

4）电弧引燃后即进入焊接，焊枪的移动和焊丝的送进应同时协调地进行。

5）用水冷式焊枪时，送水与送气应同步进行。

二、基本操作技术

手工钨极氩弧焊的基本操作技术主要包括引弧、送丝、运弧和填丝、焊枪的移动、接头、收弧、定位焊、左焊和右焊等。

1. 引弧

手工钨极氩弧焊的引弧方法有高频或脉冲引弧和接触引弧两种。

采用高频或脉冲引弧焊接开始时，如图4-8所示，先在钨极与工件之间保持3~5mm的距离，然后接通控制开关，在高压高频或高压脉冲的作用下，击穿间隙放电，使氩气电离而引燃电弧，能保证钨极端部完整，钨极损耗小，焊接质量高。

接触引弧需要用引弧板，以避免钨极污染工件。如图4-9所示，引弧板与钨极直接接触进行引弧。接触的瞬间产生很大的短路电流，钨极端部容易损坏，但焊接设备简单。

电弧引燃后，焊枪停留在引弧位置处不动，当获得一定大小、明亮清晰的熔池后，即可往熔池填丝，开始焊接。

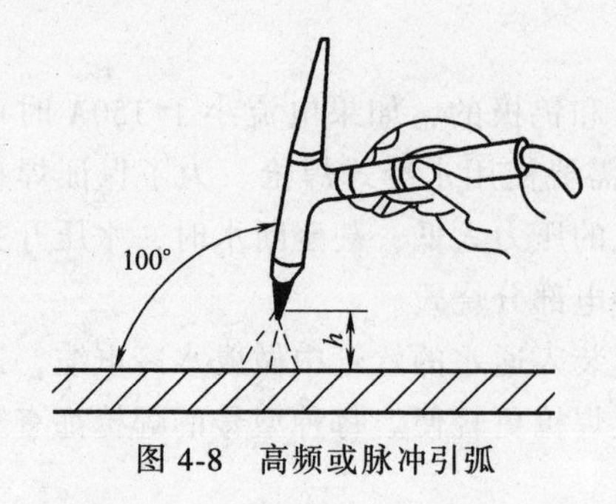

图 4-8　高频或脉冲引弧

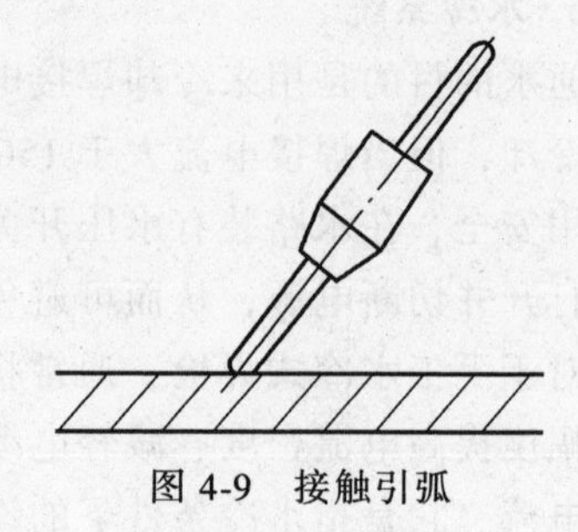
图 4-9　接触引弧

2. 送丝

手工钨极氩弧焊送丝方式可分为连续送丝、断续送丝两种。

（1）连续送丝　连续送丝可以采用以下四种方式：

1）捏托焊丝式，如图 4-10 所示，用左手的食指、拇指捏住焊丝，并用中指和虎口配合托住焊丝。送丝时，拇指和食指伸直，即可将捏住的焊丝端头送进电弧加热区，然后借助中指和虎口托住焊丝，迅速弯曲拇指和食指向上倒换捏住焊丝的位置。

2）配合送丝式，如图 4-11 所示，用左手的拇指、食指和中指相互配合送丝。这种送丝方式一般比较平直，手臂动作不大，无名指和小指夹住焊丝，控制送丝的方向，等焊丝即将熔化完时，再向前移动。

3）夹推送丝式，如图 4-12 所示，焊丝夹在左手大拇指的虎口处，前端夹持在中指和无名指之间，用大拇指来回反复均匀用力，推动焊丝向前送进熔池中，中指和无名指的作用是夹稳焊丝和控制及调节焊接方向。

4）捻送焊丝式，如图 4-13 所示，焊丝在拇指和中指、无名指中间，用拇指捻送焊丝向前连续送进。

图 4-10　捏托焊丝式

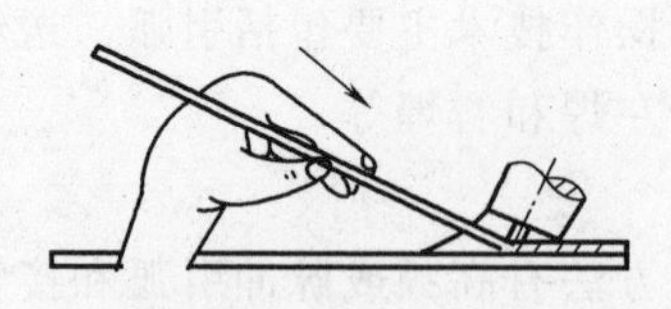
图 4-11　配合送丝式

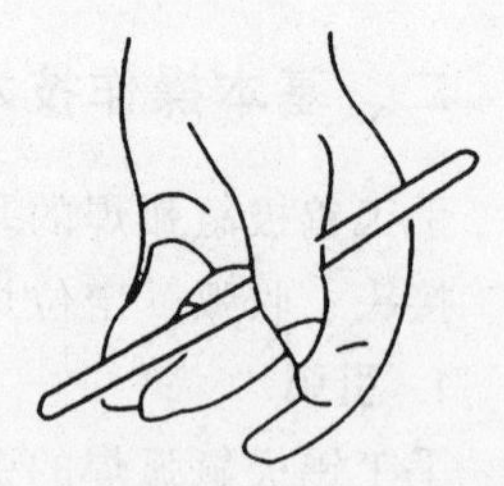
图 4-12　夹推送丝式

（2）断续送丝　断续送丝可以采用图 4-14 所示的方式。即断续送丝焊接时，送丝的末端始终处于氩气的保护区域内，靠手臂和手腕的上、下反复动作，将焊丝

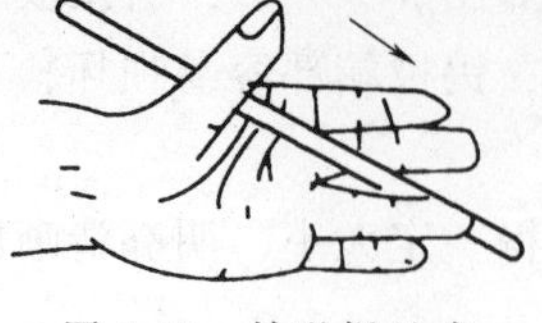
图 4-13　捻送焊丝式

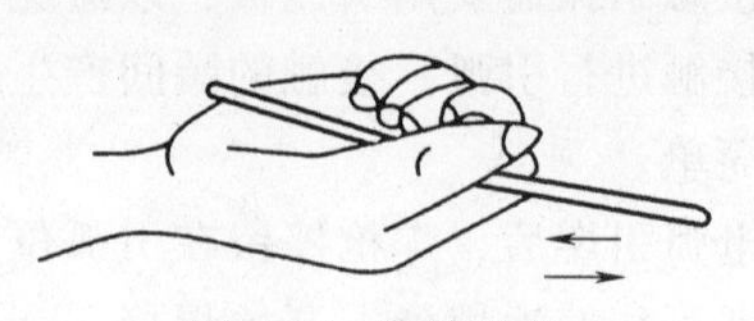
图 4-14　断续送丝

端部熔滴一滴一滴地送入熔池内。

3. 运弧和填丝

手工氩弧焊的运弧技术与气焊的焊炬运动有点相似，但要严格得多。焊枪、焊丝和工件相互间需保持一定的距离，如图 4-15 所示。焊接方向一般由右向左，环缝由下向上，焊枪以一定速度前移，其倾角与工件表面呈 70°~85°，焊丝置于熔池前面或侧面与工件表面呈 15°~20°。

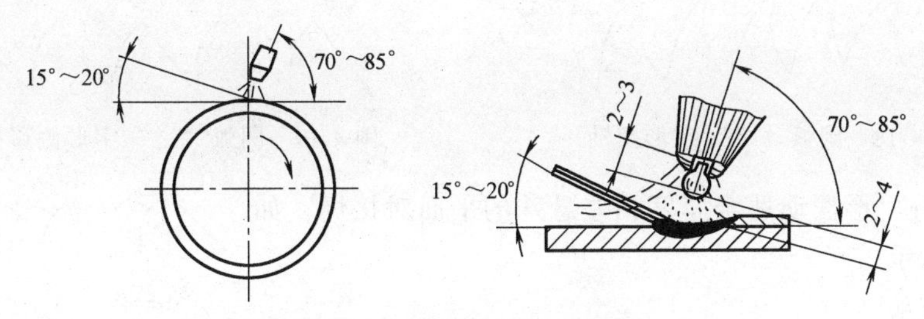

图 4-15 焊枪与焊丝的位置

焊丝填入熔池的方式：①焊丝做间歇运动。填充焊丝送入电弧区，在熔池边缘熔化后，再将焊丝重复送入电弧区。②填充焊丝末端紧靠熔池的前缘连续送入，送丝速度必须与焊接速度相适应。③焊丝紧靠坡口，焊枪运动，既熔化坡口，又熔化焊丝。④焊丝跟着焊枪做横向摆动。⑤反面填丝或称内填丝，焊枪在外，焊丝在里面。

为送丝方便，焊工应视野宽广，并防止喷嘴烧损，钨极应伸出喷嘴端面一定距离，焊铝、铜时为 2~3mm；管子打底焊时为 5~7mm；钨极端头与熔池表面距离 2~4mm。距离小，焊丝易碰到钨极。在焊接过程中，应小心操作，若操作不当，钨极与工件或焊丝相碰时，熔池会被“炸开”，产生一阵烟雾，造成焊缝表面污染和夹钨现象，破坏电弧的稳定燃烧。

4. 焊枪的移动

手工钨极氩弧焊焊枪的移动方式一般都是直线移动，也有个别情况下做小幅度横向摆动。

（1）直线移动 焊枪的直线移动有直线匀速移动、直线断续移动和直线往复移动三种。

1）直线匀速移动适合不锈钢、耐热钢、高温合金薄钢板焊接。

2）直线断续移动适合中等厚度（3~6mm）材料的焊接，如图 4-16 所示。

3）直线往复移动主要用于铝及铝合金薄板的小电流焊接，如图 4-17 所示。

图 4-16 直线断续移动　　图 4-17 直线往复移动

（2）横向摆动　焊枪的横向摆动有圆弧“之”字形摆动、圆弧“之”字形侧移摆动和“r”形摆动三种形式。

1）“之”字形摆动适合大的T形角焊缝、厚板搭接角焊缝、Y形及双Y形坡口的对接的特殊要求而加宽焊缝的焊接，如图4-18所示。

2）“之”字形侧移摆动适合不平齐的角焊缝、端焊缝，如图4-19所示。

图4-18　圆弧“之”字形摆动

图4-19　圆弧“之”字形侧移摆动

3）“r”形摆动适合厚度相差悬殊的平面对接焊，如图4-20所示。

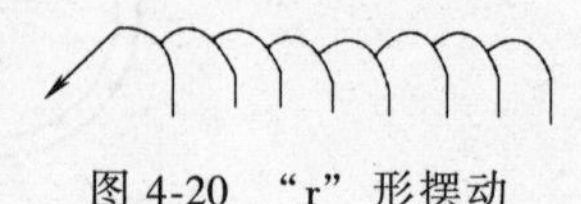

图4-20　“r”形摆动

5. 接头

焊接时不可避免会有接头，在焊缝接头处引弧时，应把接头处做成斜坡形状，不能有影响电弧移动的盲区，以免影响接头的质量。重新引弧的位置为距焊缝熔孔前10~15mm处的焊缝斜坡上。引弧后，与焊缝重合10~15mm，一般重叠处应减少焊丝或不加焊丝。

6. 收弧

焊接终止时要收弧，收弧不好会造成较大的弧坑或缩孔，甚至出现裂纹。常用的收弧方法有增加焊速法、焊缝增高法、电流衰减法和应用引出板法。

1）增加焊速法就是焊枪前移速度在焊接终止时要逐渐加快，焊丝给进量逐渐减少，直至工件不熔化时为止。焊缝从宽到窄，简易可行，但要求焊工技术熟练。

2）焊缝增高法与增加焊速法相反，焊接终止时，焊接速度减慢，焊枪向后倾斜角度加大，焊丝送进量增加，当熔池因温度过高，不能维持焊缝增高量时，可停弧再引弧，使熔池在不停止氩气保护的状态下，不断凝固，不断增高而填满弧坑。

3）电流衰减法，即焊接终止时，将焊接电流逐渐减小，从而使熔池逐渐缩小，达到与增加焊速法类似的效果。

4）应用引出板法，即将收弧熔池引到与工件相连的另一块板上去。焊完后，将引出板割掉。该方法适用于平板的焊接。

7. 左焊法和右焊法

（1）左焊法　在焊接过程中，焊丝与焊枪由右端向左端移动，焊接电弧指向未焊部分，焊丝位于电弧运动的前方，称为左焊法，如图4-21所示。如果在焊接过程中，焊丝与焊枪由左端向右施焊，焊接电弧指向已焊部分，填充焊丝位于电弧运动的后方，则称为右焊法，如图4-22所示。

左焊法操作简单方便，在焊接过程中，视野不受阻碍，便于观察和控制熔池情况。焊接电弧指向未焊部分，即可对未焊部分起预热作用，又能减小熔深，有利于

焊接薄件（特别是管子对接时的根部打底焊和焊接易熔金属）。

但采用左焊法焊接大工件，特别是多层焊接时，热量利用率低，影响熔覆效率。

(2) 右焊法　右焊法是电弧指向已凝固的焊缝金属，提高了热利用率。右焊法使熔池冷却缓慢，有利于改善焊缝金属组织，减少气孔、夹渣的可能性。右焊法时焊丝在熔池后方，影响焊工视线，不利于观察和控制熔池；无法在管道上（特别是小直径管）施焊，对焊工水平要求较高。

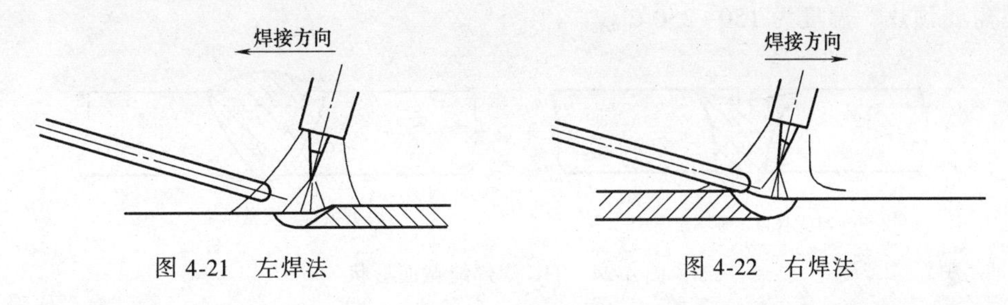

图 4-21　左焊法　　图 4-22　右焊法

8. 定位焊

为了防止焊接时工件受热膨胀引起变形，必须保证定位焊缝的距离。可根据板厚选择定位焊缝的间距，见表 4-3。定位焊缝将来是焊缝的一部分，必须焊牢，不允许有缺陷，如果该焊缝要求单面焊双面成形，则定位焊缝必须焊透。必须按正式的焊接工艺要求焊定位焊缝，如果正式焊缝要求预热、缓冷，则定位焊前也要预热，焊后要缓冷。

表 4-3　定位焊缝的间距　　（单位：mm）

板厚	0.5~0.8	1~2	>2
定位焊缝的间距	≈20	50~100	≈200

定位焊缝的余高不能太高，以免焊接到定位焊缝处接头困难，如果碰到这种情况，最好将定位焊缝磨低些，两端磨成斜坡，以便焊接时好接头。如果定位焊缝上发现裂纹、气孔等缺陷，应将该段定位焊缝打磨掉重焊，不允许用重熔的办法修补。

实践　薄平板对接焊

1. 操作准备

(1) 焊接设备　WSE-315 型焊机。

(2) 工件　材质为铝合金 6061，图样如图 4-23 所示。

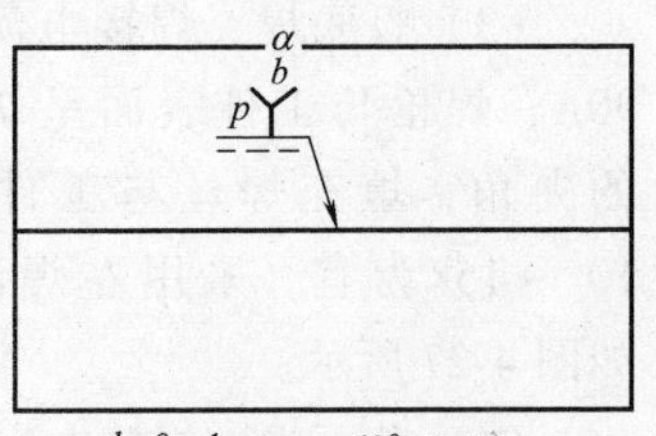

b=0～1mm, α=60°, p=1mm

图 4-23　铝合金薄板对接平焊图样

(3) 焊接材料　型号为 SAl5554，规格为 ϕ1.2mm。

(4) 辅助工具　气体流量计、Ar 气瓶、角向磨光机、敲渣锤、钢直尺、焊缝万能量规等。

2. 任务分析

TIG 焊最常见的应用是板材对接。当焊接厚度为 3mm 以下的薄板时，一般不需加工坡口和填充焊丝，工件装配后可以利用自身的熔化形成接头，这样所得到的焊缝表面实际上略有凹陷，如图 4-24a 所示，因此，有时也将工件卷边后装配焊接。在焊接厚度为 6mm 以上的厚板时，通常需要开坡口，并需加填充金属，形成的焊缝如图 4-24b 所示。在焊接厚度超过 10mm 的铝及铝合金时，为了保证焊透，还需要预热，温度为 150~250℃。

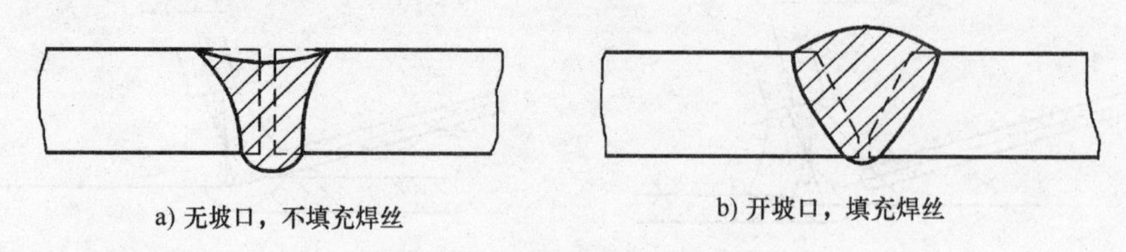

图 4-24　TIG 焊焊缝截面形状

3. 操作步骤

（1）焊前准备　采用 V 形坡口（铝板一侧加工出 30°坡口），锉钝边 1mm，并清除坡口面及其端部内外表面 20mm 范围内的油污、铁锈、水分与其他污物，直至露出金属光泽。坡口形式如图 4-25 所示。

（2）定位焊　先焊工件两端，然后在中间加定位焊焊点（定位焊时可以不添加焊丝，直接运用母材的熔合进行定位），要求保证不错边，并做适当的反变形，以减小焊后变形。定位焊如图 4-26 所示。

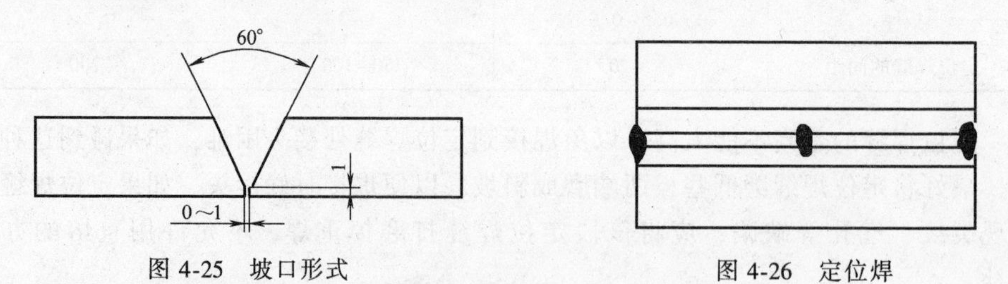

图 4-25　坡口形式

图 4-26　定位焊

（3）打底焊　焊接电流为 70~90A，焊枪与工件表面呈 70°~85°的夹角，填充焊丝与工件表面以 10°~15°为宜，采用左焊法焊接，如图 4-27 所示。

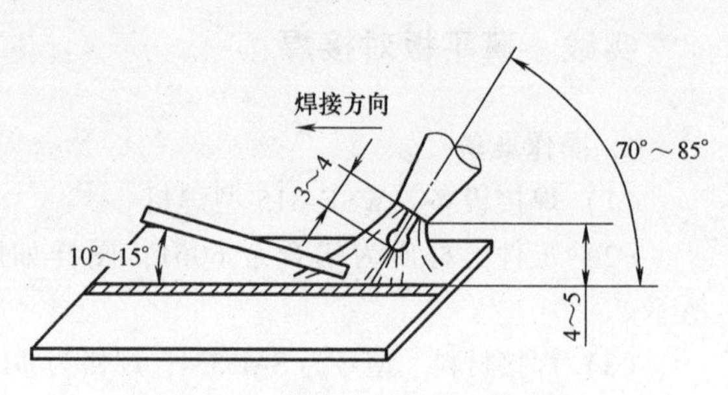

图 4-27　焊枪、焊丝与工件角度

（4）盖面焊　焊接电流为 100~120A，选择比打底焊时稍大些的钨极直径和焊丝。焊丝与工件间的角

度尽量减小，送丝速度相对快些。焊枪做小锯齿形摆动并在坡口两侧稍做停留，熔池超过坡口棱边 0.5～1mm 即可，如图 4-28 所示。

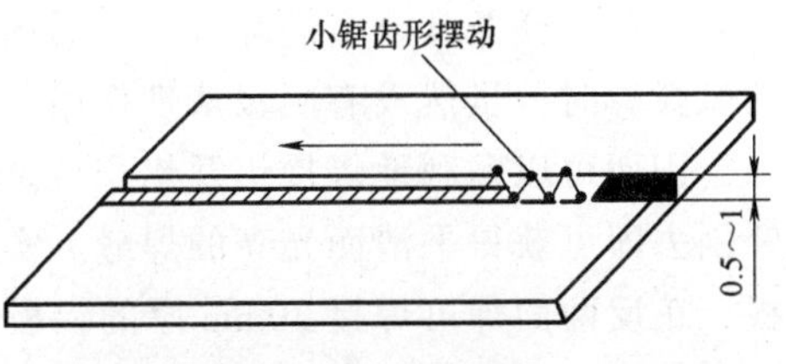

图 4-28　运条角度

4. 操作注意事项

1）观察熔池的大小。

2）焊接速度和填充焊丝应根据具体情况密切配合好。

3）应尽量减少接头。

4）要计划好焊丝长度，尽量不要在焊接过程中更换焊丝，以减少停弧次数。

任务二　管与管板对接焊

一、保护气体

TIG 焊用的保护气体主要是氩气、氦气及氩与其他气体的混合气体，其他如氖、氙、氪等惰性气体因太稀缺而不用于焊接。

1. 氩气

氩气（Ar）是无色无味的气体，比空气的密度大 25%，在平焊时用作焊接保护气体不易漂浮散失，有利于保护作用。氩在空气中的含量是 0.935%（按容积计），沸点为-186℃，介于氧和氮的沸点之间，是分馏液态空气制取氧气的副产品。氩气中有害的杂质是氧、氮及水蒸气，它们能使金属在焊接过程中被氧化和氮化，降低接头的质量与性能。工业纯氩的纯度可达 99.99%，完全能满足焊接铝、钛等活泼金属的要求。由于氩气的热导率很小，而且是单原子气体，高温时不分解吸热，因此在氩气中燃烧的电弧热量损失较少。氩弧焊时，电弧一旦引燃就很稳定，在各种保护气体中稳定性最好，一般电弧电压仅为 8～15V，因此氩气是 TIG 焊中使用最广泛的气体。但其电弧容易扩展，呈典型的钟罩形，加热不够集中。

2. 氦气

氦气（He）也是 TIG 焊中常用的保护气体。氩气的电离电压为 15.7V，而氦气为 24.5V，说明氦弧不如氩弧容易引燃和稳定。在一定的电流和弧长下，氩弧电压较低，而产生的热量较小，约只有氦弧的 2/3。显然，氦弧比氩弧更集中，并具有较大的熔透能力。两者比较而言，采用氩气保护有利于薄板焊接，当弧长发生较大变化时其热输入的变化较小，从而可以减少烧穿倾向，也有利于立焊和仰焊。对于厚板、热导率高或熔点较高的材料用氦气更为有利，在同样电弧功率的情况下氦弧焊可以使用比氩弧焊高 30%～40%的焊接速度，而不会产生咬边现象。但是氦气比氩气昂贵而且密度小，氦气的相对原子质量是氩气的 1/10，焊接时要获得同样的保护效果，氦气流量必须是氩气的 2～3 倍，显然成本很高，这限制了它在工业上的广泛应用。

对于铝、镁及其合金的焊接，氩弧的阴极清理作用比氦弧大。但是采用直流正接的氦弧焊时，虽然没有阴极清理作用，当电弧相当短时电子撞击也能得到同样的效果，因而可以顺利地焊接铝及铝合金。焊后焊缝表面有一层薄的氧化层，用刷子轻轻刷去即可获得平滑而光亮的焊缝。实践证明，氦弧焊可以单道焊接12mm厚的铝板，正反两面焊可焊接20mm厚的铝板，焊接速度两倍于钨极交流氩弧焊。直流正接时钨极受热温度低，向焊缝渗钨的危险大为减小。氦气电弧热量更集中，熔深大，焊缝窄，变形小，接头性能可以得到提高。

3. 混合气体

（1）$Ar-H_2$ 混合气体　氩-氢混合气体的应用范围只限于不锈钢、镍-铜合金和镍基合金，因为氢对许多其他材料会产生有害的影响。

氩-氢混合气体配比是一个复杂的问题，当焊接不锈钢，根部间隙在0.25~0.5mm时可以添加体积分数（浓度）达35%的氢。在焊接1.6mm不锈钢对接接头时，这种混合气最好采用体积分数为15%的氢。为获得比较清洁的焊缝，在手工钨极氩-氢混合气体保护焊时，有时以氢气的体积分数为5%较好。氢的添加量不宜过多，多了会产生气孔。

（2）$Ar-O_2$ 混合气体　Ar中加入活性气体 O_2 可用于碳钢、不锈钢等高合金和高强度钢的焊接。其最大的优点是克服了纯Ar保护焊接不锈钢时存在的液体金属黏度大、表面张力大而易产生气孔，焊缝金属润湿性差而引起咬边，阴极斑点漂移而产生电弧不稳等问题。焊接不锈钢等高合金钢及强度级别较高的高强度钢时，O_2 的含量应控制在1%~5%（体积分数）。用于焊接碳钢和低合金结构钢时，Ar中加入 O_2 的含量可达20%（体积分数）。

（3）$Ar-CO_2$ 混合气体　这种气体被用来焊接低碳钢和低合金钢，常用的混合比例为Ar80%+CO_2 20%（体积分数）。它既具有Ar弧稳定、飞溅小、容易获得轴向喷射过渡的优点，又具有氧化性。克服了氩气焊接时表面张力大、液体金属黏稠、阴极斑点易漂移等问题，同时对焊缝蘑菇形熔深有所改善。混合气体中随 CO_2 含量的增大，氧化性也增大，为获得较高韧性的焊缝金属，应配用含脱氧元素较多的焊丝。

（4）$Ar-CO_2-O_2$ 混合气体　用Ar80%+$CO_2$15%+$O_2$5%（体积比）的混合气体焊接低碳钢、低合金钢时，无论焊缝成形、接头质量以及金属熔滴过渡和电弧稳定方面都比前两种混合气体要好。

图4-29所示为用三种不同气体焊接时的焊缝断面形状示意图，可见用 $Ar+CO_2+O_2$ 混合气体时焊缝断面形状最理想。

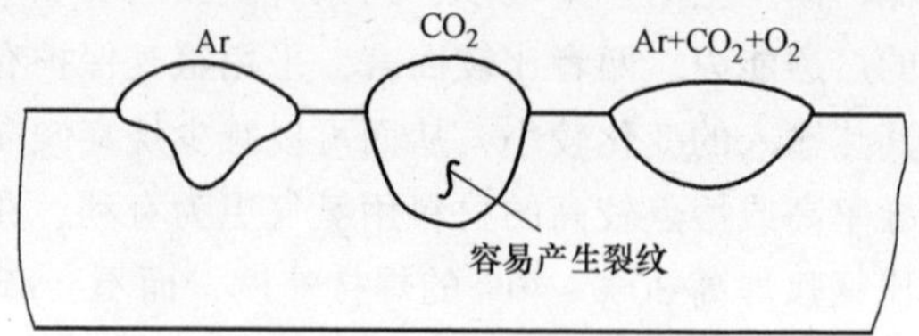

图4-29　三种不同气体焊接时焊缝断面形状

4. 保护气体的型号

根据GB/T 39255—2020《焊接

与切割用保护气体》的规定，气体型号按化学性质和组分等进行划分，保护气体的型号如下：

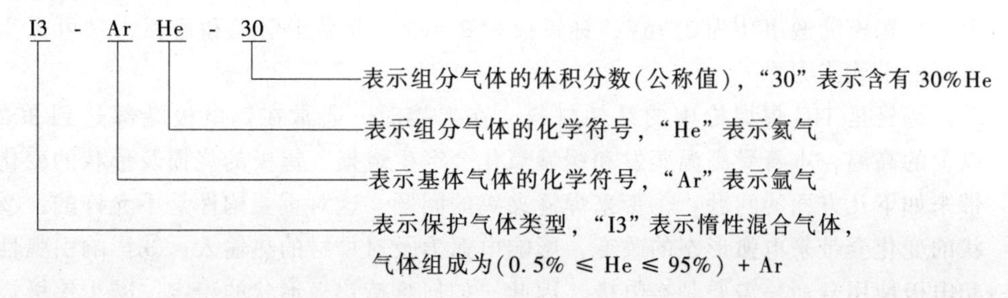

第一部分表示保护气体的类型代号，由大类代号和小类代号构成；第二部分表示基体气体和组分气体的化学符号/代号，按体积分数递减的顺序排列；第三部分表示组分气体的体积分数（公称值），按递减的顺序对应排列，用“/”分隔。

一般说来，氩气产生的电弧比较平稳，较容易控制且穿透不那么强。此外，氩气的成本较低，而且流量要求较小，从经济观点来看氩气更为可取，因此对于大多数用途来说，通常优先采用氩气。在焊接热导率高的厚板（如铝和铜）时，要求采用有较高热穿透性的氦气。另外，焊接不锈钢时可以在氩气或氦气中加入少量氢气；焊接铜及铜合金时，有些情况下也加入少量氮气。

在实际生产中有时采用氩-氦混合气体。氩气电弧稳定而柔和，阴极清理作用好；氦气电弧发热量大而集中，具有较大的熔深。如果两者混合使用就可同时具有两者的优点。按体积分数计算，以氦气占75%~80%，氩气占25%~20%比较有效。当用氩气保护焊接铝时，为了获得较大的熔深而加入氦气。随着氦气的加入量增加，熔深也随之增加。实际使用时，以加至达到所需熔深为准。

氩-氢混合气体只用于焊接不锈钢和镍基合全。使用氩-氢混合气体的目的是提高焊接速度（因为能提高电弧电压从而提高电弧热功率）和有助于控制焊缝金属成形，使焊道更均匀美观。按体积分数计算，氢气含量一般≤15%。当焊接厚度为1.6mm 以下的不锈钢对接接头时，焊接速度比纯氩弧焊快50%。氢气添加量过多会引起气孔，手工 TIG 焊时以5%（体积分数）为好。

二、钨极

1. 对电极的要求及钨极性能

TIG 焊工艺中，用何种钨极材料作为电极是一个重要的问题，它对钨极材料的损耗、电弧的稳定性和焊接质量都有很大的影响。对钨极的要求，一般应满足三个条件：①引弧及稳弧性能好；②耐高温、不易损耗；③电流容量大。

钨（W）的电子逸出功为4.54eV，高于铝、钾等材料，与铁相当，这对电子发射不利，但因为其熔点比其他金属高，在高温时有强烈的电子发射能力，因此是一种目前最好的非熔化电极的材料。钨的纯度约为99.5%（质量分数），当在钨中加入微量逸出功较小的稀土元素，如钍（Th）、铈（Ce）、锆（Zr）等，或它们的氧化物，如氧化钍（ThO_2）和氧化铈（CeO_2）等，则能显著地提高电子发射能力。钍钨极的逸出功为2.7eV，铈钨极为2.4eV，既易于引弧和稳弧，又可提高其电流的承载能力。

钨极是TIG焊焊枪中的易耗材料。在焊接时，通常在钨电极端部达到3000K以上的高温，本身受高温蒸发和缓慢氧化会产生烧损。钨极的烧损及形状的变化会带来如下几方面的问题：①带来焊缝夹钨的问题，这对重要构件是不允许的；②形状的变化会带来电弧形态的改变，影响电弧力及对母材的热输入；③影响引弧性能和电极使用寿命，需要频换电极。因此，如何维持钨极形状的稳定，减少钨极烧损是很重要的，这就需要合理选择钨极材料。

2. 钨极材料

钨极是氩弧焊的一个电极，通常情况下是接电源的负极。钨极材料质量的优劣直接影响焊接质量的高低。

钨是一种难熔的金属材料，能耐高温，其熔点为3683K±20K，沸点为6200K，导电性好，强度高。氩弧焊时，钨极作为电极，起传导电流、引燃电弧和维持电弧正常燃烧的作用。要求钨极除应耐高温、导电性好、强度高外，还应具有很强的发射电子能力（引弧容易，电弧稳定）、电流承载能力大、寿命长、抗污染性好。钨极必须经过清洗抛光或磨光。清洗抛光指的是在拉拔或锻造加工之后，用化学清洗方法除去表面杂质。

钨极按其化学成分分类，有纯钨极（牌号是W1、W2）、钍钨极（牌号是WTh-7、WTh-10、WTh-15）、铈钨极（牌号是WCe-20）、锆钨极（牌号为WZr-15）和镧钨极五种。目前，钨极的牌号没有统一的规定，根据其化学元素符号及化学成分的平均含量来确定牌号是比较流行的一种。制造商按长度范围供给76~610mm的钨极。常用钨极的直径为0.5mm、1.0mm、1.6mm、2.0mm、2.5mm、3.2mm、4.0mm、5.0mm、6.3mm、8.0mm、10mm多种。

（1）纯钨极　与钍钨极、锆极相比，纯钨极要发射出等量的电子，需要有较高的工作温度，在电弧中的消耗也较多，需要经常重新研磨。一般在交流TIG焊中使用，虽然是交流电弧，也很稳定。在正常使用状态下，前端稍有熔化，呈现较好的半球状，随后形状的保持比较容易。纯钨材料自身熔点高，在交流负半波更能抗烧损，因此，当钨极不需要保持一定的前端角度形状时可以使用纯钨极。

（2）钍钨极　钍（Th）的熔点（2008K）不是很高，但是ThO_2的熔点为3327K，接近钨的熔点。钍钨极是在钨材料中加入质量分数为1%~2%的ThO_2，这使电子发射所需要的能量显著降低。与纯钨极比较，能够在较低的温度下发射出同等程度的电子数目，因而电弧容易引燃，并且电极的许用电流值增加，即相同直径的电极可以流过较大的电流。一般用于TIG直流正接焊接。电极前端的熔化、烧损也少于纯钨极。然而，在直流反接或交流焊接中，钍钨极效果不明显，在铝合金交流焊接中，还会增加直流分量。由于钍元素具有一定的放射性，因此应用受到一定限制。

(3) 铈钨极　在纯钨材料中加入少量微放射性稀土元素铈（Ce）的氧化物（CeO_2）就做成了铈钨极，加入量通常为1%~2%（质量分数）。铈钨极是我国首先试制并应用的。国际标准化组织焊接材料分委员会根据我国应用铈钨极的情况，已经把铈钨极列入非熔化极标准中，并确定其代号为WCe。

(4) 其他电极　其他电极包括锆钨极、镧钨极和钇钨极等。锆钨极中氧化锆（ZrO）含量为0.15%~0.40%（质量分数），通常是以烧结的方式制造成棒材，然后对表面进行化学研磨或机械研磨。它具有适当的硬度、均匀的直径和清洁的表面。锆钨极在电弧中的烧损较小，在需要特别防止电极对母材产生污染时可以使用锆钨电极。锆钨电极也适合于在交流焊接中使用，因为锆钨电极形状的保持性良好。此外，人们正在研制的电极还有镧钨极（W+1% LaO_2）、钇钨极（W+2% Y_2O_3）等，也适合于在中、大电流和交流焊接中使用，具有烧损小的特点。

3. 钨极的载流量

钨极的载流量又称钨极的许用电流。钨极载流量的大小主要由直径、电流种类和极性决定。如果焊接电流超过钨极的许用值时，会使钨极强烈发热、熔化和蒸发，从而引起电弧不稳定，影响焊接质量，导致焊缝产生气孔、夹钨等缺陷，同时焊缝的外形粗糙不整齐。

4. 钨极端头的几何形状

钨极端部形状对焊接电弧燃烧稳定性及焊缝成形影响很大。使用交流电时，钨极端部应磨成半球形；在使用直流电时，钨极端部呈锥形或截头锥形，易于高频引燃电弧，并且电弧比较稳定。钨极端部的锥度也影响焊缝的熔深，减小锥角可减小焊道的宽度和增加焊缝的熔深。常用的钨极端部几何形状如图4-30所示。

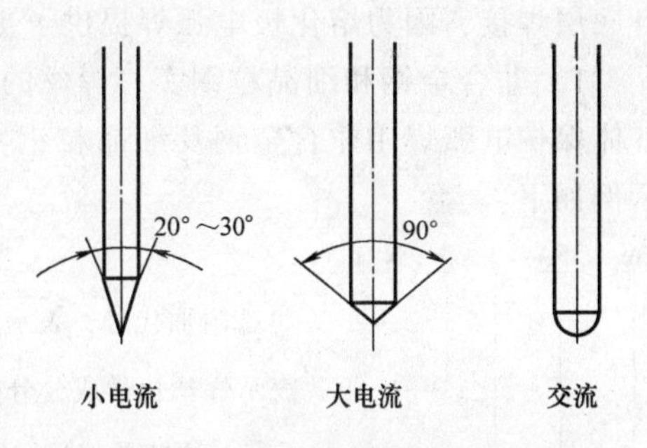

图4-30　常用钨极端部几何形状

磨削钨极应采用专用的硬磨料精磨砂轮，应保持钨极磨削后几何形状的均一性。磨削钨极时，应采用密封式或抽风式砂轮机，磨削时应戴好口罩和防护镜。

三、焊丝

手工钨极氩弧焊时，焊丝是填充金属，与熔化的母材混合形成焊缝。

薄板TIG焊可以不加填充金属，厚板的TIG焊须采用带坡口的接头，因此焊接时需用填充金属。手工TIG焊用的填充金属是直棒（条），其直径范围为0.8~6mm，长度在1m以内，焊接时用手送向焊接熔池；自动TIG焊用的是盘状焊丝，其直径最小为0.5mm，大电流或堆焊用的焊丝直径可达5mm。

一般要求焊丝的化学成分与母材相同，这是因为在惰性气体保护下焊接时不会发生金属元素的烧损，母材和填充金属熔化后其成分基本不变。因此，在对焊缝金属没有特殊要求的情况下，可以采用从母材剪下一定规格的条料，或采用成分与母材相当的标准焊丝作为填充金属。

为了满足特殊接头尺寸形状的需要，可以专门设计可熔夹条（又称接头插入件）。由于焊接时夹条也熔入熔池并成为焊缝的组成部分，故也视为填充金属。实质上使用可熔夹条是对接接头单面焊双面成形工艺中采取的一种特殊措施。焊前把它放在接头根部，焊接时被熔透，从而获得良好的背面成形。在管子对接中常采用，有些兼起定位作用。可熔夹条的材质与母材相同，其断面形状由用途决定，有些已规格化而专门制造。

1. 焊丝的分类

手工氩弧焊时，焊丝可根据成分、形态和焊接方法等分类。

1）按成分分为非合金钢焊丝、细晶粒钢焊丝、不锈钢焊丝和有色金属焊丝（如 Cu 焊丝 、Ti 焊丝 、Al 焊丝等）。

2）按形态分为实心焊丝和药芯焊丝等。

3）按焊接方法　分为手工焊焊丝、半自动焊焊丝和自动焊焊丝等。

2. 焊丝的牌号与型号

（1）非合金钢和细晶粒钢焊丝　非合金钢和细晶粒钢焊丝通常只用于管道的打底层焊接，因为熔化极电弧焊提供了更高的效率和焊接材料的多样性。

1）非合金钢和细晶粒钢实心焊丝的型号。根据 GB/T 39280—2020《钨极惰性气体保护电弧焊用非合金钢及细晶粒钢实心焊丝》的规定，焊丝型号的表示方法示例如下：

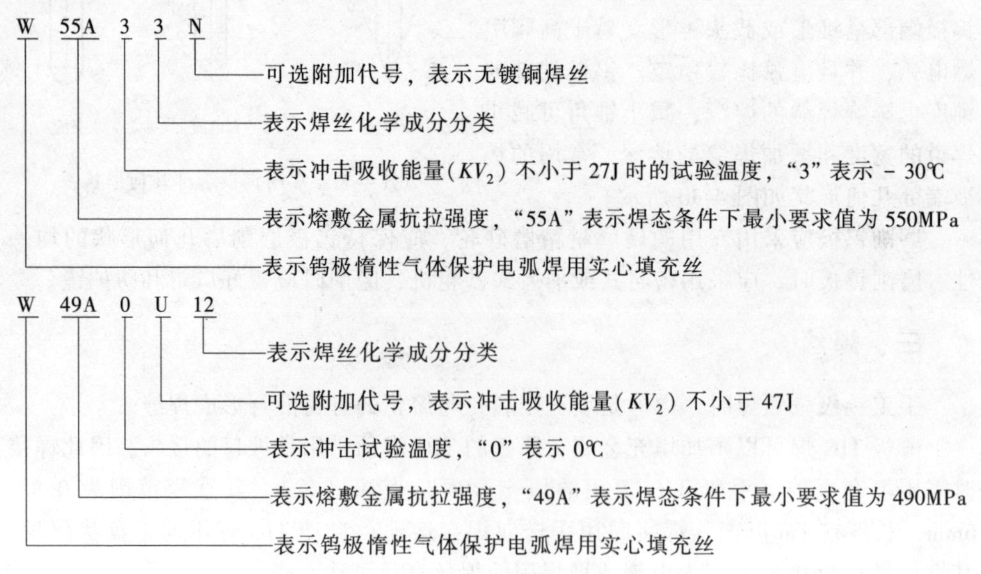

第一部分用字母“W”表示钨极惰性气体保护电弧焊用实心填充丝；第二部分表示在焊态、焊后热处理条件下，熔敷建设的抗拉强度代号；第三部分表示冲击吸收能量（KV_2）不小于27J时的实验温度代号；字母“U”，附加在第三部分之后，表示在规定的试验温度下，冲击吸收能量（KV_2）不小于47J；第四部分表示焊丝化学成分分类；无镀铜代号“N”，附加在第四部分之后，表示无镀铜焊丝。

对于氩弧焊实心焊丝，其技术要求比对焊条的要求要多。焊丝尺寸及表面质量应符合GB/T 25775—2010的规定。一般有常规项目、特殊要求、镀铜层的质量、焊丝挺度和抗拉强度、松弛直径和翘距等方面的要求。

特殊要求为了保证焊接过程能够连续稳定完成，对影响送丝的有关因素也有规定。它要求焊丝表面必须光滑平整，不应该有毛刺、划痕、锈蚀和氧化皮，也不应有其他对焊接性能和焊接设备操作有不良影响的杂质。同时对焊丝直径也有要求，要求焊丝直径检验用精度为0.01mm的量具在同一位置互相垂直的方向测量，测量部位不少于两处。若焊丝直径太大，不仅会增加送丝的阻力，而且会增大焊丝嘴的磨损；若焊丝直径太小，不仅会使焊接电流不稳定，而且会增大焊丝端部的摆动，影响焊缝的美观。

另外，焊丝表面的镀铜层必须均匀牢固。焊丝镀铜层太薄或不牢固，对焊接质量有很大的影响。如果镀铜层不牢固，送焊丝时，焊丝表面和送丝（弹簧钢丝）软管摩擦，镀铜层会被刮下来并堆积在送丝软管里面，不仅增加了送丝的阻力，而且使焊接过程中电弧不稳定，影响焊缝的成形，严重时，被刮下来的镀铜粉末落入熔池还会改变焊缝的化学成分。此外，若镀铜层太薄或不牢固，在存放过程中焊丝表面容易生锈，也会影响焊接质量。

2）非合金钢及细晶粒钢药芯焊丝的型号。根据GB/T 10045—2018《非合金钢及细晶粒钢药芯焊丝》的规定，焊丝型号的表示方法示例如下：

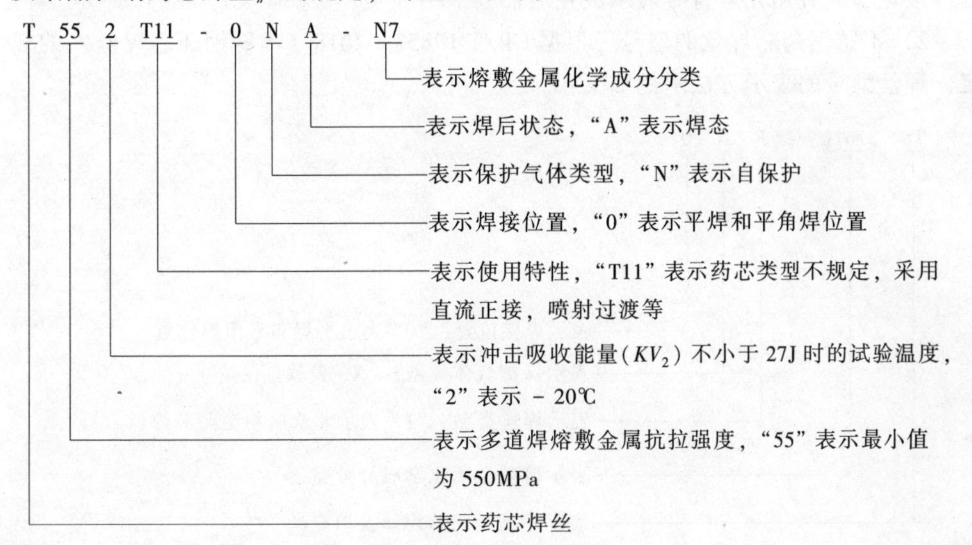

第一部分用字母“T”表示药芯焊丝；第二部分表示用于多道焊时焊态或焊后热处理条件下，熔敷金属的抗拉强度代号，或表示单道焊时焊态条件下，焊接接头的抗拉强度代号；第三部分表示冲击吸收能量（KV_2）不小于27J时的实验温度代号；第四部分表示使用特性代号；第五部分表示焊接位置代号；第六部分表示保护气体类型代号；第七部分表示焊后状态代号；第八部分表示熔敷金属化学成分分类。

（2）不锈钢焊丝　不锈钢主要用于耐蚀性场合，不锈钢实心焊丝分类的依据是化学成分。

1）不锈钢实心焊丝的型号　根据GB/T 29713—2013《不锈钢焊丝和焊带》的规定，焊丝型号的表示方法如下：

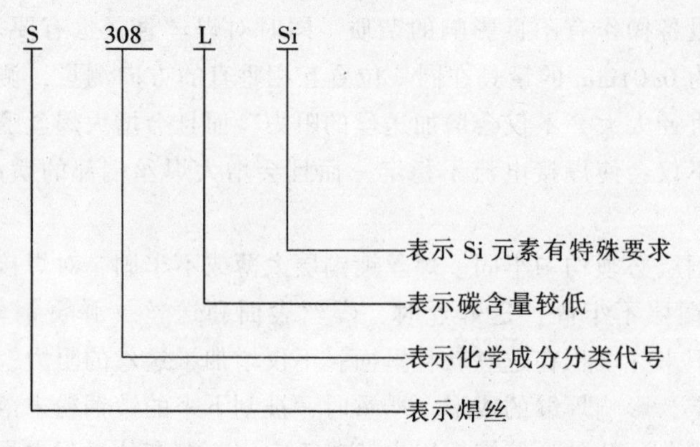

第一部分的首位字母表示产品分类，其中“S”表示焊丝，“B”表示焊带；第二部分为字母“S”或字母“B”后面的数字或数字与字母的组合表示化学成分分类，“L”表示碳含量较低，“H”表示碳含量较高，如有其他特殊要求的化学成分，该化学成分用元素符号表示放在后面。

2）不锈钢药芯焊丝的型号　根据GB/T 17853—2018《不锈钢药芯焊丝》的规定，焊丝型号的表示方法示例如下：

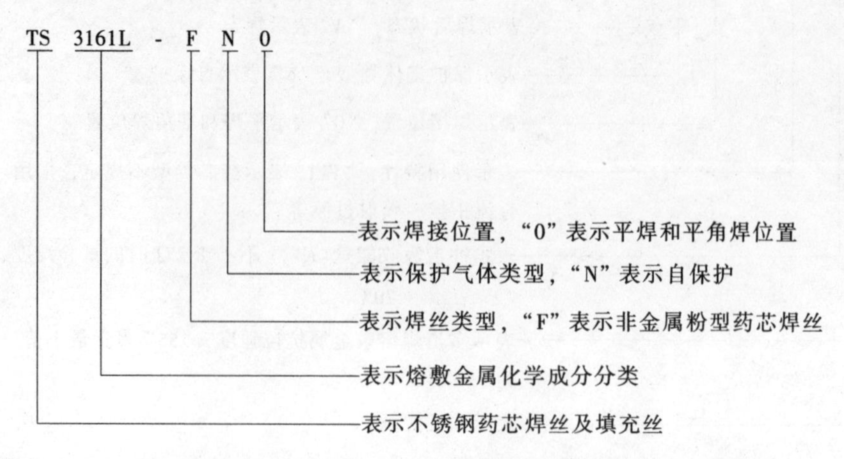

第一部分用字母“TS”表示不锈钢药芯焊丝及填充丝；第二部分表示熔敷金属化学成分分类；第三部分表示焊丝类型代号；第四部分表示保护气体类型代号；第五部分表示焊接位置代号。

(3) 铝及铝合金焊丝　铝及铝合金的焊接常用母材成分相近的焊丝。在纯铝焊丝中加入 Fe、Si 元素，以防形成热裂纹；对有腐蚀要求的焊缝，应选取纯度高一级的纯铝焊丝；为弥补铝镁合金焊接时镁的烧损，焊丝中镁含量要比母材高出 1%~2%。加入 0.05%~0.20%（质量分数）的钛，能细化晶粒，使硬铝焊缝具有一定的抗裂性，但接头强度较低。常用的铝及铝合金焊丝的型号有纯铝焊丝（SAl1070、SAl1100、SAl1200）、铝镁焊丝（SAl5554、SAl5654、SAl5183、SAl5556）、铝铜焊丝（SAl2319）、铝锰焊丝（SAl3103）、铝硅焊丝（SAl4043、SAl4047）。根据 GB/T 10858—2008《铝及铝合金焊丝》的规定，焊丝型号的表示方法示例如下：

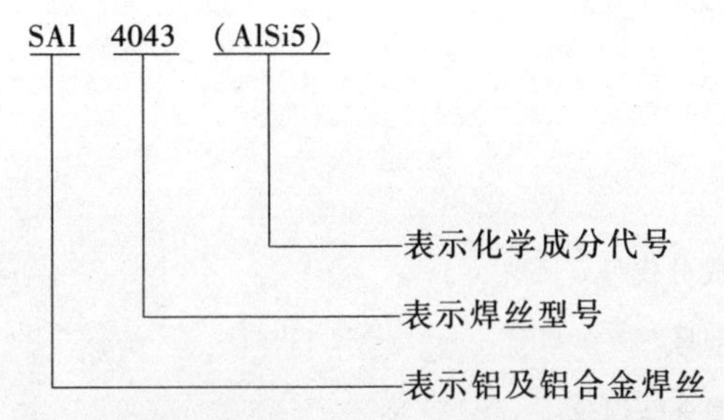

第一部分为字母“SAl”，表示铝及铝合金焊丝；第二部分为四位数字，表示焊丝型号；第三部分为可选部分，表示化学成分代号。

(4) 钛及钛合金焊丝　根据 GB/T 30562—2014《钛及钛合金焊丝》的规定，焊丝型号的表示方法示例如下：

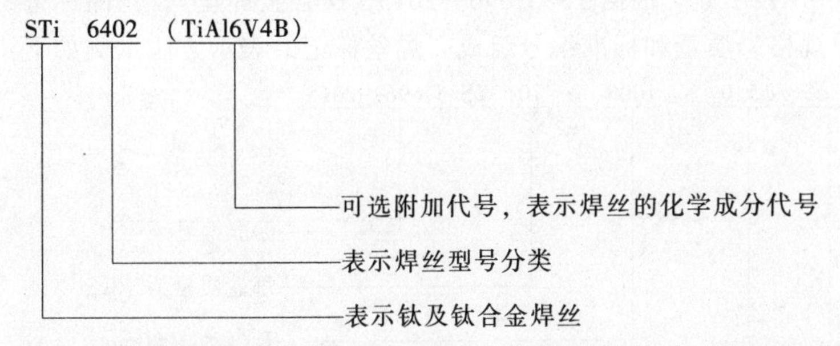

第一部分表示产品分类，用“STi”表示钛及钛合金焊丝；第二部分四位数字表示焊丝型号分类，前两位数字表示合金类别，后两位数字表示同一合金类别中基本合金的调整；括号形式表示附加焊丝的化学成分代号。

(5) 镍及镍合金焊丝　镍及镍合金焊丝的型号有 SNi1008（NiMo19WCr）、SNi4060（NiCu30Mn3Ti）、SNi6082（NiCr20Mn3Nb）等。根据 GB/T 15620—2008《镍及镍合金焊丝》，焊丝型号的表示方法示例如下：

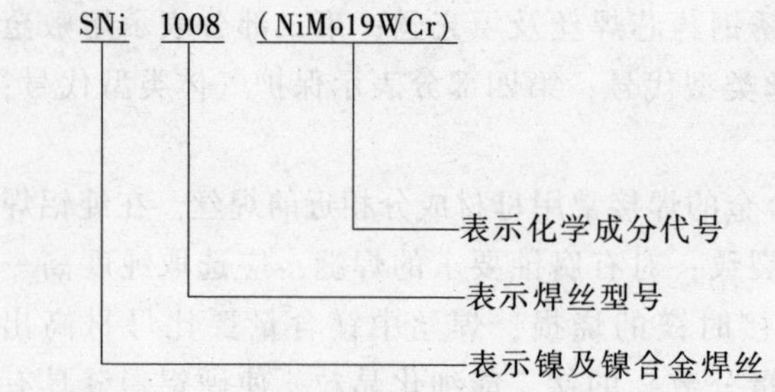

第一部分用字母"SNi"表示镍焊丝；第二部分四位数字表示焊丝型号；第三部分表示可选部分，表示化学成分代号。

(6) 铜及铜合金焊丝　纯铜焊丝用于脱氧铜和电解铜的焊接，其导电和传热性能较接近。铜及铜合金焊丝的常用型号有 SCu1898（CuSn1）、SCu4700（CuZn40Sn）等。根据 GB/T 9460—2008《铜及铜合金焊丝》，焊丝型号的表示方法示例如下：

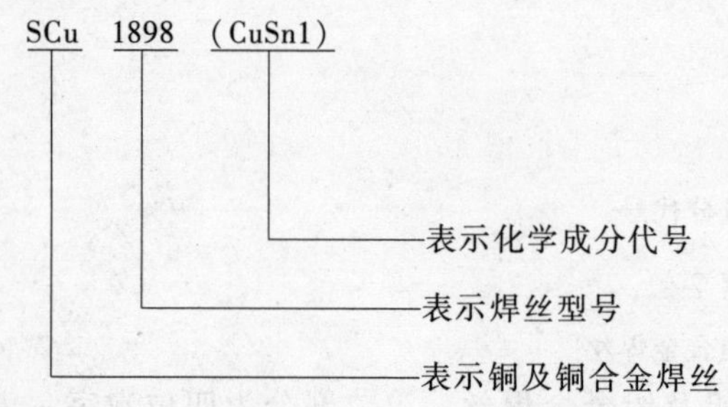

第一部分用字母"SCu"表示铜及铜合金焊丝；第二部分四位数字表示焊丝型号；第三部分表示可选部分，表示化学成分代号。

(7) 镁合金焊丝　镁合金焊丝的常用牌号有 Mg99.95、AZ40M、AZ31B、AZ61A、AZ101A、AZ92A 等。根据 YS/T 696—2015《镁合金焊丝》，产品标记由类别、牌号、级别、规格、质量和标准编号组成，焊丝标记的表示方法示例如下：

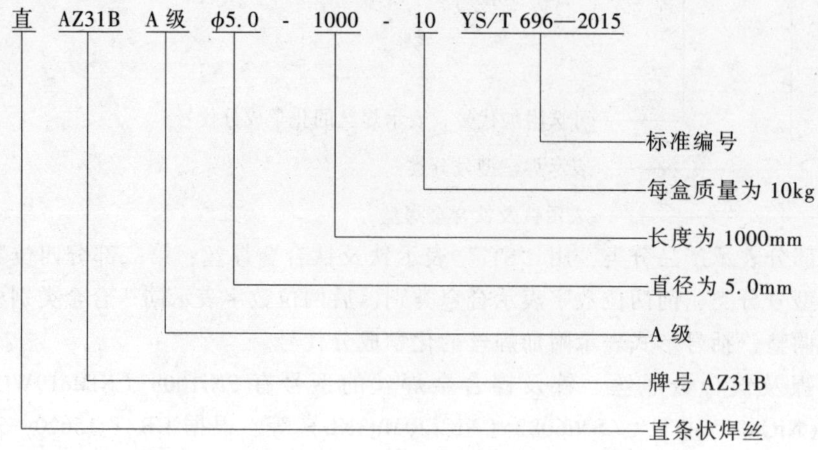

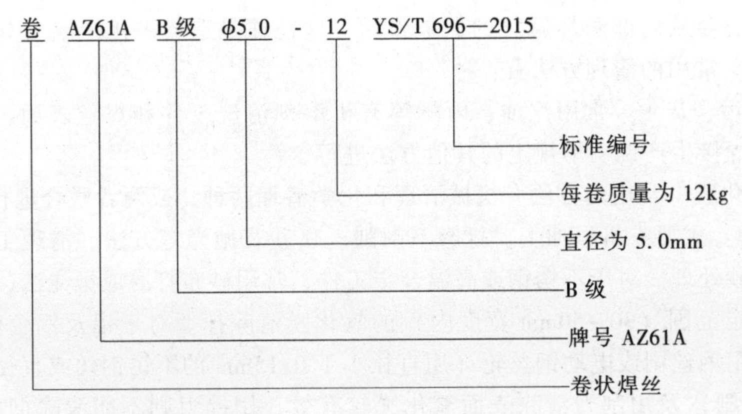

3. 焊丝的使用与保管

氩弧焊应使用质量符合相应国家标准的焊丝，应有制造厂的质量合格证书；对无合格证书或对其质量有怀疑时，应按批（或盘）进行检验，特别是非标准生产出来的专用焊丝，须经焊接工艺性能评定合格后方可投入使用。

焊丝一般应与母材的化学成分相近，不过从耐蚀性、强度及表面形状考虑，焊丝的成分也可与母材不同。异种母材（奥氏体不锈钢与非奥氏体不锈钢）焊接时所选用的焊丝，应考虑焊接接头的抗裂性和碳扩散等因素。如果异种母材的组织接近，仅强度级别有差异，则选用的焊丝合金含量应介于两者之间，当有一侧为奥氏体不锈钢时，可选用镍含量较高的不锈钢焊丝。

焊丝应按类别、规格存放在清洁、干燥的仓库内，并有专人保管。焊工领用焊丝时，应凭所焊产品的领用单，以免牌号和规格用错。领用焊丝后应及时使用，如果放置时间较长，应重新清理干净才能使用。

氩弧焊焊丝在使用前应采用机械方法或化学方法清除其表面的油脂、锈蚀等杂质，并使之露出金属光泽。

四、坡口形式及焊前清理

1. 坡口形式

手工钨极氩弧焊坡口的形状和尺寸取决于工件的材质、厚度和工作要求。常见的坡口有卷边坡口、I形坡口、V形坡口、Y形坡口、X形坡口及K形坡口等。加工坡口的方法有火焰切割、碳弧气刨、机械加工和等离子弧切割等。

2. 焊前清理与保护

氩气是惰性气体，在焊接过程中既不与金属发生化学作用，也不溶解于金属中，这为获得高质量焊缝提供了良好条件。但是氩气不像还原性气体或氧化性气体那样具有脱氧或去氢能力，因此TIG焊过程对污染极为敏感。为了确保焊接质量，焊前必须将工件和焊丝等清理干净，不残留污染物。需清除的污染物有油脂、油漆、涂层、加工时用的润滑剂、尘土和氧化膜等。如果采用工艺垫板，同样也要进行清理，否则它们会从内部破坏氩气的保护作用，这往往是造成焊接缺陷（如气孔）的重要原因。常用的清理方法有：

（1）清除油污、灰尘　常用汽油、丙酮等有机溶剂清洗工件和焊丝表面，然后擦干。也可按焊接生产说明书规定的其他方法进行。

（2）清除氧化膜　常用的方法有机械清理和化学清理两种，或两者联合进行。

1）机械清理：主要有机械加工、打磨、刮削、喷砂及抛光等方法。清理工作量较大的宜用喷砂处理。对于不锈钢或高温合金工件，常用砂布打磨或抛光法，将工件接缝两侧一定范围（30~50mm 宽度内）的氧化膜清除掉。对于铝及铝合金，由于材质较软，用钢丝刷或电动钢丝轮（用直径小于 0.15mm 的不锈钢丝或直径小于 0.1mm 的钢丝刷）及用刮刀清除表面氧化膜较有效，用锉刀则不能清除彻底。但这些方法生产率低，因此成批生产时常用化学清理。

2）化学清理：用于铝、镁、钛及其合金等有色金属的工件与焊丝表面的氧化膜清理时效果好，且生产率高，适宜于对小工件及焊丝等体积不大的对象在大批量的清理。

铝及铝合金的化学清理工序是先清洗油脂，然后进行脱氧处理。当金属表面氧化膜较厚，用化学清理难以去除或者化学清理局部不彻底时，还需要用机械清理。

清理后宜立即焊接，或者妥善放置与保管工件和焊丝，一般应在 24h 内焊接完。为防止再次沾上油污，通常焊前再用酒精或丙酮在坡口处擦一遍。当大型工件的生产周期较长时，为保证焊缝质量，必须在焊前重新清理。

3）化学-机械清理：对于质量要求更高的工件，可以采用联合清理的方法，即先用化学清理法，焊前再对焊接部位进行机械清理。

实践　管与管板垂直固定焊

1. 操作准备

（1）焊接设备　ZX5-400 型焊机。

（2）工件　管板材质为 20R 钢，换热管材质为 10 钢，接头形式如图 4-31 所示。

（3）焊接材料　焊丝型号为 W49AYU10，规格为 ϕ2.0mm。

（4）辅助工具　气体流量计、Ar 气瓶、角向磨光机、敲渣锤、钢直尺、焊缝万能量规等。

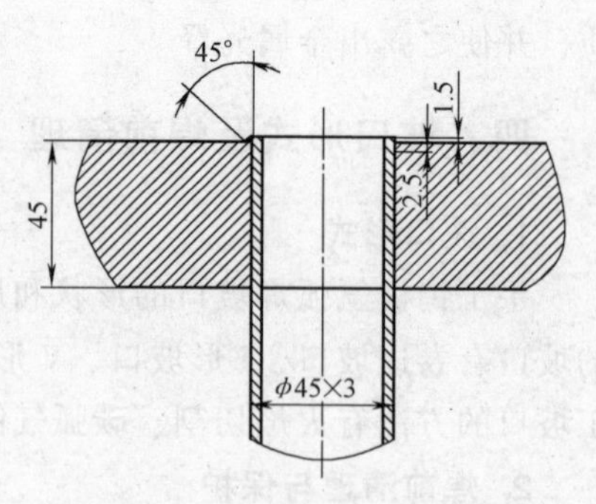

图 4-31　管板焊接接头形式

2. 任务分析

换热管与管板的焊接接头质量好坏直接影响换热器制造质量。一方面接头质量不好容易发生泄漏，影响换热器的正常使用；另一方面，若是管板因焊接产生过大的变形，则会影响到管板与设备法兰密封面的密封效果。因此，管板焊接除要制订合理的焊接工艺外，还应采取相应措施来控制焊接变形。

3. 操作步骤

(1) 焊前准备

1) 管子开单 V 形坡口 (45°), 直角边边长为 2.5mm, 并清除管板两侧及坡口面内外表面 20mm 范围内的油污、铁锈、水分与其他污物, 直至露出金属光泽。坡口形式如图 4-32 所示。

2) 氩弧焊用的焊丝在焊接前必须清除表面的氧化皮、铁锈、油污以及用丙酮去污。

(2) 定位焊 装配工件时要保证间隙均匀, 高低平整, 错边量≤1mm, 且定位焊缝质量与主焊缝质量要求一致, 必要时采用专用工装、夹具。每根管定位焊两次, 定位焊位置如图 4-33 所示的 3 点和 9 点位置。

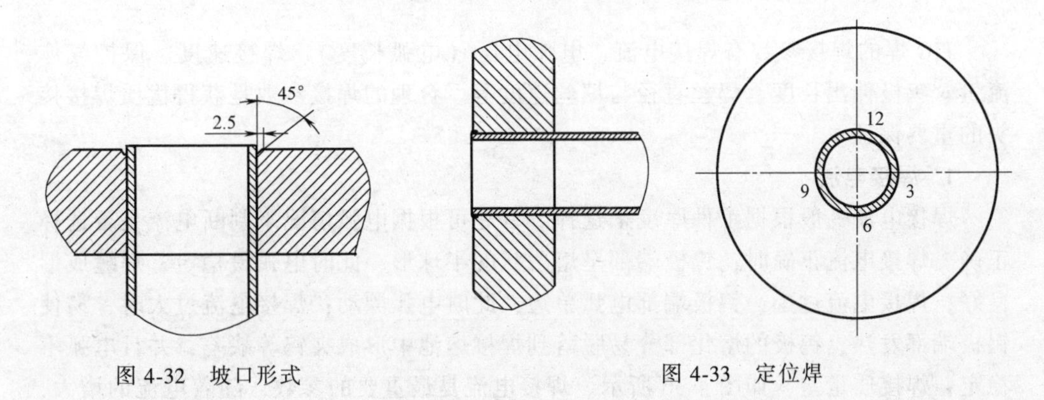

图 4-32 坡口形式　　图 4-33 定位焊

(3) 焊接

1) 焊接位置为水平位置, 焊接时引弧和熄弧应远离定位焊焊缝并错开 90°, 即远离图 4-33 中的 3 点或 9 点位置, 并将定位焊焊缝重熔形成焊缝, 由于管板较厚, 电弧应尽量对着管板一侧。

2) 起弧和收弧位置如图 4-34 所示。从 11 点位置起弧, 顺时针旋转焊接一周后在 3 点位置收弧, 返回 11 点起弧位置, 准备第二层焊接。焊枪角度如图 4-35 所示。

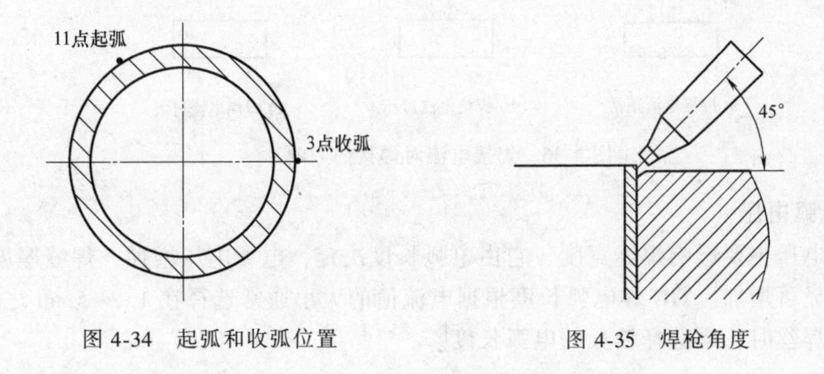

图 4-34 起弧和收弧位置　　图 4-35 焊枪角度

4. 操作注意事项

1）换热管管头与管板的焊接，必须采用填丝焊，绝对不允许采用只熔化管头不填丝的方法进行焊接。

2）换热管与管板采用两层焊接，当焊接中断，再次引弧应与原焊缝重叠6~8mm。

3）焊接过程中应注意观察熔池，保证熔透。

任务三　管子对接焊

一、焊接参数的选择

TIG焊的焊接参数有焊接电流、电弧电压（电弧长度）、焊接速度、保护气体流量、钨极伸出长度、焊丝直径与填丝速度等。合理的焊接参数是获得优质焊接接头的重要保证。

1. 焊接电流

焊接电流一般根据工件厚度来选择。首先可根据电弧情况来判断电流是否选择正确。焊接电流正确时，钨极端部呈熔融状的半球形，此时电弧最稳定，焊缝成形良好；焊接电流过小，钨极端部电弧单边，此时电弧漂动；焊接电流过大时，易使钨极端部发热，钨极的熔化部分易脱落到焊接熔池中形成夹钨等缺陷，并且电弧不稳定，焊接质量差，如图4-36所示。焊接电流是最重要的参数，随着电流的增大，熔透深度及焊缝宽度有相应的增加而焊缝高度有所减小。当焊接电流太大时，容易产生烧穿和咬边现象。电流若太小，容易产生未焊透现象。氩弧焊电流分为直流正接、直流反接和交流三种。

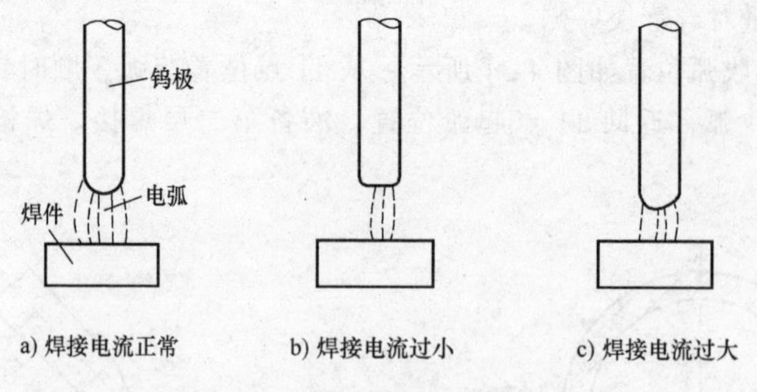

图4-36　焊接电流对焊接的影响

2. 电弧电压

电弧电压主要影响焊缝宽度，它由电弧长度决定，电弧电压增加，焊缝厚度减小，熔宽显著增加。TIG焊电弧长度根据电流值的大小通常选择在1.2~5mm之间。需要添加焊丝时，要选择较长的电弧长度。

如果电弧长度增加，电弧电压就增加，气体保护效果随之变差。钨极与母材的距离过大，电弧电压过高时，会使电弧对母材的熔透能力降低，易产生未焊透、焊缝被氧化和气孔等缺陷，也会增加焊接保护的难度，引起钨极的异常烧损。因此，应尽量采用短弧焊，一般为10~24V。反之，如果钨极过于接近母材，电弧长度过短，容易使钨极与熔池接触，造成断弧，或在焊缝中出现夹钨缺陷。

3. 焊接速度

当焊接电流确定后，焊接速度决定了焊缝的热输入。在一定的钨极直径、焊接电流和氩气流量条件下，焊接速度过快，会使保护气流偏离钨极与熔池，影响气体保护效果，易产生未焊透等缺陷。焊接速度过慢时，焊缝易咬边和烧穿。咬边不仅使焊缝外观恶化，还会引起应力集中，对接头强度有不良影响。焊接速度对保护效果的影响如图4-37所示。提高焊接速度，熔深和熔宽均减小；反之，则增大。如果要保持一定的焊缝成形系数，焊接电流和焊接速度应同时提高或减小。TIG焊在5~50cm/min的焊接速度下能够维持比其他焊接方法更为稳定的电弧形态。利用这一特点，TIG焊常被使用在高速自动焊中。

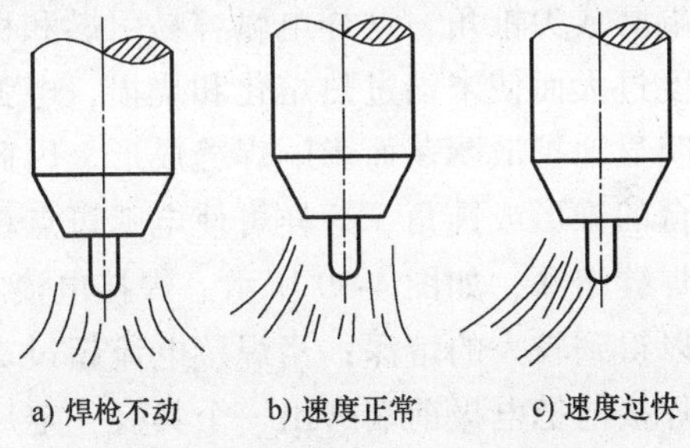

图4-37 焊接速度对保护效果的影响

4. 焊丝直径与填丝速度

焊丝直径与母材板厚及接头间隙有关。当板厚及接头间隙大时，焊丝直径应选大一些。焊丝直径选择不当可能造成焊缝成形不好，焊缝余高过高或未焊透等缺陷。焊丝的送丝速度则与焊丝的直径、焊接电流、焊接速度和接头间隙等因素有关。一般焊丝直径大时送丝速度慢，焊接电流、焊接速度和接头间隙大时，送丝速度快。送丝速度选择不当，可能造成焊缝出现未焊透、烧穿、焊缝凹陷、焊缝余高太高、成形不光滑等缺陷。

5. 保护气体流量

TIG焊决定保护效果的主要因素有保护气体流量、喷嘴尺寸、喷嘴与母材的距离、外来风等。保护气体流量的选择通常首先要考虑所需保护的范围、焊枪喷嘴尺寸以及所使用焊接电流的大小。对于一定孔径的喷嘴，流量过小，气流挺度太差，排除周围空气的能力弱，保护效果不好。但流量过大，则可能会形成湍流，并导致空气卷入。

选择喷嘴尺寸和喷嘴形状时，要求其对熔池周围的高温母材区给予充分的保护。有些金属（如钛等）在高温下对空气污染很敏感，焊接时可以使用带拖罩的喷嘴。每一口径的喷嘴都有一个合适的流量范围，这个范围可以通过试验确定。喷嘴的直径一般随着氩气流量的增加而增加，通常钨极氩弧焊喷嘴内径在5~20mm之间，气体流量在5~25L/min之间。

对一定孔径的喷嘴，选用的氩气流量要适当，如果流量过大，不仅浪费，且容易产生湍流，保护性能下降，同时带走电弧区的热量多，影响电弧稳定燃烧。而流量过小，气流刚性差，容易受到外界气流的干扰，降低气体保护效果。

6. 钨极直径与形状

钨极直径要根据焊接电流值和极性来选取。由于钨极作为阴极时从电弧得到的热量小于作为阳极时的情况，因此，在同一直径下，直流正接时允许通过的电流较大，而直流反接及交流焊接时允许的电流小。

钨极的端部形状对电弧的稳定性及自身的损耗有影响。例如，端面凸凹不平时，产生的电弧既不集中又不稳定，因此钨极端部必须磨光。钨极前端通常采取图4-38所示的几种形式。在直流正接和小电流薄板焊接时，可使用小直径钨极并将末端磨成尖锥角，这样电弧容易引燃和稳定。但随着焊接电流的增大，将会因电流密度过大而使末端过热熔化和烧损，电弧斑点也会扩展到钨极前端的锥面上，使弧柱明显地扩散飘荡而影响焊缝成形。因此在大电流焊接时，应将钨极前端磨成带有平台的锥形或钝角，这样可使电弧斑点稳定，减少弧柱扩散，对工件加热集中，增加焊缝熔深，如图4-39所示。焊接电流在200A以下时，钨极前端角度为30°~50°可以得到较大的熔深；当焊接电流超过250A后，钨极前端会产生熔化损失，因此在焊接前把电极前端磨出一个具有一定尺寸的平台。

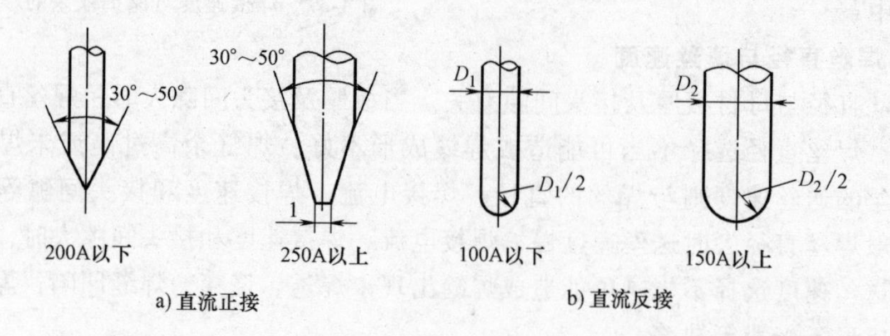

图4-38 钨极形状

直流反接和交流焊接时，同一电流下，电弧对钨极的热输入大于直流正接时的情况，同时电流也不是集中在阳极的某一区域，这时把电极前端形状磨成圆形最合适。如果所使用的焊接电流处于钨极最大允许电流值附近，则不论钨极开始是何种形状，一旦电弧引燃，钨极前端都会熔化，自然形成半球形。

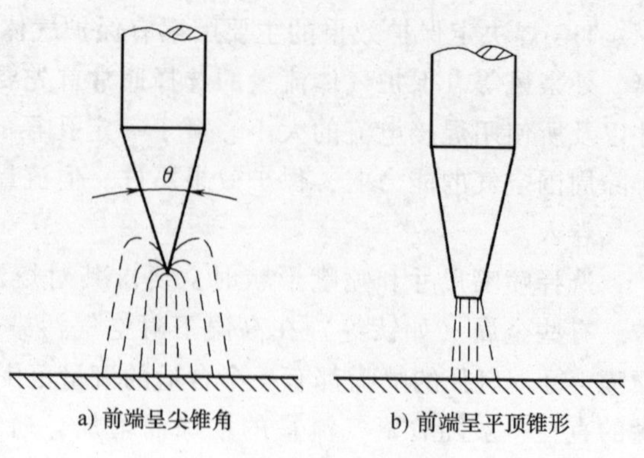

图4-39 电极前端形状

7. 钨极伸出长度及钨极直径

钨极伸出长度是指钨极从喷嘴端部伸出的距离。它对焊接保护效果及焊接操作性均有影响。该长度应根据接头的形状确定，并对气体流量做适当的调整。钨极伸出长度一般以 3~4mm 为宜。如果伸出长度增加，喷嘴距母材的距离也增大，氩气保护效果也会受到影响。

通常电极伸出长度主要取决于焊接接头形式。内角焊缝要求电极伸出长度最长，这样电极才能达到该接头的根部，并能较多地看到焊接熔池。卷边焊缝只需很短的电极伸出长度，甚至可以不伸出。常规的电极伸出长度一般为 1~2 倍的钨极直径。要求短弧焊时，其伸出长度宜比常规的大些，以便给焊工提供更好的视野，并有助于控制弧长。但是，伸出过长，为了维持良好的保护状态，势必要加大保护气体流量。此外，由于电极本身的电阻热，电极伸出长度使电极最大允许电流值降低。比如 1.6mm 直径的电极，从电极夹中伸出 20mm，在 200A 电流下仍然可以使用，但当伸出长度增加到 40mm 后，在 150A 下就会被烧断。

钨极直径的选择也要根据工件厚度和焊接电流的大小来决定。选定好钨极直径后，就具有了一定的电流许用值。焊接时，如果超出了这个许用值，钨极就会发热、局部熔化或挥发，引起电弧不稳定，产生焊缝夹钨等缺陷。

8. 喷嘴至工件距离

喷嘴至工件距离一般为 8~12mm。这个距离是否合适，可通过测定氩气有效保护区域的直径来判断。测定方法是采用交流电源在铝板上引弧，焊枪固定不动，电弧燃烧 5~6s 后切断电源。铝板上留下的银白色区域，如图 4-40 所示，称为气体有效保护区域或去氧化膜区，直径越大，说明保护效果越好。生产实践中，可通过观察焊缝表面色泽，以及是否有气孔来判定氩气保护效果，见表 4-4。

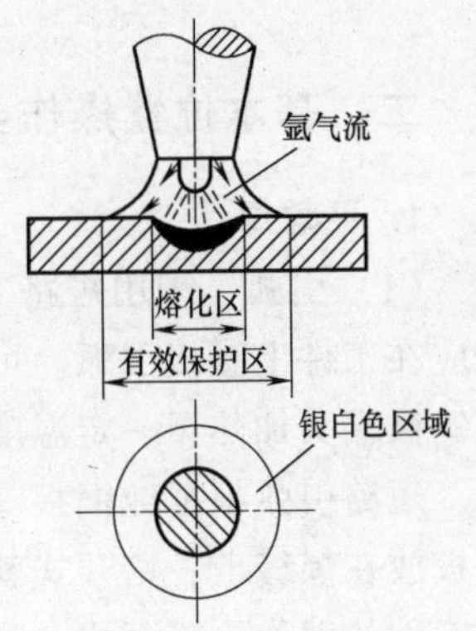

图 4-40 氩气保护效果区域

表 4-4 气体保护效果

焊接材料	最好	良好	较好	差
不锈钢	银白、金黄	蓝色	红色	黑色
铝合金	银白	白色无光泽	灰白色	黑灰色

在实际焊接时，焊接参数确定的顺序是：根据被焊材料的性质，先选定焊接电流的种类、极性和大小，然后选定钨极的种类和直径，再选定焊枪喷嘴直径和保护气体流量，最后确定焊接速度。在施焊的过程中根据情况适当地调整钨极伸出长度和焊枪与工件的相对位置。合理地选择焊接参数是保证焊接质量和提高生产率的重要条件。手工钨极氩弧焊的焊接参数对焊接的影响如图 4-41 所示。

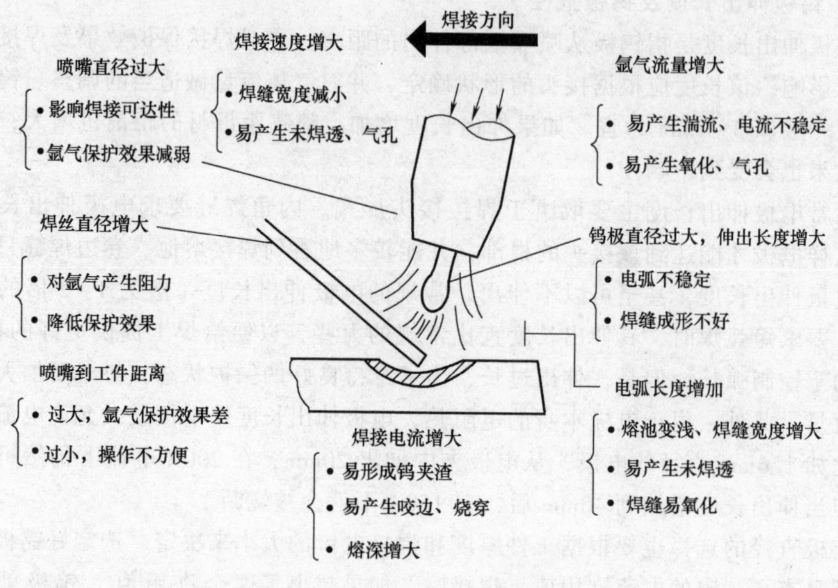

图 4-41 焊接参数对焊接的影响

二、基本位置操作要领

1. 平敷焊

（1）引弧 采用短路方法（接触法）引弧时，为避免打伤母材或产生夹钨，不应在工件上直接引弧。可在引弧点近旁放一块纯铜板或石墨板，先在其上引弧，使钨极端头加热至一定温度后，立即转到待焊处。

短路引弧根据纯铜板安放位置的不同分为压缝式和错开式两种。压缝式就是纯铜板放在焊缝上；错开式就是纯铜板放在焊缝旁边。采用短路方法引弧时，钨极接触工件的动作要轻而快，防止碰断钨极端头，或造成电弧不稳定而产生缺陷。

采用短路引弧的焊接设备简单，但在钨极与纯铜板接触过程中会产生很大的短路电流，容易烧损钨极。

（2）收弧 焊接结束时，由于收弧的方法不正确，在收弧处容易产生弧坑和弧坑裂纹、气孔以及烧穿等缺陷，因此要用引出板收弧，在焊后要将引出板切除。

在没有引出板或使用没有电流自动衰减装置的氩弧焊机时，收弧时，不要突然拉断电弧，要往熔池里多填充金属，填满弧坑，然后缓慢提起电弧。若还存在弧坑缺陷时，可重复收弧动作。为了确保焊缝收尾处的质量，可采取以下几种收弧方法。

1）当采用旋转式直流电焊机时，可切断带动直流电焊机的电动机电源，利用电动机的惯性达到衰减电流的目的。

2）可用焊枪手把上的按钮断续送电的方法使弧坑填满，也可在焊机的焊接电

流调节电位器上接出一个脚踏开关，当收弧时迅速断开开关，达到衰减电流的目的。

3）当采用交流电焊机时，可控制调节铁心间隙的电动机，达到电流衰减的目的。

(3) 焊接操作　选用60~80A的焊接电流，调整氩气流量。右手握焊枪，用食指和拇指夹住枪身前部，其余三指触及工件作为支点，也可用其中两指或一指作为支点。要稍用力握住，这样能使焊接电弧稳定。左手持焊丝，严防焊丝与钨极接触，若焊丝与钨极接触，易产生飞溅、夹钨，影响气体保护效果，焊道成形差。

为了使氩气能很好地保护熔池，应使焊枪的喷嘴与工件表面成较大的夹角，一般为80°左右，填充焊丝与工件表面夹角为10°左右为宜，在不妨碍视线的情况下，应尽量采用短弧焊以增强保护效果，如图4-42所示。

平敷焊时，普遍采用左焊法。在焊接过程中，焊枪应保持均匀的直线运动，焊丝做往复运动。但应注意：①观察熔池的大小；②焊接速度和填充焊丝应根据具体情况密切配合好；③应尽量减少接头；④要计划好焊丝长度，尽量不要在焊接过程中更换焊丝，以减少停弧次数，若中途停顿后，再继续焊时，要用电弧把原熔池的焊道金属重新熔化，形成新的熔池后再加焊丝，并与前焊道重叠5mm左右，在重叠处要少加焊丝，使接头处圆滑过渡；⑤第一条焊道到工件边缘终止后，再焊第二条焊道，焊道与焊道间距为30mm左右，每块工件可焊三条焊道。

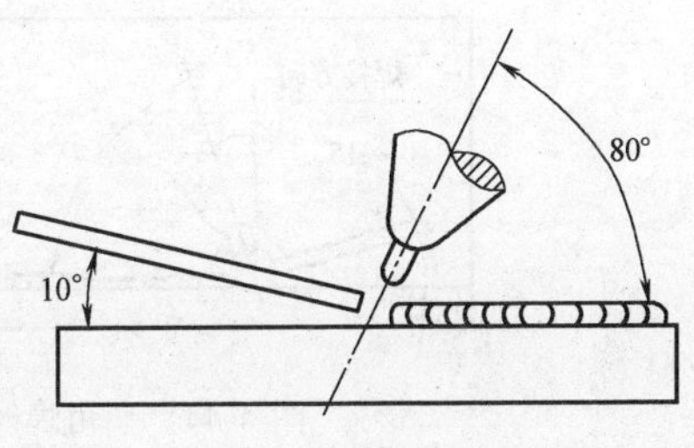

图4-42　焊枪角度

在焊接铝板时，由于铝合金材料的表面覆盖着氧化铝薄膜，阻碍了焊缝金属的熔合，导致焊缝产生气孔、夹渣及未焊透等缺陷，恶化焊缝的成形。因而，必须严格清除焊接处和焊丝表面的氧化膜及油污等杂质。清理方法有化学清洗法和机械清理法两种。

2. 平角焊

(1) 定位焊　定位焊缝的距离由工件厚度及焊缝长度来决定。工件越薄，焊缝越长，定位焊缝距离越小。工件厚度在2~4mm范围内时，定位焊缝间距一般为20~40mm，定位焊缝距两边缘为5~10mm。

定位焊缝的宽度和余高不应大于正式焊缝的宽度和余高。定位焊的顺序如图4-43所示。从工件两端开始定位焊时，开始两点应在距边缘5mm处；第三点在整个接缝中心处；第四、五两点在边缘和中心点之间，以此类推。从工件接缝中心开始定位焊时，从中心点开始，先向一个方向定位，再往相反方向定位其他各点。

(2) 校正　定位焊后再进行校正，它对焊接质量起着很重要的作用，是保证工件尺寸、形状和间隙大小以及防止烧穿的关键。

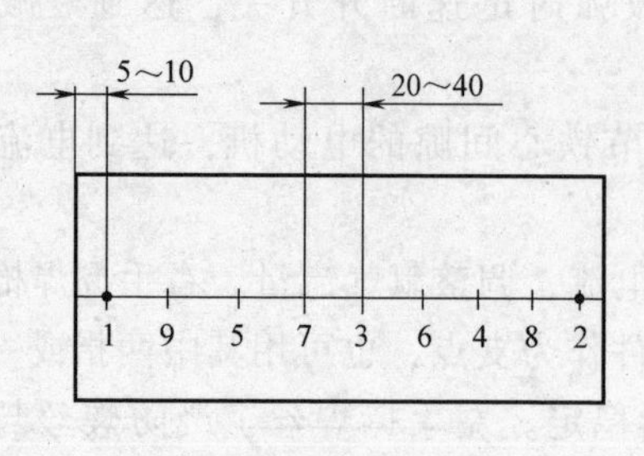

a) 定位焊点先定两头

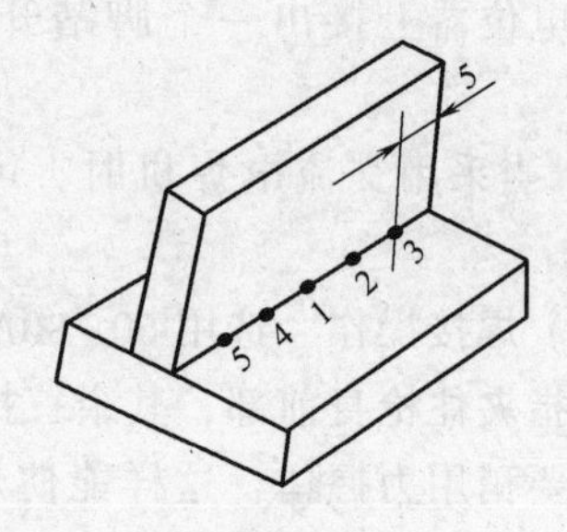

b) 定位焊点先定中间

图 4-43　定位焊的顺序

（3）焊接　用左焊法，焊丝、焊枪与工件之间的相对位置如图 4-44 所示。

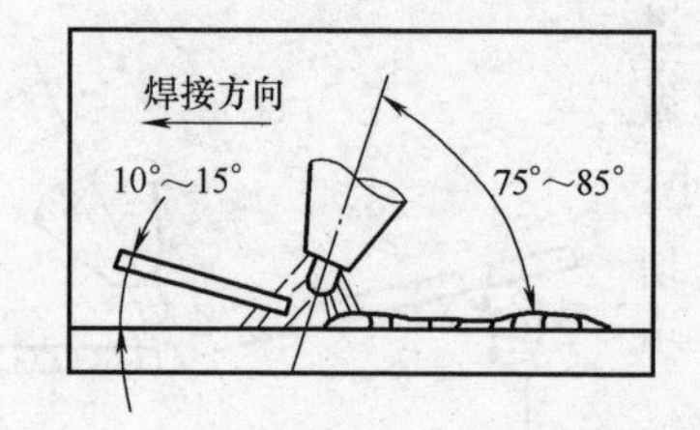

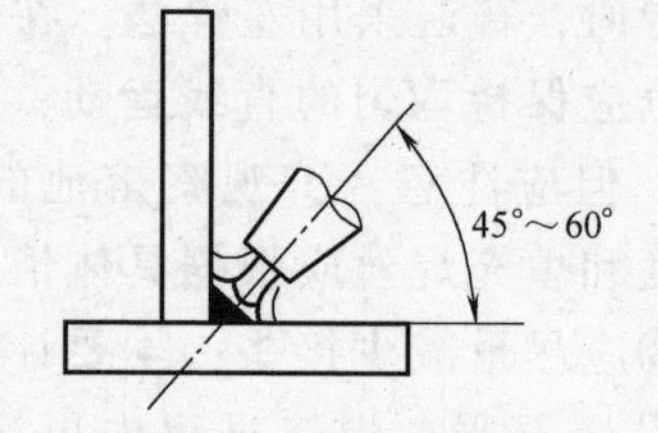

图 4-44　平角焊时焊丝、焊枪与工件的相对位置

进行内平角焊时，由于液体金属容易流向水平面，很容易使竖直面咬边。因此焊枪与水平板夹角应大些，一般为 45°~60°。钨极端部偏向水平面上，使熔池温度均匀。焊丝与水平面为 10°~15°的夹角。焊丝端部应偏向竖直板，若两工件厚度不相同时，焊枪角度偏向厚板一边。在焊接过程中，要求焊枪运行平稳，送丝均匀，保持焊接电弧稳定燃烧，以保证焊接质量。

3. 船形角焊

将 T 字形接头或角接接头转动 45°，使焊接呈水平位置，称为船形焊接，如图 4-45 所示。船形角焊可避免平角焊时液体金属流到水平表面，导致焊缝成形不良的缺陷。船形角焊时对熔池保护性好，可采用大电流，使熔深增加，而且操作容易掌握，焊缝成形也好。

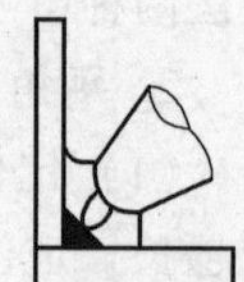

图 4-45　船形角焊

4. 外平角焊

在工件的外角施焊，操作比内角焊方便。操作方法和平对接焊基本相同。焊接间隙越小越好，以避免烧穿，如图 4-46 所示。焊接时用左焊法，钨极对准焊缝中心线，焊枪均匀平稳地向前移动，焊丝断续地向熔池中填充金属。

在焊接过程中如果发现熔池有下陷现象，而加速填充焊丝还不能解除下陷现象时，就要减小焊枪的倾斜角，并加快焊接速度。造成下陷或烧穿的原因主要是：①电流过大；②焊丝太细；③局部间隙过大或焊接速度太慢等。

如果发现焊缝两侧的金属温度低，工件熔化不够时，就要减慢焊接速度，增大焊枪角度，直至达到正常焊接。

外平角焊保护性差，为了改善保护效果，可用 W 形挡板，如图 4-47 所示。

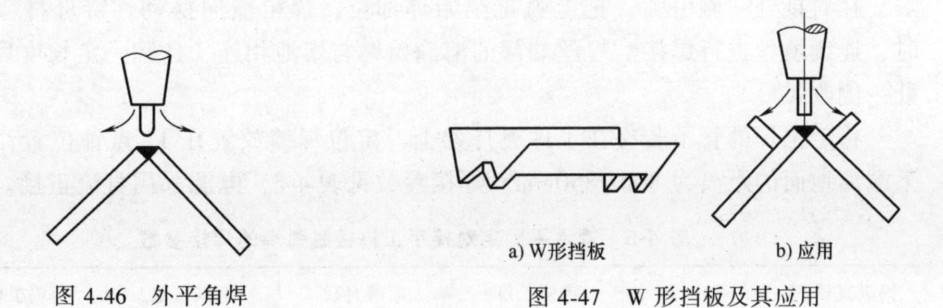

图 4-46 外平角焊　　图 4-47 W 形挡板及其应用

实践一 小直径钢管水平固定对接焊

1. 操作准备

（1）焊接设备 WSE-315 型焊机。

（2）工件 钢管材质为 15CrMo，规格为 ϕ60mm×4mm×200mm，图样如图 4-48 所示。

（3）焊接材料 焊丝型号为 W55l11CM，规格为 ϕ2mm。

（4）辅助工具 气体流量计、Ar 气瓶、角向磨光机、敲渣锤、钢直尺、焊缝万能量规等。

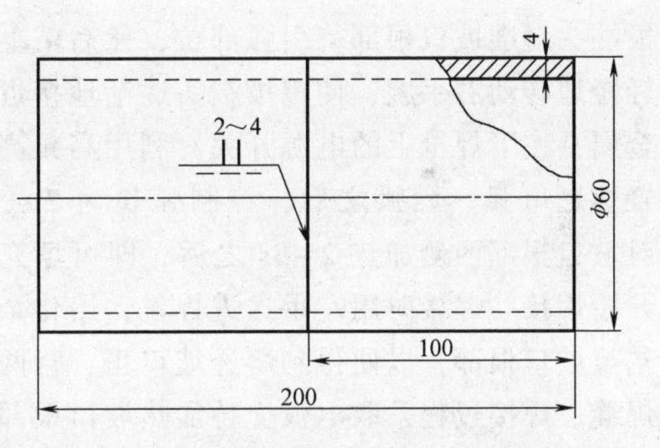

图 4-48 小直径钢管水平固定对接焊图样

2. 任务分析

管-管对接比平板对接的工艺难度大得多，包括仰焊、立焊、上坡焊和平焊等位置的焊接。在焊接过程中，焊枪与工件之间的角度都在变化，焊工操作时要随时调整角度，掌握变换操作要领。

3. 操作步骤

（1）焊前准备 管子开 V 形坡口（60°），钝边 1mm，并清除坡口面及其端部内外表面 20mm 范围内的油污、铁锈、水分与其他污物，直至露出金属光泽。坡口形式如图 4-49 所示。

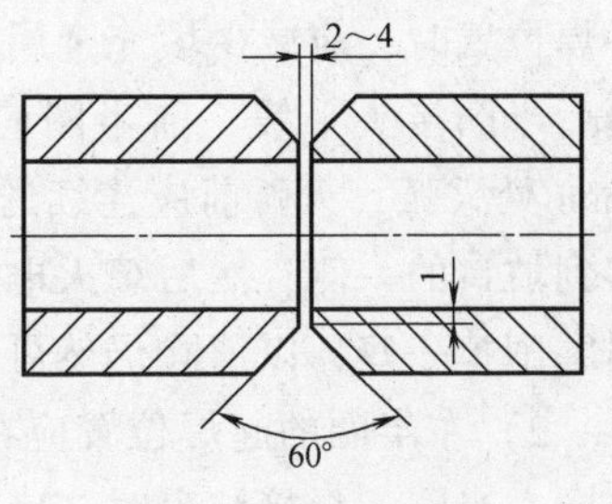

图 4-49 坡口形式

（2）定位焊

定位焊缝的焊接可采用两种方法。第一种方法是用断续填丝法。在对接面的一侧引弧，将电弧拉至始焊部位，焊枪横向摆动，当在对接坡口的根部出现熔孔时，在右侧根部填充一滴熔滴，再在左侧根部填充一滴熔滴，焊丝随着焊枪的摆动，断续地、有节奏地向熔池前沿填充，达到一定长度后在对接处的一侧收弧。第二种方法是用连续填丝法。在对接处一侧引弧，把电弧拉至始焊部位，焊枪横向摆动，待母材金属熔化时，连续填丝进行焊接。焊丝端部的溶滴始终与熔池相连，达到一定长度后在对接处一侧收弧。

将定位焊的管子装夹在工件夹持架上，定位焊缝放置在12点钟位置，管子最下端离地面的距离为800~850mm。焊接参数见表4-5，电源采用直流正接。

表4-5　管水平固定对接手工钨极氩弧焊的焊接参数

钨极直径/mm	焊接电流/A	电弧长度/mm	喷嘴直径/mm	氩气流量/(L/min)	钨极伸出长度/mm
2.5	110~120	2~3	10~12	7~9	6~8

（3）打底焊　打底焊为全位置焊接，焊接方向分为左、右两个半圈进行，从仰焊位置起焊，在平焊位置收弧。

1）先焊接右半圈，起焊点定在时钟7点位置，如图4-50所示。起焊时，用右手的前三个手指握住焊枪，以无名指和小指作为支点。在未戴面罩的情况下，将钨极端头对准坡口根部待引弧部位，然后戴上面罩轻轻地转动右手腕，使钨极端头逐渐地接近母材金属，按下焊枪上的电源开关，利用高频高压装置引燃电弧。燃弧之后，控制弧长为2~3mm，对坡口根部两侧加热2~3s之后，即可填充焊丝开始焊接。焊接时用左手送进焊丝，熔化金属应送至坡口根部，以便得到熔透坡口正、背两面的焊缝。焊接过程采取电弧交替加热坡口根部和焊丝端头的操作方法。焊枪喷嘴与管子呈5°~15°夹角，夹角不宜过大，否则会降低氩气的保护效果。焊丝与焊枪的夹角一般为90°。前半圈焊到平焊位置时，应减少填充金属量使焊缝扁平，以便后半圈接头平缓。前半圈应在焊过12点钟约8mm处灭弧，灭弧前应连续送进2~3滴填充金属，以免出现缩孔。并且应将氩弧移到坡口的一侧，然后熄灭电弧。灭弧后应用角向磨光机或锯条将灭弧处的焊缝金属磨削掉一些，以消除仍然可能存在的气孔。

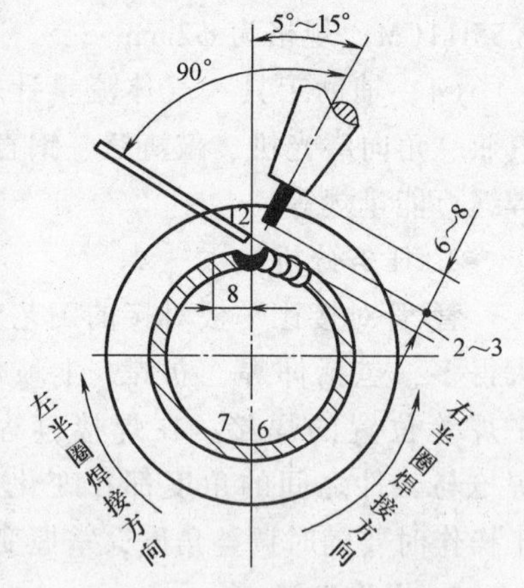

图4-50　打底焊焊枪角度

2）左半圈的起焊位置应在7点钟位置向右半圈已焊部分重叠4~5mm。焊接方法同右半圈，焊接结束时，应与右半圈焊缝重叠4~5mm。

（4）盖面焊

1）在打底焊道上引弧后，于6点钟处起焊，焊枪做月牙形或锯齿形摆动，坡口边缘及打底层焊道表面熔化后形成熔池，焊丝与焊枪同步摆动，在坡口的两侧稍停顿，各加一滴熔滴，以保证熔敷金属与母材金属熔合良好。在仰焊部位每次填充金属要少些，以免熔池金属下坠。施焊立焊部位时，焊枪的摆动频率要适当加快，以防熔滴下淌。施焊平焊部位时，每次填充的焊丝金属要多些，以防平焊部位焊缝不饱满。

2）整个盖面层的焊接过程中，运弧要平稳，钨极端部与熔池距离保持在2~3mm，要保持熔池轮廓线对称于焊道的中心线。

3）盖面焊缝封闭后，要继续向前施焊10mm左右，并逐渐减少焊丝金属的填充量，以避免产生弧坑裂纹和缩孔。

4. 操作注意事项

1）打底焊焊接过程中应注意观察，控制坡口两侧，使之熔透均匀，以保证焊缝内壁成形均匀。

2）盖面焊焊接过程中如果发现熔池轮廓线偏斜，要立即调整焊枪角度和电弧在坡口边缘停留的时间。

实践二　小直径钢管竖直固定对接焊

1. 操作准备

（1）焊接设备　WSE-315型焊机。

（2）工件　钢管材质为15CrMo，规格为ϕ60mm×5mm×200mm，图样如图4-51所示。

（3）焊接材料　焊丝型号为W55l11CM，规格为ϕ2mm。

（4）辅助工具　气体流量计、Ar气瓶、角向磨光机、敲渣锤、钢直尺、焊缝万能量规等。

2. 任务分析

竖直固定管对接的焊接位置属于横焊。由于熔化金属和熔渣受重力作用，在坡口上边缘易产生咬边，下边缘易形成液态金属下坠。并且随着焊接过程的进行，焊工要不断地移动身体，这就增加了操作的难度。

3. 操作步骤

（1）焊前准备　管子开V形坡口（60°），锉钝边1mm，并清除坡口面及其端部内外表面20mm范围内的油污、铁锈、水分与其他污物，直至露出金属光泽。坡口形式如图4-52所示。

（2）定位焊　试管装配时定位焊缝可以只焊一处，保证该处间隙为2mm，与它相隔180°处的间隙为1~5mm，将管子轴线固定在竖直位置，间隙小的一侧在右边。焊接参数见表4-6。电源采用直流正接。

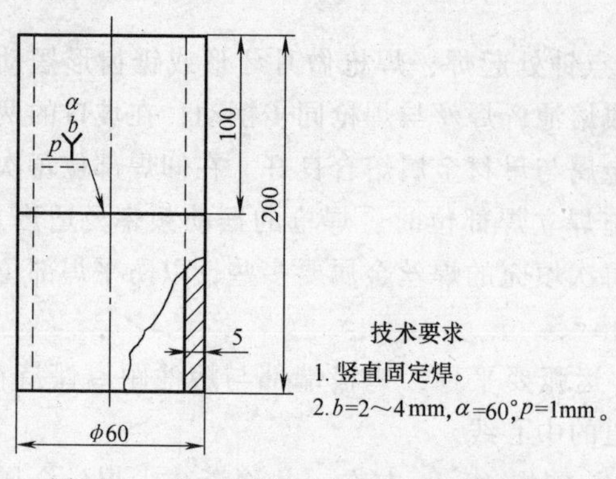

图 4-51　小直径钢管竖直固定对接焊图样

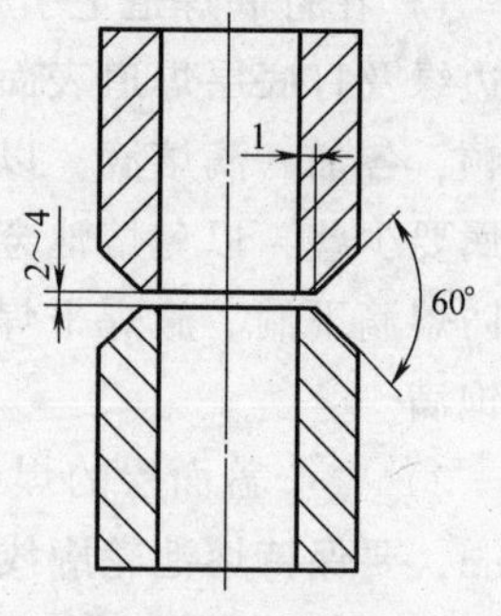

图 4-52　坡口形式

表 4-6　管竖直固定对接手工钨极氩弧焊的焊接参数

焊接层次	钨极直径 /mm	焊接电流 /A	电弧电压 /V	喷嘴直径 /mm	氩气流量 /(L/min)	钨极伸出长度 /mm
打底层	2.5	90~95	10~12	8	8~10	6~8
盖面层	2.5	95~100	10~12	8	6~8	6~8

（3）打底焊

1）焊接打底层焊道时，焊枪的角度如图 4-53 所示，从右侧间隙最小处引弧，先不加焊丝，待坡口根部熔化形成熔孔后再送进焊丝，当焊丝端部熔化形成熔滴后，将焊丝轻轻地向熔池里推一下，并向管内摆动，将液态金属送到坡口根部，以保证背面焊缝的高度。填充焊丝的同时，焊枪做小幅度横向摆动，并向右均匀移动。

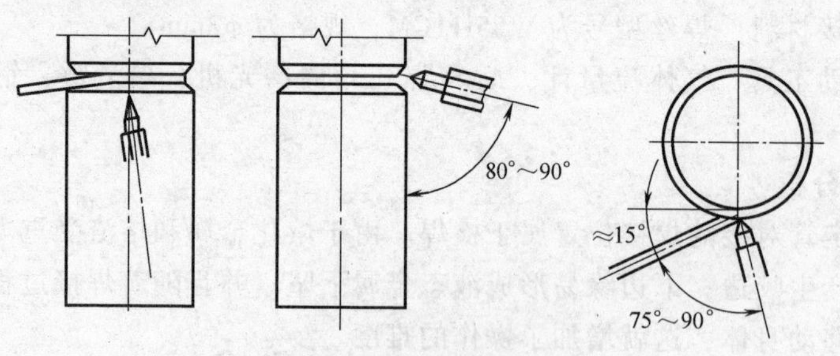

图 4-53　打底焊的焊枪角度

2）施焊过程中，填充焊丝以往复运动方式间断地送入电弧内的熔池前方，在熔池前呈滴状加入。焊丝送进要有规律，不能时快时慢，才能保证焊缝成形美观。

3）焊缝接头时，焊前应将焊缝收尾处修磨成斜坡状并清理干净，在斜坡上引弧，移至离接头 8~10mm 处，焊枪不动，当获得明亮清晰的熔池后，即可添加焊丝，继续从右往左进行焊接。

4）小管竖直固定打底焊，熔池的热量要集中在坡口的下部，以防止上部坡口

过热，母材金属熔化过多，产生咬边或焊缝背面的余高下坠。

（4）盖面焊

1）盖面层焊缝由上、下两条焊道组成，填丝位置和焊枪角度如图 4-54 所示。

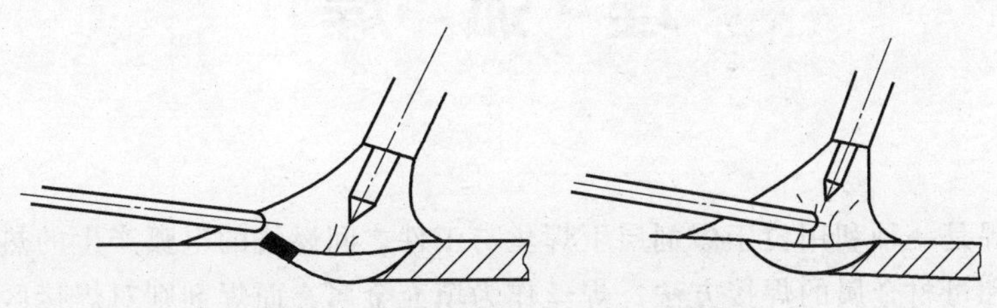

图 4-54 盖面焊的填丝位置和焊枪角度

2）焊接盖面层的上焊道时，电弧对准打底焊道上沿，使熔池上沿超出管子坡口 0.5～1.5mm，下沿与下面焊道圆滑过渡，焊接速度要适当加快，送丝频率加快，适当减少送丝量，防止焊缝下坠。

3）为了避免打底层出现缺陷，操作时应尽可能一次焊完打底层，中途不停焊。打底层应具有一定厚度，不小于 2mm，且自检合格后才能进行填充焊、盖面焊。如果有缺陷，应用角向磨光机修磨缺陷处，但不是将无缺陷的全部焊缝都打磨一遍，以免造成底层太薄。

4）为避免接头不良，如超高、未焊透、夹渣、气孔等缺陷，应尽量避免停弧，减少冷接头次数。但在实际生产中，换焊丝、换钨极、换位置或分段焊等是必定要发生的，因此，正确掌握和控制接头质量是提高焊缝质量的必要环节。

5）若填丝不当，易造成熔合不良、焊缝塌陷和咬边、夹钨、夹渣和气孔等缺陷。为此，填丝时应注意：①必须待两侧坡口面均熔化后再填丝；②焊丝与工件表面的夹角以 10°～15°为宜；③填丝要均匀、速度适当，焊丝应始终保持在氩气保护区内；④送丝动作应与焊接速度相适应；⑤不应把焊丝直接放在电弧下面，也不要把焊丝抬得过高，不应让熔滴向熔池“滴渡”；⑥不要让钨极碰到焊丝，如果不慎碰上，应停焊后磨去夹钨和污染部位，钨极应重新磨光，方可继续施焊。

4. 操作注意事项

1）焊缝接头处要有斜坡，不能有死角。

2）重新引弧的位置应在原弧坑后面，使焊缝重叠 20～30mm，重叠处一般不加或只加少量焊丝。

3）熔池要贯穿到接头的根部，以确保接头处熔透。

埋 弧 焊

埋弧焊是一种利用位于焊剂层下焊丝与工件之间燃烧的电弧产生的热量熔化焊丝、焊剂和母材金属的焊接方法。焊丝作为填充金属，而焊剂则对焊接区起保护和合金化作用。由于焊接时电弧掩埋在焊剂层下燃烧，电弧光不外露，因此被称为埋弧焊。

埋弧焊的焊接过程如图 5-1 所示，它由以下 4 部分组成：

1）颗粒状焊剂由焊剂漏斗经软管均匀地堆敷到焊缝接口区（堆覆高度一般为 40~60mm）。

2）焊丝由焊丝盘经送丝机构和导电嘴送入焊接区。

3）焊接电源接在导电嘴和工件之间用来产生电弧。

4）焊丝及送丝机构、焊剂漏斗和焊接控制盘等通常装在一台小车上，以实现焊接电弧的移动。

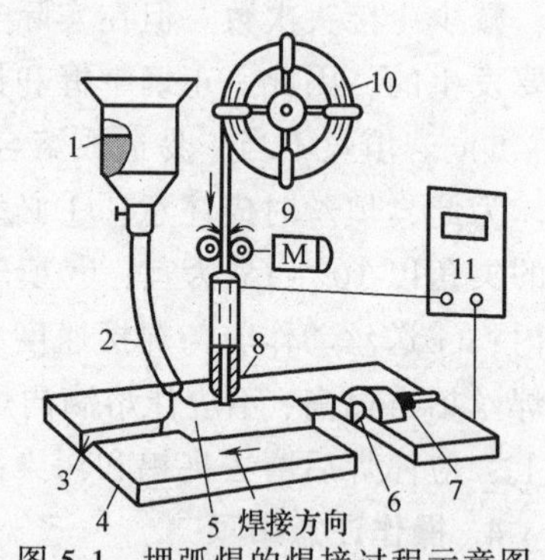

图 5-1　埋弧焊的焊接过程示意图

1—焊剂漏斗　2—软管　3—坡口　4—母材　5—焊剂　6—熔敷金属　7—渣壳　8—导电嘴　9—送丝机构　10—焊丝　11—电源

埋弧焊时，当焊丝和工件之间引燃电弧后，电弧的热量使周围的焊剂熔化形成熔渣，部分焊剂分解、蒸发成气体，气体排开熔渣形成一个气泡，电弧就在这个气泡中燃烧。连续送入电弧的焊丝在电弧高温作用下加热熔化，与熔化的母材混合形成金属熔池。熔池上覆盖着一层熔渣，熔渣外层是未熔化的焊剂，它们一起保护着熔池，使其与周围空气隔离，并使有碍操作的电弧光辐射不能散射出来。电弧向前移动时，电弧力将熔池中的液态金属排向后方，则熔池前方的金属就暴露在电弧的强烈辐射下而熔化，形成新的熔池，而电弧后方的熔池金属则冷却凝固成焊缝，熔渣也凝固成焊渣覆盖在焊缝表面。埋弧焊焊缝形成过程如图 5-2 所示。熔渣除了对熔池和焊缝金属起机械保护作用外，焊接过程中还与熔化金属发生冶金反应，从而影响焊缝金属的化学成分。由于熔渣的凝固温度低于液态金属的结晶温度，熔渣总是比液态金属凝固迟一些。这就使混入熔池的熔渣、溶解在液态金属中的气体和冶金反应中产生的气体能够不断地逸出，使焊缝不易产生夹渣和气孔等缺陷。未熔化的焊剂不仅具有隔离空气、屏蔽电弧光的作用，也提高了电弧的热效率。

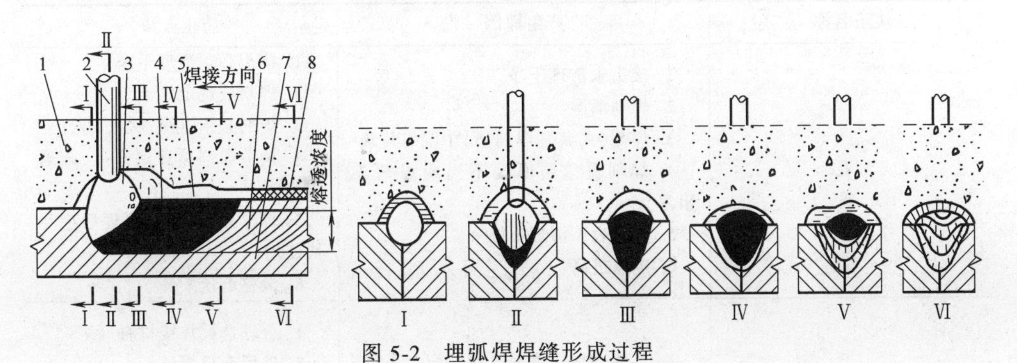

图 5-2 埋弧焊焊缝形成过程

1—焊剂 2—焊丝 3—电弧 4—熔池 5—熔渣 6—焊缝 7—工件 8—渣壳

任务一 埋弧焊的质量与安全技术

一、埋弧焊常见缺陷及防止方法

埋弧焊常见缺陷及防止方法见表 5-1。

表 5-1 埋弧焊常见缺陷及防止方法

缺陷名称		产生原因	防止方法
焊缝表面成形不良	宽度不均匀	1. 焊接进度不均匀 2. 焊丝给送速度不均匀 3. 焊丝导电不良	1. 找出原因排除故障 2. 找出原因排除故障 3. 更换导电块
	堆积高度过大	1. 电流太大而电压过低 2. 上坡焊时倾角过大 3. 环缝焊接位置不当(相对于工件的直径和焊接速度)	1. 调节焊接参数 2. 调整上坡焊倾角 3. 相对于适当的工件直径和焊接速度,选择适当位置
	焊缝金属满溢	1. 焊接速度过慢 2. 电压过大 3. 下坡焊时倾角过大 4. 环缝焊接位置不当 5. 焊接时前部焊剂过少 6. 焊丝向前弯曲	1. 调节焊速 2. 调节电压 3. 调整下坡焊倾角 4. 相对于适当的工件直径和焊接速度,选择适当位置 5. 调整焊剂覆盖状况 6. 调节焊丝校直部分
	中间凸起两边凹陷	焊剂圈过低并带有黏渣,焊接时熔渣被黏渣拖压	提高焊剂圈,使焊剂覆盖高度达 30~40mm

（续）

缺陷名称	产生原因	防止方法
气孔	1. 接头未清理干净 2. 焊剂潮湿 3. 焊剂（尤其是焊剂垫）中混有垃圾 4. 焊剂覆盖层厚度不当或焊剂斗阻塞 5. 焊丝表面清理不够 6. 电压过高	1. 接头必须清理干净 2. 焊剂按规定烘干 3. 焊剂必须过筛、吹灰、烘干 4. 调节焊剂覆盖层高度，疏通焊剂斗 5. 焊丝必须清理，清理后应尽快使用 6. 调整电压
裂纹	1. 工件、焊丝、焊剂等材料配合不当 2. 焊丝中碳、硫含量较高 3. 焊接区冷却速度过快而导致热影响区硬化 4. 多层焊的第一道焊缝截面过小 5. 焊缝成形系数太小 6. 角焊缝熔深太大 7. 焊接顺序不合理 8. 焊接刚度大	1. 合理选配焊接材料 2. 选用合格焊丝 3. 适当降低焊速以及焊前预热和焊后缓冷 4. 焊前适当预热或减小电流，降低焊速（双面焊适用） 5. 调整焊接参数和改进坡口 6. 调整焊接参数和改交流为直流 7. 合理安排焊接顺序 8. 焊前预热及焊后缓冷
焊穿	焊接参数或其他工艺因素不当	选择适当的焊接参数
咬边	1. 焊丝位置或角度不正确 2. 焊接参数不当	1. 调整焊丝 2. 调节焊接参数
未熔合	1. 焊丝未对准 2. 焊缝局部弯曲过甚	1. 调整焊丝 2. 调节焊接参数
未焊透	1. 焊接参数不当 2. 坡口不合适 3. 焊丝没有对准	1. 调整焊接参数（电流或电弧电压） 2. 修正坡口 3. 调节焊丝
内部夹渣	1. 多层焊时，层间清渣不干净 2. 多层分道焊时，焊丝位置不当	1. 层间清渣彻底 2. 每层焊后发现的咬边、夹渣必须清除修复

二、埋弧焊安全技术

埋弧焊焊接时，由于焊接电弧被焊剂遮盖住，焊接电弧的辐射光线和飞溅显著减少，但埋弧焊仍有特殊点，对安全仍不能忽视。

1）埋弧焊所用工装夹具等辅助设备较多，如果其中的某一部件触电，则可能导致整个工装辅助系统带电，从而易发生电击事故。因此，埋弧焊焊接时要特别注意防止电击。焊机必须采用接零和漏电保护，以保证操作人员安全；对于接焊导线及焊钳接导线处，都应有可靠的绝缘。

2）埋弧焊均采用较大的焊接电流和电流密度，因而焊接回路的接点要有相应的截面，并保证良好的导电接触，必须拧紧。大量焊接时，焊接变压器不得超负荷，变压器升温不得超过600℃，为此，要特别注意遵守焊机暂停载率规定，以免过分发热而破坏。焊接电缆必须符合焊机额定焊接电流的容量，并经常检查焊机各部分导线的接触点是否良好，绝缘性是否可靠。

3）埋弧焊剂的成分里含有氧化锰、氧化硅、氟化钙等对人体有害的物质，焊接时虽然不像焊条电弧焊那样产生可见烟雾，但会产生较多的有害气体和灰尘，因此工作地点需有局部的抽气通风设备。

4）在装入或清扫焊剂时，都要细心进行，以避免焊剂的粉末飞散，污染空气。在清理焊缝焊渣和焊剂回收过程中，注意防止热的焊剂和焊剂熔渣烫伤手和脚。安装在机头附近的抽吸式焊剂回收器，不仅能减少清扫焊剂的辅助时间，而且有助于排除有害气体。

5）焊工必须穿戴防护衣具，戴普通护目镜，焊工应站在干木板或其他绝缘垫上。在焊接中，应保持焊剂的均匀覆盖，断续焊接时，不仅焊缝成形遭到破坏，而且暴露了强电弧，对焊工将产生危害。焊工操作地点之间应设挡板，以免弧光刺伤眼睛。

6）焊接过程中，如果焊机发生不正常响声，变压器绝缘电阻过小、导线破裂、漏电等，均应立即停机进行检修。

7）在调整送丝机构及焊机工作时，手不得触及送丝机构的滚轮。通电源和打开电源控制开关后，不得触及电缆接头、焊丝、导电嘴、焊丝盘及其支架、送丝电动机支架等。

8）在胎具上焊接的，工件应夹紧、卡牢，防止工件松脱砸伤事故的发生。

9）大型工件用的埋弧焊接装置，每面的通道皆不应小于1.2m。相邻的两个自动焊接装置间的距离，不应小于2m。焊接场地上多余的物件必须清除。

10）设备放置不用，或停止焊机、操作人员离开岗位前，应切断电源。搬迁焊机前，应切断电源。当出现焊缝偏离焊道等问题，需调整工件及有关辅助设备时，应先切断电源，不得带电作业。

11）在往焊丝盘装焊丝时，要精神集中，防止乱丝伤人。

实践 V形坡口对接双面焊

1. 操作准备

（1）工件　800mm×120mm×22mm的Q235钢板，开60°V形坡口，钝边厚度为（10±1）mm，如图5-3所示。

（2）引弧板及引出板　100mm×100mm×10mm的Q235钢板，每组两块。引弧板和引出板两侧挡板尺寸为100mm×50mm×6mm，每组四块。

（3）焊接材料　焊丝牌号为H08A或H08MnA，直径为4mm，焊前除锈。焊剂

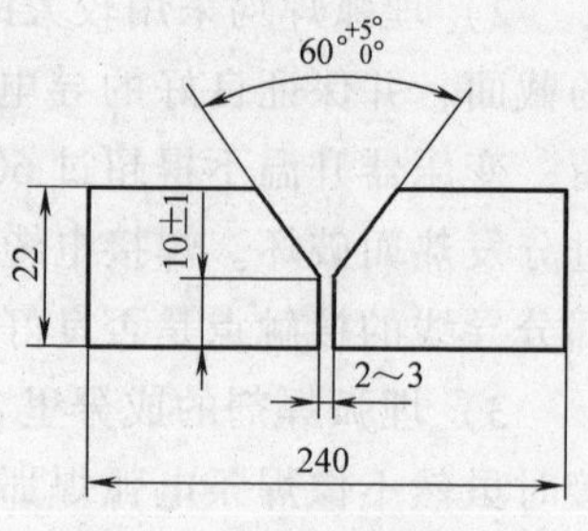

图 5-3　工件及 V 形坡口

牌号为 HJ431，使用前烘干，烘干温度为 200~250℃，保温 1~2h，焊剂颗粒度为 0.4~2.5mm。定位焊用直径为 4mm 的 E4315 焊条。

（4）焊机　MZ-1000 型埋弧自动焊机。

2. 任务分析

按照上述坡口尺寸要求，进行焊接工艺分析，V 形坡口板埋弧自动焊对接双面焊的焊接参数见表 5-2。需在学习过程中重点把握焊接参数的选用原则。

表 5-2　V 形坡口板埋弧自动焊对接双面焊焊接参数

焊接层次	焊丝直径/mm	电弧电压/V	焊接速度/(m/h)
正面	4	36~38	24~30
反面			30~36

3. 操作步骤

1）将工件水平置于焊剂垫上，将焊接小车摆放好，调整焊丝位置，使焊丝对准试板间隙。

2）按焊接方向将焊接小车的换向开关转到“向前”或“向后”的位置，合上离合器手柄，使主动轮与焊接小车减速器相接合。

3）空载状态下通过反复调节焊接速度旋钮使焊接小车前进速度为 400~500mm/min（此时焊接速度为 24~30m/h）。

4）调好焊接速度后，将焊接小车推到起焊处，下送焊丝与工件可靠接触，打开焊剂漏斗开关，让焊剂覆盖焊接处。

5）将工件水平置于焊剂垫上，按下启动按钮，采用多层多道焊进行正面焊缝的焊接。前两层焊缝由于坡口宽度较小，可以只焊一道。焊接操作方法与 I 形坡口板对接双面焊基本相同。正面层焊接时要注意以下几点：

① 引弧后，要及时调整相应的按钮，使焊接参数符合要求。

② 多层焊每焊完一层，必须严格清除渣壳，检查焊道，不得有缺陷，焊道表面应平整或稍下凹，与两侧坡口面熔合良好，焊道两侧不得有死角。然后将焊机机头向上移动 4~5mm 后，再进行下一层焊道的焊接。

③ 为防止焊缝未填满或出现咬边，当焊缝坡口宽度较大时，应根据实际情况增加每层焊缝的数量，并以填满焊缝、不产生咬边和夹渣等为准。此时，焊丝位置需要做相应的调整，焊丝与同侧坡口边缘的距离约等于焊丝直径，要保证每侧的焊道与坡口面成稍凹的圆滑过渡，使熔合良好，便于清渣。盖面层焊接时，为提高焊缝表面质量，一般先焊坡口边缘的焊道，后焊中间焊道，焊后焊道余高要求为 0~4mm，每侧焊缝增宽（3±1）mm，正面焊道的截面形状如图 5-4 所示。

④ 焊接过程中应注意焊层与焊层间的熔合情况，如果发现熔合不好，应及时调

整焊丝对中，提高焊接热输入，使焊道充分熔合。为防止接头组织过热造成晶粒粗大，必须控制每层焊道焊接的时间间隔，层间温度一般控制在200℃以下。

6）碳弧气刨清根。正面焊缝焊完后，将工件从工作台上取下，翻转180°，用碳弧气刨对打底层焊道进行清根，在背面刨出一定深度与宽度的U形坡口。碳弧气刨工艺参数见表5-3。

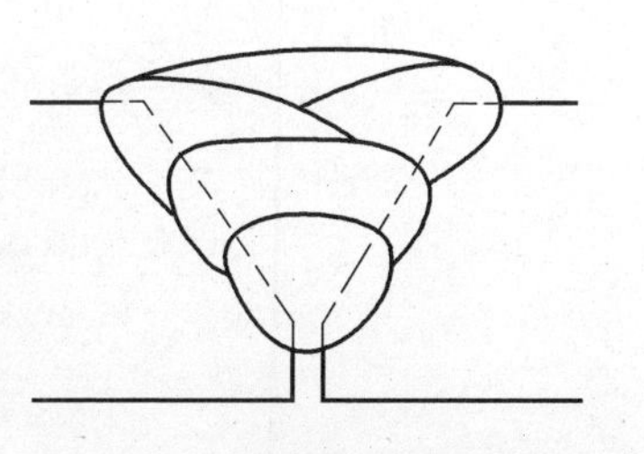

图5-4 正面焊道的截面形状

表5-3 碳弧气刨工艺参数

碳棒直径/mm	电流/A	刨槽宽度/mm	电源极性	刨削倾角/(°)	空气压力/MPa
6	280~320	8~9	反接	30~45	0.5~0.6

7）彻底清除坡口内和坡口表面两侧的熔渣，并用砂轮打磨表面，按正面焊道的焊接步骤进行背面焊道的焊接。背面焊两层，每层各一道，并适当提高焊接速度，防止背面焊缝超高。背面焊道的截面形状如图5-5所示。

8）焊接完毕，回收未熔化焊剂，整理工具设备，关闭电源，清理打扫场地，做到“工完场清”。待焊缝金属及熔渣完全凝固并冷却后，清除焊缝表面。

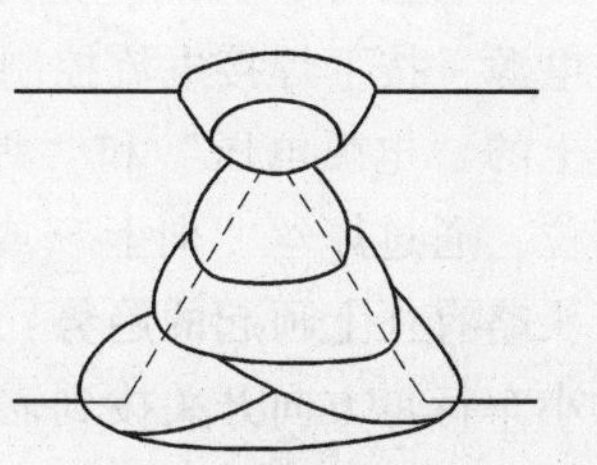

图5-5 背面焊道的截面形状

4. 操作注意事项

（1）安全检查

1）正确穿戴劳保用品，确保焊接场所排烟除尘良好。

2）电源和控制箱的壳体必须可靠接地。

3）清除焊车行走通道上可能造成工件短路的金属物件，避免因短路中断焊接。

4）按“启动”按钮前，应放好焊剂，以免出现明弧。

5）接通电源后，不可触及电缆接头、焊丝、导电嘴、焊丝盘及支架等带电体，防止触电。

（2）焊前检查　检查焊机控制电缆线接头有无松动，焊接电缆连接是否妥当。检查导电嘴的磨损、导电情况及夹持是否可靠等。焊机要做空车调试，检查各个按钮、旋钮开关、电流表和电压表等工作是否正常。实测焊接速度，检查离合器能否可靠接合与脱开。

（3）工件清理　焊前将试板坡口面及坡口两侧30mm范围内的铁锈、油污等清除干净，直到露出金属光泽。

（4）装配及定位焊　装配间隙始焊端为2mm，终焊端为3mm，错边量≤1mm。试板两端焊接引弧板与引出板，引弧板和引出板两侧加挡板。装配及定位焊如图5-6所示。

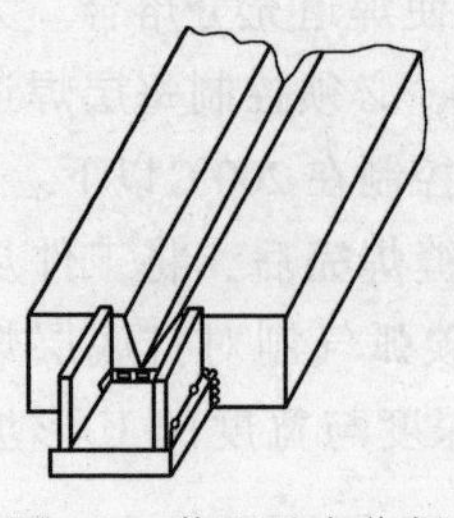

图 5-6 装配及定位焊

任务二 对接环缝的埋弧焊

一、引弧和收弧

1. 引弧前准备

取长为500mm、宽为200mm、厚为12mm的钢板放到操作平台上。接通焊接电源，按下焊接电流控制按钮，使顶部的电流指示外移到预定刻度位置。将控制盘上的“电弧电压”和“焊接速度”旋钮调到预定位置。将小车推到工件的待焊部位，通过焊丝“向上”或“向下”按钮调节焊丝，使焊丝末端与工件接触（使机头略有往上顶起的趋势），闭合离合器。将“空载/焊接”开关拨到“焊接”位置，小车行走方向开关拨到需要的焊接方向。将焊接方向指针按焊丝同样位置对准待焊部位，指针端部与工件表面要留出2~3mm的间隙，以免焊接过程中与工件碰擦。指针比焊丝超前一定的距离，以避免受到焊剂的阻挡而影响观察。由于指针相对接缝的位置就是焊丝相对接缝的位置，因此指针调准以后，在焊接过程中不能再去碰动，否则会造成错误指示而使焊缝焊偏。最后打开焊剂漏斗阀门，使焊剂堆满预焊部位，即可开始焊接。

2. 引弧

按下“启动”按钮，焊丝自动向上提起（由接触状态），引燃焊接电弧；当达到电弧电压给定值时，焊丝便向下送进；当焊丝的送进速度与焊丝的熔化速度同步后，焊接过程稳定。如果按下“启动”按钮后，焊丝不能抽回引燃电弧，焊丝将机头顶起，表明焊丝与工件接触太紧或接触不良，需要重新调整焊丝与工件的接触情况或清理接触表面，再重新引弧。

3. 收弧

收弧时按下“停止”按钮应分两步：先轻按使焊丝停止送进，然后按到底切断电源。如果焊丝送进与焊接电源同时切断，由于送丝电动机的惯性会继续下送一段焊丝，这段焊丝会插入熔池之中，发生焊丝与工件粘住的现象。当导电嘴较低或焊接电压过高时，采用上述方法停止焊接时，电弧可能返烧到导电嘴，甚至将焊丝与导电嘴熔化在一起。建议练习时在焊接结束之前，一只手放在“停止”按钮上，另一只手放在焊丝“向上”按钮上，先将“停止”按钮按到底，随即按焊丝“向上”按钮，将焊丝立即抽上来，避免焊丝与熔池黏住。

二、低合金结构钢的焊接性

低合金结构钢由于含有一定量的合金元素，加剧了淬硬倾向，其焊接性与碳素钢相比有明显差别。主要表现在焊接热影响区的组织变化，硬淬组织的组分增加，对冷裂纹的敏感性提高，接头的韧性降低，某些含碳化合物形成元素的低合金钢还存在再热裂纹的危险等。

1. 热影响区的组织变化

埋弧焊等熔焊方法对焊接接头热作用的特点是快速加热和快速冷却热循环的峰值温度高于1100℃，即便加热时间短促，仍可能使奥氏体晶粒迅速长大，但奥氏体的均匀化和碳化物的溶解过程进行不很完全。在快速冷却过程中，奥氏体可直接转变成马氏体或贝氏体等淬硬组织。在焊接接头的热影响区内由于各点被加热到的最高温度不同，冷却速度不一，其组织特征也有明显的差异。

1）在紧靠熔合线的部分熔化区内，温度达到1300~1400℃，晶粒本身大部分未熔化，晶界已熔化，晶内也发生局部熔化，碳化物得到较充分的溶解，奥氏体稳定度较高，容易形成粗大的马氏体组织。

2）过热区的加热温度在1000~1300℃，且高温停留的时间较长，奥氏体晶界相当活泼，晶粒可长到最大的尺寸。冷却过程中形成粗大的马氏体或贝氏体。对于淬硬倾向较小的低合金钢，当冷却速度较低时可能形成针状铁素体、先共析铁素体和魏氏组织等。

3）正火区的温度在800~1000℃，钢材的原有组织发生重结晶而细化，在大多数低合金钢中，该区组织为细晶粒的珠光体+铁素体。对于合金含量较高的低合金钢，正火区组织也可能是贝氏体。在较高的冷却速度下也可能出现马氏体组织。

4）不完全重结晶区的温度在700~800℃，该区的珠光体组织在加热温度到达700℃后，珠光体将首先转变为奥氏体，而铁素体在温度到达800℃后才溶解到奥氏体中，这样，奥氏体是由碳的质量分数达0.77%的珠光体和合金含量较高的铁素体转变而成，快速冷却时，这部分奥氏体可能形成高碳马氏体。该区的最终组织为马氏体+铁素体。由于铁素体晶粒较粗大，组织不均匀而导致性能恶化。

5）回火区的加热温度在500~700℃，在一般情况下会发生组织变化。在多元低合金钢中可能发生沉淀和时效过程。在经冷变形的钢中会发生晶体的回复现象。

总的来说，低合金钢经焊接热循环作用后，热影响区的硬度会有明显的提高。淬硬度的增加取决于合金元素的种类和含量。各种合金元素的影响程度可以用下列碳当量 C_{eq} 的计算公式来评定：

$$C_{eq}=C+\frac{Mn}{6}+\frac{Cr+Mo+V}{5}+\frac{Ni+Cu}{13} \tag{5-1}$$

碳当量与热影响区的最高硬度 HV 之间存在下列近似关系：

$$HV=1200C_{eq}-200 \tag{5-2}$$

对于大多数低合金钢，热影响区最高容许硬度为 350HV，如果超过此临界值，则可能产生冷裂纹。由最高容许硬度推算的临界碳当量为 0.45%，当钢中的碳当量高于此极限值时，就应采取防止冷裂纹的工艺措施。

2. 冷裂纹敏感性

在低合金钢焊接接头中，冷裂纹是最危险的一种缺陷。冷裂纹是焊接接头冷却到 100℃以下出现的一种裂纹。它通常在焊后经过一段时间才出现，故也称为延迟裂纹。在低合金钢焊接接头中，冷裂纹的形成与氢向热影响区的扩散和集聚直接有关，因此统称为氢致延迟裂纹。冷裂纹大部分在焊接接头的热影响区内产生，当焊缝金属的强度高于母材时，冷裂纹也可能在焊缝金属内形成。冷裂纹的分布可能平行于焊缝轴线，称为纵向裂纹，垂直于焊缝轴线分布的冷裂纹称为横向裂纹。促使低合金钢焊接接头冷裂纹形成的因素是多方面的，但主要是淬硬组织、氢的富集和拘束应力三要素共同作用的结果。但对于特定的焊接接头，冷裂纹可能是淬硬现象为主要原因的淬火裂纹，也可能是接头的高拘束度和缺口应力集中引起的撕裂。

3. 接头的韧性

低合金结构钢通过合金化和热处理共同的作用以及冶炼时的细晶粒处理，在供货状态通常具有较高的冲击韧度。而埋弧自动焊是一种大热输入焊接法，在焊后状态，焊缝金属具有粗大的铸造组织，其热影响区也会形成各种组织形态的粗晶组织。在厚板接头的多层多道焊缝中以及焊后热处理过程中会出现碳化物质点的沉淀，另外，在焊剂-熔化金属的冶金反应中的某些氧化物以非金属夹杂物的形式残留于焊缝金属中。在氮含量较高的钢中，焊接接头热影响区还会发生热应变脆化现象。所有这些变化都可能使接头的韧性明显下降。因此，在埋弧焊时应通过正确地选择焊剂、焊缝金属合理的合金化以及焊接参数的优化来保证接头的韧性。

4. 再热裂纹敏感性

含碳化物形成元素较高的低合金钢焊接接头，在高的拘束应力和危险的温度区间共同作用下会产生各种形式的再热裂纹。最主要的有三种。第一种是焊件在焊后消除应力处理过程中形成的，也称为消除应力处理裂纹。第二种是焊件在高温、高压的工作条件下长期运行过程中形成的，这种再热裂纹只是在工作温度下可能产生较严重的二次沉淀硬化的热强钢中产生。第三种是堆焊层下裂纹，它出现于奥氏体不锈钢带埋弧堆焊层下基材的热影响区内。当基材对再热裂纹极为敏感时，这种裂纹在多层堆焊后就能形成，有些是在堆焊件消除应力处理过程中形成的。

前两种再热裂纹都是在紧靠接头的熔合线，加热温度达 1200~1350℃的高温粗晶区内产生的，并沿着先前的奥氏体晶界扩展。再热裂纹形成的温度范围取决于钢的合金成分，大都在 550～650℃ 温度区间。其形成概率与加热温度和保温时间的关系如图 5-7 所示，图示的曲线表明，对于特定钢种都存在一个再热裂纹最敏感的加热温度-保温时间区间。

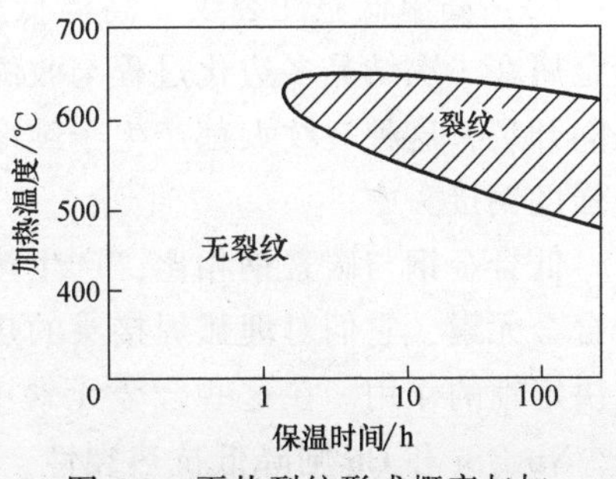

图 5-7 再热裂纹形成概率与加热温度和保温时间的关系

再热裂纹形成概率与合金元素含量有关。当合金元素含量超过某一临界值时，钢材的再热裂纹倾向随着合金元素含量的增加而加剧。

埋弧焊时，由于热影响粗晶尺寸较大，区域较宽，为再热裂纹的形成提供了有利条件，因此应从焊接冶金和工艺上采取相应措施，预防再热裂纹的产生。

5. 热裂纹敏感性

低合金钢由于含有一定量的合金元素，且碳、硫有害元素含量较低，其热裂倾向比普通碳素钢低得多。但在埋弧焊时，焊接热输入较大，熔池尺寸较大，柱状晶体发达，晶间偏析较严重，焊接接头中也会出现各种形式的热裂纹，即结晶裂纹、液化裂纹和高温低塑性裂纹。

(1) 结晶裂纹　结晶裂纹是指焊接熔池结晶后期，液相和固相并存的温度区间，由于晶间偏析和收缩应变的共同作用，沿初次结晶晶界形成的裂纹。它们多半分布于焊缝中心的偏析区或柱状晶体与树枝状晶体之间，如图 5-8 所示。采用大规范埋弧焊焊接 C-Mn 钢和 C-Si-Mn 钢时，焊缝中经常会出现这种裂纹。

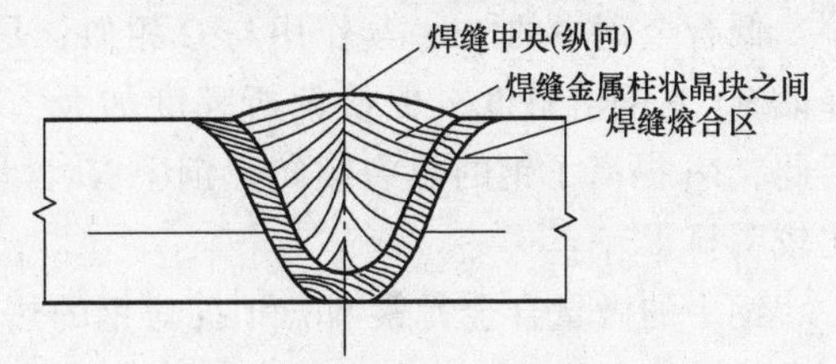

图 5-8 结晶裂纹的分布及形成部位

(2) 液化裂纹　液化裂纹是指接头近缝区和多层焊缝层间重熔区，晶粒间的低熔点偏析相在电弧热作用下熔化和重新分布，并在焊接收缩应变作用下产生的晶间开裂。这种裂纹起源于紧靠熔合线的母材过热区，并沿粗大奥氏体晶界扩展。有时与焊缝金属柱状晶边界连通而形成结晶裂纹的一部分。在低合金钢接头中，液化裂纹的形成部位及形状如图 5-9 所示。它多半产生于含偏析元素较多的低合金钢埋弧焊接头中。

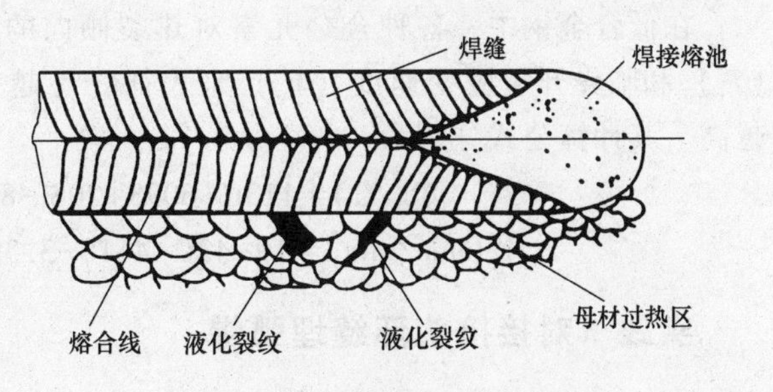

图 5-9 低合金钢接头近缝区液化裂纹的形成部位及形状

（3）高温低塑性裂纹　高温低塑性裂纹是指焊接熔池凝固后继续冷却时，焊缝金属在二次结晶多边化过程与收缩应变的相互作用下，塑性急剧下降而最终出现晶间开裂，这种裂纹大都产生于纯净度较低、二次晶界物理不均匀性严重的低合金高强度钢接头中。

低合金钢与碳素钢相比，产生热裂纹的原因是类似的，但低合金钢内含有众多的合金元素，它们对埋弧焊接头的热裂倾向有一定的影响，在某些钢中，甚至会产生决定性的作用。在这些合金元素中，Mn、Mo、W 和 V 能提高焊缝的抗热裂性；Ti、Nb、Si 和 Cu 则降低抗热裂性，而 Cr 和 B 对热裂性几乎没有影响。

焊缝金属中加入合金元素 Mn 可抑制硫的有害作用，它与硫可形成熔点较高的 MnS（1620℃），取代了可能促使热裂纹形成的低熔点 FeS 共晶（983℃）。增加 Mn 含量还能缩小 Fe-C 二元合金的结晶温度区间，并使硫化物从薄片状变成球形。焊缝金属中 Mn/Si 含量比对热裂倾向有一定的影响。当 Mn/Si<2 时，就可能出现裂纹。通常为防止热裂的形成，Mn/Si 含量比应大于 3。Mo 和 V 等合金元素可缩小 γ 相区，减小 S、P 的偏析程度，还细化初次结晶，增大晶界面积而降低了杂质密集的程度，同时它们还能减少硫化夹杂物。因此，含 Mn、Mo、V 元素的低合金钢与普通碳素钢相比，具有较高的抗热裂性。

低合金钢中的 Ni，其作用与 C 相似，是奥氏体化形成元素，它可扩大 γ 相区，降低 S、P 的溶解度，促使偏析程度加大，硫化物易于呈膜状分布于树枝状晶界。因此，Ni 提高了钢的热裂倾向。钢中 Ni 含量超过 1.5%（质量分数），其作用已经比较明显了。

钢中的微量合金元素 Nb 和 Ti 对钢的热裂倾向也有较大的影响。Nb 和 Ti 能与 C 形成低熔点共晶 NbC 和 TiC，从而扩大了钢的高温脆性温度区间。钢中 Nb 含量超过 0.035%（质量分数），就可能导致埋弧焊焊缝中热裂纹的形成。

在低合金钢中，S 和 P 有害杂质对热裂倾向的影响取决于钢中的 C 含量和合金元素的种类和含量。在含镍的低合金钢中，S 和 P 的影响相当显著。因此，在这类低合金钢埋弧焊时，应严格控制焊丝和焊剂中的硫、磷含量，S+P 的质量分数不应超过 0.025%。

在低合金钢中，各种合金元素对热裂倾向的综合影响，可以用结晶温度区间（T_r）和临界开裂应变速度（V_c）来表征。T_r 越大，V_c 越低，则钢材的热裂倾向越高。其计算公式分别为

$$T_r(℃)=113C+609S+20Si-8.7Mn-14Mo \quad (5\text{-}3)$$

$$V_c(mm/min)=19-42C-411S-3.3Si+5.6Mn+6.7Mo \quad (5\text{-}4)$$

实践　对接接头环缝埋弧焊

1. 操作准备

（1）工件　工件材质为 Q235 钢。

（2）焊丝 直径为5mm的H08A或H08MnA焊丝，焊前除锈。定位焊用直径为4mm的E4303焊条。

（3）焊剂 焊剂牌号为HJ431，使用前烘干，烘干温度为200~250℃，保温1~2h，焊剂颗粒度为0.4~2.5mm。

（4）焊机及辅助设备 MZ-1000型埋弧自动焊机、滚轮架、操作机等。

2. 任务分析

环缝埋弧焊是制造圆柱形容器最常用的一种焊接形式。圆柱形筒体筒节的对接焊缝称为环缝。环缝焊接与直缝焊接最大的不同点就是，环缝焊接时必须将工件置于滚轮架上，由滚轮架带动工件旋转，而焊机固定在操作机上部，仅有焊丝向下输送的动作。因此工件旋转的线速度就是焊接速度。如果焊接筒体的内环缝，则需将焊机置于操作机上，然后操作机伸入筒体内部进行焊接。为了得到良好的焊缝成形，环缝对接焊的焊接位置为平焊位置，焊丝相对于筒体中心的旋转方向有一个偏移量 a，焊丝的偏置距离随所焊筒体直径而变，一般 $a=50\sim70\text{mm}$，如图5-10所示，进行内、外缝焊接时，焊接熔池能基本上保持在水平位置凝固。

环缝埋弧焊焊接参数见表5-4。筒体内、外环缝的焊接顺序一般是先焊内环缝，后焊外环缝。双面埋弧焊焊接内环缝时，可使用内伸式焊接小车（见图5-11）或立柱式操作机；焊接外环缝时，可使用立柱操作机或平台式、龙门式操作机。内环缝焊完后，一般要用碳弧气刨清根，打磨后再焊外缝。

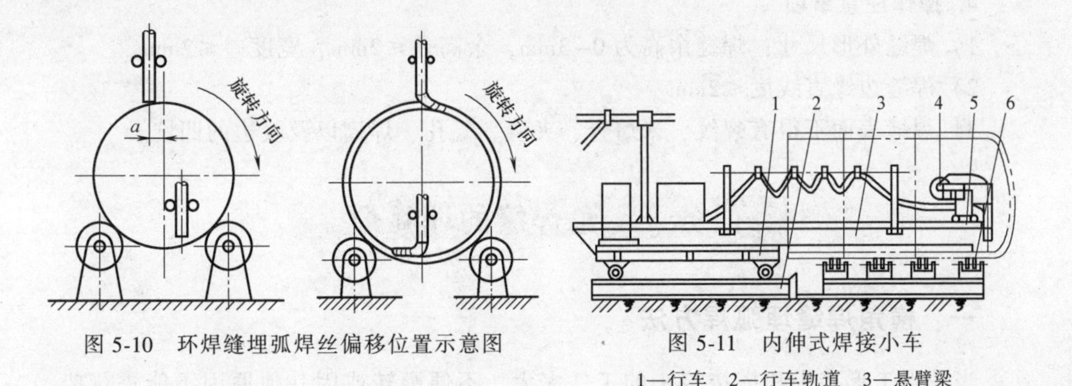

图5-10 环焊缝埋弧焊焊丝偏移位置示意图

图5-11 内伸式焊接小车

1—行车 2—行车轨道 3—悬臂梁

4—焊接小车 5—小车导轨 6—滚轮架

表5-4 环缝埋弧焊焊接参数

焊丝牌号	焊丝直径/mm	焊剂牌号	焊接电流/A	电弧电压/V	焊接速度/(m/h)	焊丝偏移量/mm
H08A	4	HJ431	700~720	38~40	28~30	35

3. 操作步骤

施焊前，将焊剂垫安放在待焊部位；检查操作机、滚轮架的运转情况，全部正常后，将装配好的筒体吊运至滚轮架上，使筒体环缝对准焊剂垫并压在上面。驱动内环缝操作机，使悬臂伸入筒体内部，并调整焊机的送丝机构，将焊丝调整到偏离筒体中心35mm的地方处于上坡焊位，并使焊剂对准环缝的拼接处。为了使焊机的启动和筒体旋转同步，事先应将滚轮架驱动电动机的开关接在焊机的“启动”按钮上。焊接收尾时，焊缝必须首尾相接，并重叠一定长度（重叠长度至少要达到一个熔池的长度）。内环缝焊完后，从筒体外面对接处用碳弧气刨清理焊根。刨槽深6~7mm，宽12~19mm。碳弧气刨的工艺参数为：圆形实心碳棒，直径为8mm，刨削电流为300~350A，压缩空气的压力为0.5MPa，刨削速度控制为32~40m/h。气刨时，可随时转动滚轮架，以达到气刨的合理位置。刨槽力求深浅、宽窄均匀。气刨结束后，应彻底清除刨槽内及两侧的焊渣，并用钢丝刷刷干净。松开焊剂垫，使其脱离筒体，然后将操作机置于筒体上，调节焊丝对准环缝的拼接处，使焊丝偏离中心约35mm，相当于下坡焊位，准备焊接外环缝，其他焊接参数不变。

层间清渣操作时，一般应有两人同时进行，一人操作焊机，另一人负责清渣。焊层较多时，每层焊道的排列应平满、均匀，焊缝与坡口边缘熔合良好，避免出现死角，防止未熔合和夹渣。层间清渣较困难时，可使用风铲协助清渣。

焊接结束时，环缝始端与尾端应重合30~50mm。焊完后，整理工具设备，关闭电源，清理打扫场地，做到“工完场清”。待焊缝冷却后，清除焊缝表面的渣壳。

4. 操作注意事项

1）焊缝外形尺寸：焊缝余高为0~3mm，余高差≤2mm，宽度差≤2mm。

2）焊缝边缘直线度≤2mm。

3）焊缝表面不得有裂纹、未熔合、夹渣、气孔、焊瘤以及咬边的凹坑。

任务三　角焊缝的埋弧焊

一、横角焊缝埋弧焊方法

当采用T形接头和搭接接头的工件太大、不便翻转或因其他原因不能进行船形焊时可采用焊丝倾斜布置的横角焊来完成，即焊缝不放置成船形位置而是将焊丝对着焊缝倾斜放置，如图5-12所示。

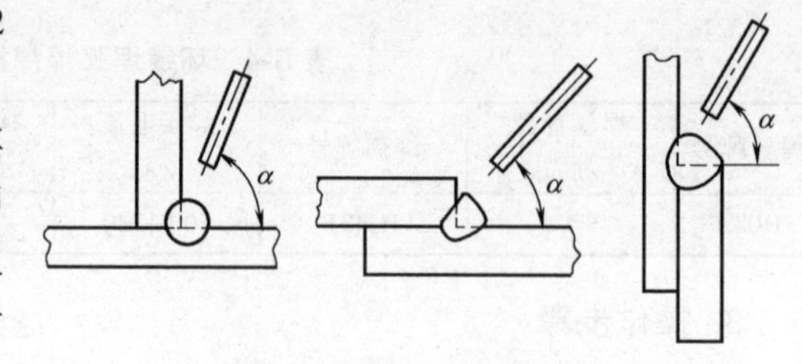

图5-12　横角焊缝埋弧焊焊丝位置示意图

横角焊在生产中应用很广，其优点是对接头装配间隙不敏感，即使间隙达到2~3mm，也不必采取防止液态金属流失的措施，因而对接头装配质量要求不严格。由于横角焊熔池不在水平位置，熔池中的液体会属因自重的关系不利于立板侧的焊缝成形，使焊接时可能达到的焊脚尺寸受到限制，因而单道焊缝的焊脚高一般不能超过8mm，更大的焊脚需采用多道焊焊接。

横角焊时，焊丝与工件的相对位置对焊缝成形影响很大，当焊丝位置不当时，易产生咬边或使立板产生未熔合，如图5-13所示。

为保证焊缝的良好成形，焊丝与立板的夹角α应保持在15°~45°范围（一般为20°~30°）。选择焊接参数时应注意电弧电压不宜太高，这样可减少焊剂的熔化量而使熔渣减少，以防止熔渣流溢。使用较细焊丝可减小熔池体积，有利于防止熔池金属的流溢，并能保证电弧燃烧的稳定。横角焊缝埋弧焊的焊接参数见表5-5。

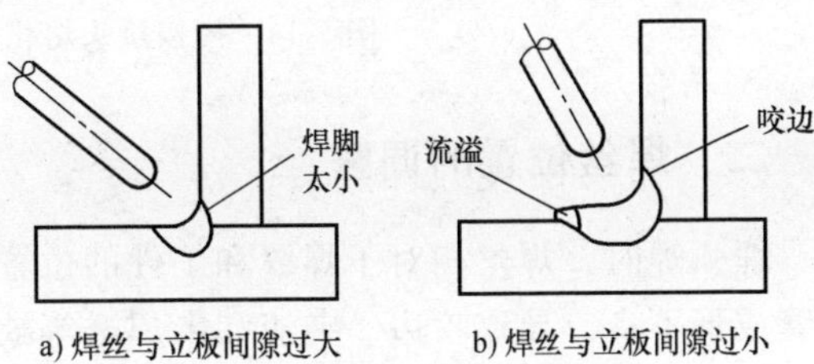

图5-13　横焊角焊缝埋弧焊焊丝与焊件的相对位置示意图

表5-5　横角焊缝埋弧焊的焊接参数

焊脚高度/mm	焊丝直径/mm	焊接电流/A	电弧电压/V	焊接速度/(m/h)
3	2	200~220	25~28	60
4	2	280~300	28~30	55
	2	350	28~30	55
5	2	375~400	30~32	55
	3	450	28~30	55
6	3	450~470	28~30	54~57
	4	480~500	28~30	57~60
7	2	375~400	30~32	28
	3	500	30~32	48
8	3	500~530	31~32	45~47
	4	670~700	32~34	36~51

在焊接钢板竖直放置的搭接接头时，如果搭接接头的上部钢板厚度不超过8mm，则角焊缝可以直接用竖直放置焊丝的方法焊成，焊接时焊丝必须准确地沿着焊缝移动，此时，上部钢板的边缘将被熔化，但这种情形必须采用细焊丝和特殊的焊剂保持装置，如图5-14a所示。如果焊丝偏向上部边缘，则可能产生未焊透的现象，如图5-14b所示。如果向反方向偏移时，则可能烧穿钢板，如图5-14c所示。当两块钢板厚度为6~8mm时，可直接进行焊接，但当下面的一块钢板较薄时，可以应用焊剂垫、铜垫板和焊剂-铜垫板进行焊接。

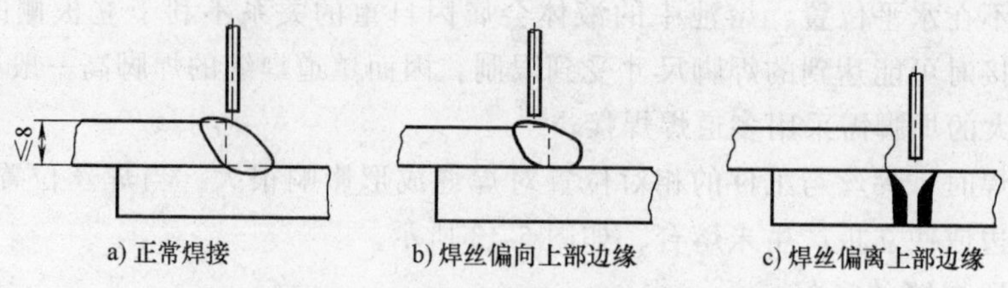

图 5-14　搭接接头熔化边缘焊接方法

二、焊丝位置的调整

埋弧焊时，焊丝相对于焊缝和工件的位置也很重要。不合适的焊丝位置会引起焊缝成形不良，导致咬边、夹渣和未焊透等缺陷的形成。因此，焊接过程中应随时调整焊丝的位置，使其始终保持在所要求的正确位置上。焊丝的位置包括焊丝中心线与接缝中心线的相对位置，焊丝相对于接头平面的倾斜角，焊丝相对于焊接方向的倾斜以及多丝焊时焊丝之间的距离和相对的倾斜。

在薄板对接焊和厚板开坡口焊缝的根部焊接时，焊丝的中心线必须对准接缝的中心线，如图 5-15a 所示。如果焊丝偏离接缝中心线超过容许范围，则很可能产生未焊透，如图 5-15b 所示。在焊接不等厚对接接头时，焊丝应适当向较厚侧工件偏移一定距离，以使接头两侧均匀熔合，如图 5-15c 所示。

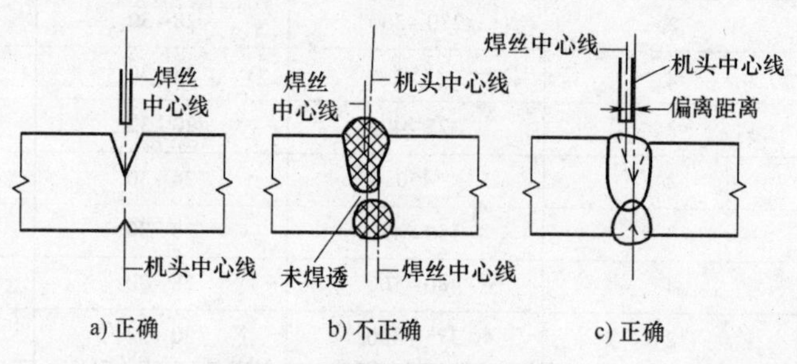

图 5-15　焊丝焊缝相对位置

埋弧焊的角焊缝主要出现在 T 形接头和搭接接头中。在 T 形接头的平角焊时，焊丝的位置如图 5-16 所示。焊丝中心线应向工件底板平移 $d/4 \sim d/2$ 的距离（视平板和立板的厚度差而定）。在焊接焊脚尺寸较大的角焊缝时，应选用较大的焊丝偏移量。不恰当的焊丝位置可能会引起 T 形接头立板侧的咬边，或可能形成外形不良、焊脚尺寸不等的角焊缝。

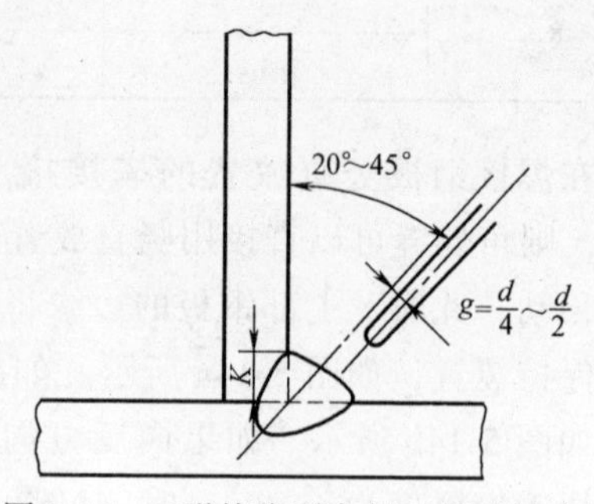

图 5-16　T 形接头平角焊时焊丝的位置

g—偏移量　d—焊丝直径　K—焊脚尺寸

T 形接头平角焊时，焊丝相对于立板

平面位置的倾斜角为 20°~45°，正确的角度视 T 形接头的立板和底板的相对厚度而定，焊丝应靠近厚度较大的部件。

当工件易于翻转时多采用船形位置焊接。在船形位置焊接时，通常将焊丝放在竖直位置并与工件相交成 45°，如图 5-17a 所示。在要求较深的熔透时，工件的倾斜度可调整到图 5-17b 所示的倾斜角度。为防止咬边，焊丝也可略做倾斜。

在厚板深坡口对接焊时，除了根部焊缝需对中接缝中心外，填充层焊道焊接时，焊丝与坡口侧壁的距离应大致等于焊丝的直径，如图 5-18 所示。焊接过程中应始终保持焊丝与坡口侧壁的间距在容许范围内。如果间距太小，则很易产生咬边；如果间距太大，则会出现末熔合。在实际生产中，厚壁深坡口接头会经常由于焊丝与坡口侧壁的间距掌握不当而出现上述缺陷。

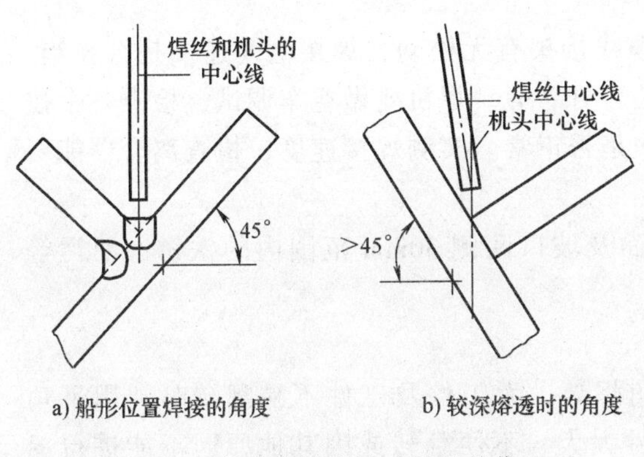

a) 船形位置焊接的角度　b) 较深熔透时的角度

图 5-17　船形位置焊接时焊丝的位置

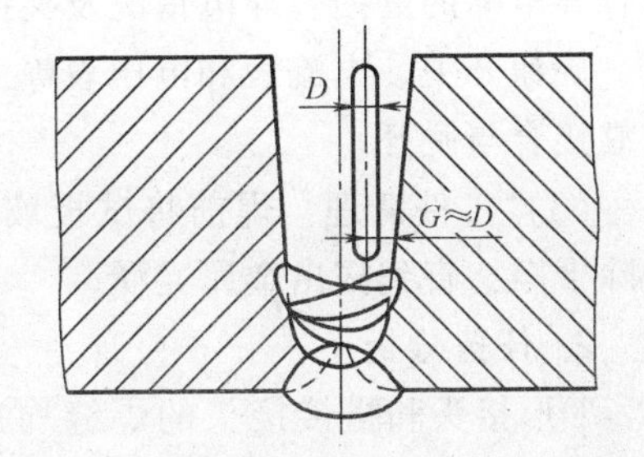

图 5-18　多道焊焊丝与坡口侧壁间的距离

G—焊丝与坡口侧壁间距离　D—焊丝直径

在较先进的埋弧焊装置中，装有焊接机头的自动跟踪系统，焊丝与侧壁间距调定后，焊丝的位置可通过自动跟踪机构始终保持在最佳的焊接位置，从而获得高质量的无缺陷的焊缝，另外也减轻了焊工的劳动强度。

多丝埋弧焊中最常用的是纵列焊丝双丝埋弧焊，该焊接方法每根焊丝由单独的送丝机构送进，并由独立的焊接电源供电。纵列焊丝双丝埋弧焊的焊接电源一般只能采用直流和交流联用，如果两个电源均为直流电源，则电弧偏吹现象十分严重。通常将前置焊丝接直流电源，有利于增加熔深；后置焊丝接交流电源，有利于焊缝成形。另外，焊丝相对于工件保持正确的位置更为重要。与单丝焊相比，这种双丝埋弧焊还增加了焊丝间距和焊丝间倾斜角等参数，增加了操作的复杂性。图 5-19 所示为纵列焊丝双丝纵缝埋弧焊焊接时，两焊丝间的相对位置。

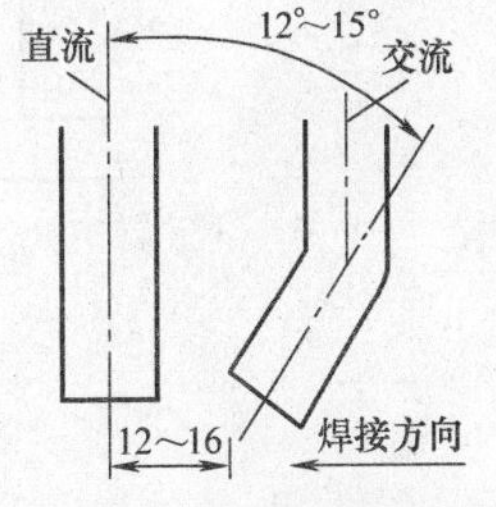

图 5-19　双丝焊焊丝的位置

实践 T形接头角焊

1. 操作准备

(1) 安全检查

1) 正确穿戴劳保用品，确保焊接场所排烟除尘良好。

2) 电源和控制箱的壳体必须可靠接地。

3) 清除焊车行走通道上可能造成工件短路的金属物件，避免因短路中断焊接。

4) 按“启动”按钮前，应放好焊剂，以免出现明弧。

5) 接通电源后，不可触及电缆接头、焊丝、导电嘴、焊丝盘及支架等带电体，防止触电。

(2) 焊前检查 检查焊机控制电缆线接头有无松动，焊接电缆连接是否妥当。检查导电嘴的磨损、导电情况及夹持是否可靠等。焊机要做空车调试，检查各个按钮、旋钮开关、电流表和电压表等工作是否正常。实测焊接速度，检查离合器能否可靠接合与脱开。

(3) 工件清理 焊前将试板坡口面及坡口两侧30mm范围内的铁锈、油污等清除干净，直到露出金属光泽。

2. 任务分析

T形接头和搭接接头的焊缝均是角焊缝。大工件及工件不易翻转时则用平角焊。当采用T形接头和搭接接头的工件太大、不便翻转或因其他原因不能进行船形焊时，可采用焊丝倾斜布置的平角焊来完成。为保证焊缝的良好成形，焊丝与立板的夹角α应保持在15°~45°（一般为20°~30°）。平角焊缝埋弧焊示意如图5-20所示。T形接头平角焊缝埋弧焊焊接参数见表5-6。

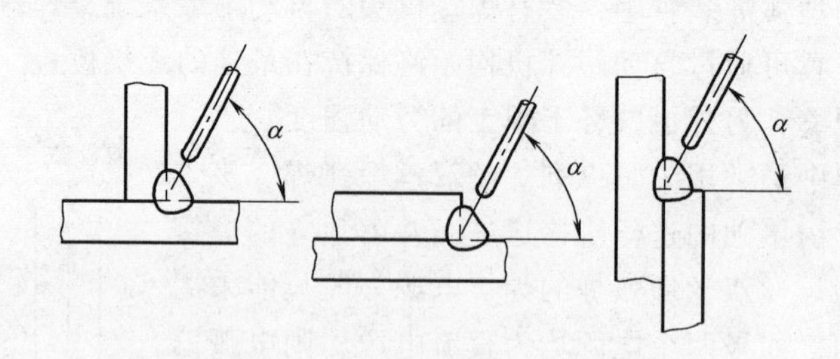

图5-20 平角焊缝埋弧焊示意图

表5-6 T形接头平角焊缝埋弧焊焊接参数

焊缝层次	焊丝直径/mm	焊接电流/A	电弧电压/V	焊接速度/(m/h)
1	4	700~750	36~39	25~30
2		650~700	36~38	

3. 操作步骤

工件装配要求如图 5-21 所示。划装配线，工件的根部装配间隙为 1～1. 5mm。先在试板两面进行定位焊，定位焊缝长 10～15mm；然后在试板两端焊引弧板与引出板，引弧板与引出板的尺寸为 100mm×60mm×14mm。

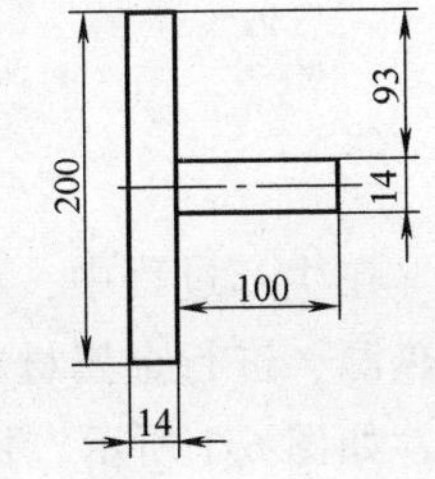

图 5-21　工件装配图

1）在焊缝起焊处和收尾处堆放足够的 HJ431 焊剂。在焊接过程中，应保证工件正面贴紧焊剂，防止工件因变形而与焊剂脱离后产生焊接缺陷。

2）调节焊机机头，使焊丝伸出端处于坡口的中心线上。松开焊接小车离合器，往返拉动焊接小车，使焊丝始终处于整条焊缝的中心线上；若有偏离，应调整焊机机头或工件的位置。焊丝与立板的夹角 α 应保持在 15°～45°（一般为 20°～30°）。

3）将小车推至引弧板端，锁紧小车行走离合器；接通焊接设备电源，按动控制盘上的“送丝”按钮，使焊丝与引弧板可靠接触；给送焊剂，让焊剂覆盖住焊丝伸出部分的起焊部位。在空载状态下调节焊接参数，达到要求值。按下“启动”按钮，引燃电弧。

4）引弧后，便开始焊接。焊接过程中应注意观察焊接电流表与电压表的读数是否与选定参数相符；如果不相符，应及时调整到规定值。同时要注意焊剂的覆盖情况，要求焊剂在焊接过程中必须覆盖均匀，不应过厚，也不应过薄而露出弧光。小车走速应均匀，注意防止电缆缠绕而阻碍小车的行走。

5）焊接过程进行到熔池全部到达引出板后，分两步收弧。第一步，先关闭焊剂漏斗，再按下一半“停止”按钮，使焊丝停止送进，小车停止前进，但电弧仍在燃烧，以焊丝继续熔化来填满弧坑；第二步，估计弧坑将要填满时，全部按下“停止”按钮，电弧完全熄灭，结束焊接。

6）松开小车离合器，将小车推离焊件；回收焊剂，清除渣壳，并检查焊缝外观质量。

7）用同样的方法完成另一条焊缝的焊接。

8）焊接完毕，回收未熔化焊剂，整理工具设备，关闭电源，清理打扫场地，做到“工完场清”。待焊缝金属及熔渣完全凝固并冷却后，清除渣壳，并检查焊缝外观质量。

4. 操作注意事项

主要检查焊接质量及学生使用焊丝的实时情况。

气焊与气割

在生产过程中，利用可燃与助燃性气体混合后在燃烧过程中所释放出的热量作为热源，进行金属材料的焊接或切割，是金属材料热加工中常常会用到的工艺方法，如图6-1所示。目前可燃气体种类繁多，应用最普遍的当属乙炔，次之为液化石油气，助燃气体用得最多的就是氧气。乙炔与氧气混合燃烧可达到的温度为3000~3300℃。氧乙炔焰通常用于焊接较薄的钢件、熔点低的材料及铸铁等，也常被用于火焰钎焊、堆焊以及钢结构变形后的火焰矫正等。

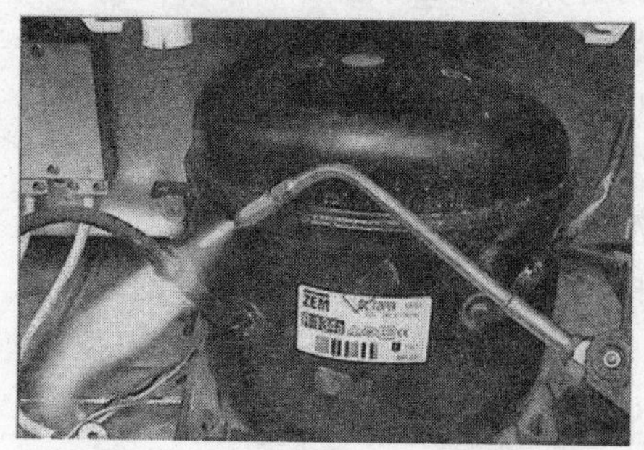

a) 气焊

b) 气割

图6-1　气焊与气割

任务一　钢板平敷气焊

一、气焊所用材料

1. 氧气

在常温常压下，氧是气态的，即氧气。氧气是一种无色、无味、无毒的气体，在标准状态下（温度为0℃，压力为0.1MPa），氧气的密度是1.429kg/m^3。

氧气无法自燃，但它是极好的助燃气体。氧气的化学性质极为活泼，它能与自然界的绝大多数元素（除惰性气体外）发生化合反应（氧化反应）。氧气的氧化能力随着温度的升高和压力的增大而增强。需要注意的是，工业中经常会用到高压氧气，如果它与矿物油、脂肪及其他易燃物质相接触，就会发生剧烈的氧化而使易燃物自行燃烧，甚至发生爆炸，因此在使用时必须特别注意安全。

工业所用氧气是从空气中提取的。气焊过程中，氧气的纯度对于气焊和气割工作的质量、工作进行的速度以及氧气本身的消耗量都有直接的关系。根据GB/T 3863—2008《工业氧》规定，工业氧可分为两个规格，即纯度不低于99.5%（体积分数）和纯度不低于99.2%（体积分数），且不得含游离水。

2. 乙炔

乙炔是一种无色而有特殊臭味的气体。在标准状态下，其密度是1.179kg/m^3。乙炔是一种碳氢化合物，其分子式为C_2H_2。乙炔的密度比空气小，在常温常压下乙炔为气态，因此也称为乙炔气。

乙炔是一种具有爆炸性的危险气体。当乙炔的温度超过300℃，且压力增加到0.15~0.2MPa时就容易发生爆炸。当乙炔在空气中的含量在2.8%~81%（体积分数）的范围内，或者乙炔在氧气中的含量在2.8%~93%（体积分数）的范围内所形成的混合气体，只要遇到明火都会立刻爆炸。

乙炔与铜或银长期接触后会产生一种爆炸性的化合物，即乙炔铜和乙炔银，当它们受到剧烈振动或者加热到110~120℃时就会引起爆炸，因此凡与乙炔接触的器具、设备禁止用纯铜制造，只准用铜的质量分数不超过70%的铜合金制造。

乙炔爆炸时会产生高热，特别是产生高压气浪，其破坏力很强，因此使用乙炔必须注意安全。如果将乙炔储存在毛细管中，其爆炸性就大大降低，即使把压力增高到2.7MPa也不会爆炸。由于乙炔能大量溶解于丙酮溶液，利用乙炔的这个特性，将乙炔装入置有丙酮溶液和多孔复合材料的乙炔瓶内储存和运输。

3. 液化石油气

液化石油气是裂化石油的副产品，其主要成分是丙烷（C_3H_8）、丁烷（C_4H_{10}）、丙烯（C_3H_6）、丁烯（C_4H_8）和少量的乙烷（C_2H_6）、乙烯（C_2H_4）等碳氢化合物。如果将石油气加上0.8~1.5MPa的压力，就会变成液体，装入瓶中，便于储存和运输。

液化石油气的几种主要成分均能与空气或氧气构成具有爆炸性的混合气体，但具有爆炸危险的混合物比值范围比乙炔窄，因此比使用乙炔安全些。由于液化石油气在氧气中燃烧时的温度比乙炔在氧气中燃烧的温度低，因此当液化石油气作为可燃气体，用于切割钢板时，切口表面光洁，棱角整齐，氧化铁渣易打掉，切口表面硬度和碳含量低于氧乙炔气割，切割薄板时变形小。在切割时，由于液化石油气与氧燃烧速度低，因此要求割嘴有较大的混合气体喷出截面，以降低流速和保证良好的燃烧。

4. 气焊丝和气焊焊粉

在气焊过程中，气焊丝的正确选用很重要，因为它被不断地送入熔池内，并与熔化的母材熔合形成焊缝，所以焊缝的质量在很大程度上和气焊丝的质量有关，为此必须给予重视。

气焊丝的化学成分应基本上与工件相符合，以保证焊缝具有足够的力学性能。

焊丝表面应无油脂、锈斑及涂料等污物。焊丝应能保证焊缝具有必要的致密性，即不产生气孔及夹渣等缺陷。气焊丝的熔点应与工件熔点相近，并在熔化时不产生强烈的飞溅或蒸发。

气焊时，为了防止金属的氧化及消除已经形成的氧化物，在焊接有色金属、铸铁以及不锈钢等材料时，通常须采用气焊用焊粉，气焊用焊粉的种类、用途及性能见表 6-1。

表 6-1　气焊用焊粉的种类、用途及性能

牌号	名称	应用范围	基本性能
CJ101	不锈钢及耐热钢焊粉	不锈钢及耐热钢	熔点约为 900℃，有良好的润湿作用，能防止熔化金属被氧化，焊后焊渣易清除
CJ201	铸铁焊粉	铸铁	熔点约为 650℃，呈碱性反应，富有潮解性，能有效去除铸铁在气焊时所产生的硅酸盐和氧化物，有加速金属熔化的功能
CJ301	铜焊粉	铜及铜合金	熔点约为 650℃，系硼基盐类，易潮解，呈酸性反应，能有效消除氧化铜和氧化亚铜
CJ401	铝焊粉	铝及铝合金	熔点约为 560℃，呈碱性反应，能有效地破坏氧化铝膜，因富有潮解性，在空气中能引起铝的腐蚀，焊后必须将焊渣清除干净

起化学作用的焊粉是由一种或几种酸性氧化物（或碱性氧化物）组成的，因此又分成酸性和碱性两种。如果被焊金属产生的氧化物是酸性的，就采用碱性的焊粉中和它；相反，如果被焊金属产生的氧化物是碱性的，就采用酸性的焊粉中和它。酸性氧化物和碱性氧化物中和后生成低熔点的盐类。

在气焊前，气焊焊粉可以直接撒在坡口上，或蘸在气焊丝上加入熔池。在高温下，它与金属熔池内的金属氧化物或非金属夹杂物相互作用生成熔渣。同时，由于生成的熔渣覆盖在熔池表面，而把熔池与空气隔绝开来，这就防止了熔池金属在高温时被继续氧化，从而改善了焊缝金属的质量。

二、气焊设备及工具

气焊设备及工具的连接如图 6-2 所示。气焊时由多个设备共同工作，下面分别讲解关联设备。

1. 氧气瓶及其使用

氧气瓶的形状和构造如图 6-3 所示，由瓶体、瓶帽、瓶阀及瓶箍等组成。氧气瓶是储存和运输氧气的一种高压容器，其外表涂天蓝色，瓶体上用黑色涂料（黑漆）标注“氧气”两字。常用气瓶的容积为 40L，在 15MPa 的压力下，可储存 $6m^3$ 的氧气。由于瓶内压力高，而且氧气是极活泼的助燃气体，因此必须严格按照安全操作规程使用。

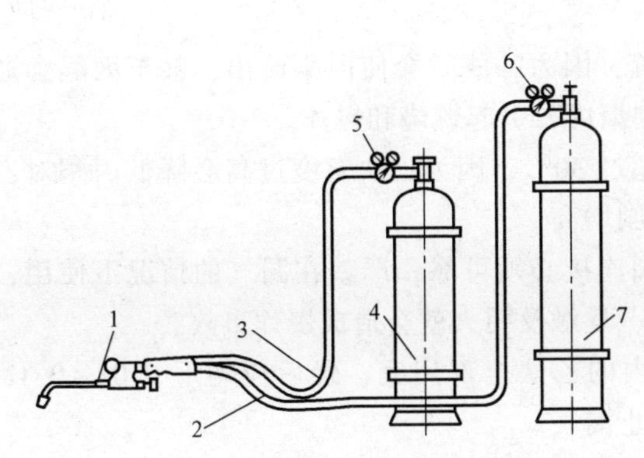

图 6-2 气焊设备及工具的连接

1—焊炬 2—氧气胶管 3—乙炔胶管 4—乙炔瓶 5—乙炔减压阀 6—氧气减压阀 7—氧气瓶

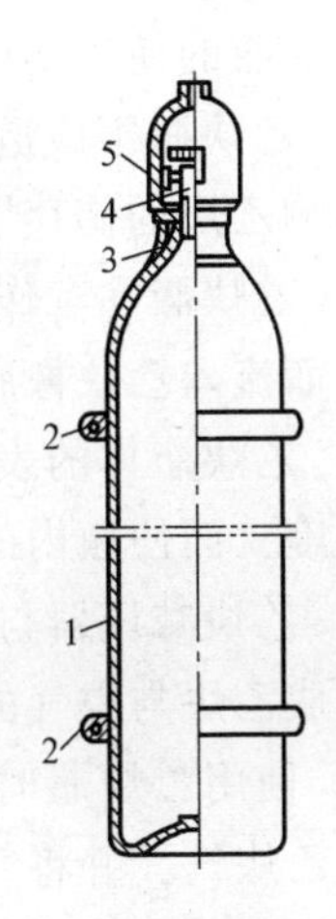

图 6-3 氧气瓶的形状和构造

1—瓶体 2—防振橡胶圈 3—瓶箍 4—瓶阀 5—瓶帽

氧气瓶的使用规则较多，具体如下：

1）室内或室外使用氧气瓶时，都必须将氧气瓶妥善安放，以防止倾倒。在露天使用时，氧气瓶必须安放在凉棚内，以避免太阳光的强烈照射。

2）氧气瓶一般应该直立放置，只有在个别情况下才允许卧置，但此时应该把瓶颈稍微搁高一些。

3）氧气瓶上严禁沾染油脂，也不允许戴有油脂的手套去搬运氧气瓶，以免发生事故。

4）取瓶帽时，只能用手或扳手旋取，禁止用铁锤等铁器敲击。

5）冬季使用氧气瓶时，如果氧气瓶冻结应该使用浸了热水的棉布盖上使其解冻，严禁采用明火直接加热。

6）使用时不应该将氧气瓶中的氧气全部用完，最后至少要剩下 0.1MPa 压力的氧气。

7）氧气瓶在运送时应避免互相碰撞，不能与可燃气体气瓶、油料以及其他任何可燃物放在一起运输。在厂内运输时应用专用小车，并加以固定。

2. 乙炔瓶及其使用

通常乙炔瓶内的多孔性填料是采用质轻而多孔的活性炭、木屑、浮石以及硅藻土等合制而成的。乙炔瓶是一种储存和运输乙炔用的容器，其形状和构造如图 6-4 所示，其外表涂白色，并用红漆标注“乙炔”两字，瓶口安装专门的乙炔瓶阀。乙炔瓶的工作压力为 1.5MPa，在瓶体内装有浸满丙酮的多孔性填料，能使乙炔稳定而又安全地储存在乙炔瓶内。当使用时，溶解在丙酮内的乙炔就分解出来，通过乙炔瓶阀流出，而丙酮仍留在瓶内，以便溶解再次压入的乙炔。乙炔瓶阀下面填料中心部分的长孔内放着石棉，作用是帮助乙炔从多孔性填料中分解出来。

乙炔瓶的使用要严格遵守以下几点：

1）乙炔瓶不应遭受剧烈的振动或撞击，以免瓶内的多孔性填料下沉而形成空洞，影响乙炔的储存。

2）乙炔瓶在工作时应直立放置，因为卧放时会使丙酮流出，甚至丙酮会通过减压器而流入乙炔橡胶气管和焊/割炬内，引起燃烧和爆炸。

3）乙炔瓶体的表面温度不应超过30℃，因为乙炔温度过高会降低丙酮对乙炔的溶解度，而使瓶内的乙炔压力急剧增高。

4）乙炔减压器与乙炔瓶的瓶阀连接必须可靠，严禁在漏气的情况下使用，否则会形成乙炔与空气的混合气体，一旦触及明火就会造成爆炸事故。

5）使用乙炔瓶时，不能将瓶内的乙炔全部用完，最后应剩下0.05～0.1MPa压力的乙炔气，并将气瓶阀关紧防止漏气。

3. 液化石油气瓶

液化石油气瓶是一种储存和运输液化石油气用的容器，其形状和构造如图6-5所示。其外表涂银灰色，并用红色涂料（红漆）标注“液化石油气”字样。液化石油气瓶的工作压力为1.57MPa。

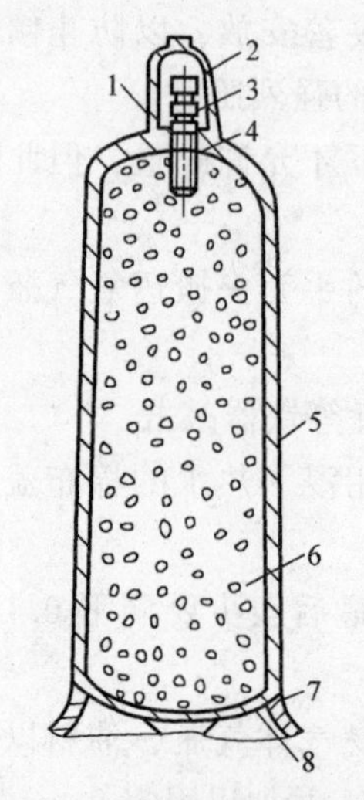

图6-4 乙炔瓶的形状和构造

1—瓶口 2—瓶帽 3—瓶阀 4—石棉 5—瓶体 6—多孔性填料 7—瓶座 8—瓶底

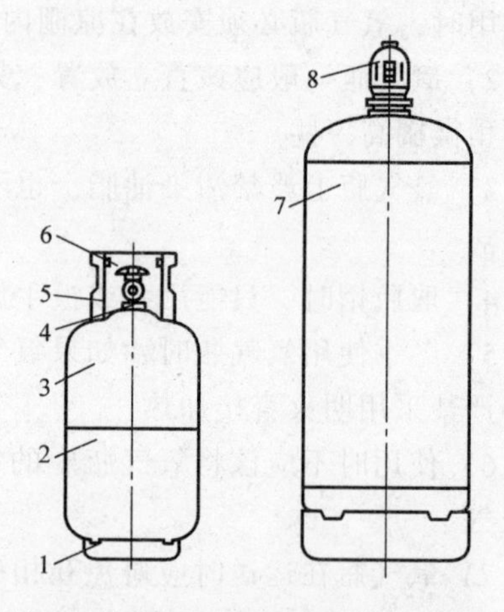

图6-5 液化石油气瓶的形状和构造

1—底座 2—下封头 3—上封头 4—瓶阀座 5—护罩 6—瓶阀 7—筒体 8—瓶帽

用气量大的工厂也可采用容量大的储罐储存液化气，储罐的容量按气体需用量确定（由专业单位设计），并用管道输送到各使用点。现有一种液化石油气储运槽车，既可运送液化石油气，也可作为储罐用于供气。储运槽车须配有安全阀、压力表、液面计、人孔和排污管等附件，其设计和制造应按《液化石油气汽车槽车安全管理规定》的要求进行。

4. 单级反、正作用式减压器及其使用

单级反、正作用式氧气减压器的构造如图 6-6 所示。

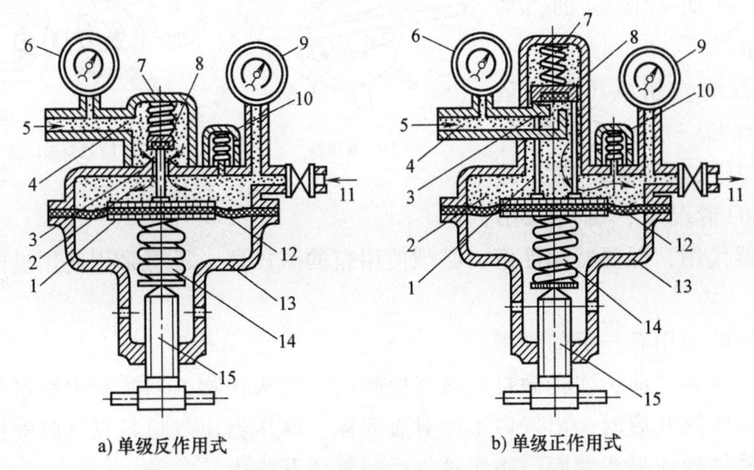

图 6-6 单极反、正作用式氧气减压器的构造

1—传动杆 2—低压室 3—活门座 4—高压室 5—气体入口
6—高压表 7—副弹簧 8—减压活门 9—低压表 10—安全阀
11—气体出口 12—弹性薄膜 13—外壳 14—主弹簧 15—调节螺钉

单级反作用式氧气减压器工作时，氧气从气瓶经入口进入高压室，高压表显示瓶内气体压力。准备气焊或气割时，转动调节螺钉压迫主弹簧，通过弹性薄膜、弹簧的压力作用到传动杆将活门顶开。当高压室内的气体经活门与活门座间的缝隙流入装有弹性薄膜的低压气室时，由于其体积的膨胀而使压力降低，此时低压表显示出低压室内的气体压力。根据低压表读数转动调节螺钉，以调至合适的压力，气体经出口流出送往焊/割炬。随着气体的使用，低压室内的气体减少，压力降低，则气体对弹性薄膜的压力减小，传动杆对活门的作用力增加，使活门与活门座之间的缝隙增大，高压室内的气体便流入低压室，从而增大低压室的气体压力。当气焊、气割时所需气体减少时，低压室内的气体压力就要升高，气体对弹性薄膜的压力增大，又由于副弹簧从相反的方向压在活门上，使活门与活门座之间的缝隙减小，从而低压气体的压力稳定在一定数值。焊/割炬停止工作时，由于低压室气压骤然上升，就使减压活门完全关闭，使低压室内的压力不再继续上升。减压器就是这样维持输出气体的工作压力的。

正作用式氧气减压器与反作用式氧气减压器的工作原理基本上相似，所不同的仅仅是在正作用式氧气减压器内，高压气体有顶开减压活门的趋势。

单级式氧气减压器不论是正作用式，还是反作用式，都只能使低压室，也就是输出气体的压力保持基本稳定，而不能保持绝对稳定。

乙炔瓶用的减压器构造及工作原理基本上与氧气瓶用的单级式减压器相似，所

不同的是乙炔减压器与乙炔瓶的连接是用特殊的夹环，并依靠紧固螺钉加以固定的，如图 6-7 所示。

a) 氧气减压器

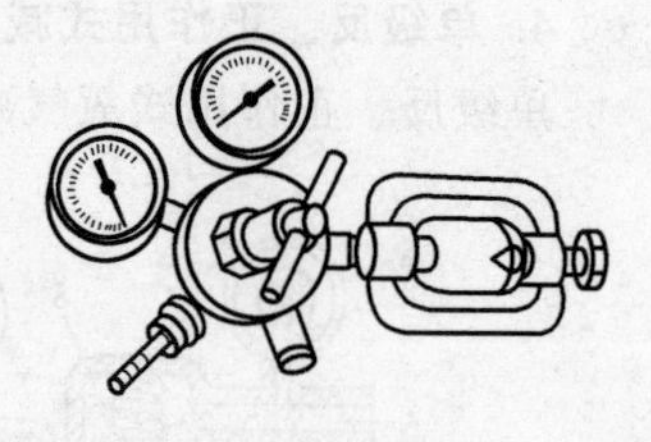

b) 乙炔减压器

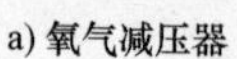

图 6-7　气体减压器

液化石油气用减压器构造及作用原理与一般减压器相同。一般采用丙烷减压器，在无丙烷减压器的情况下，也可采用乙炔减压器代用，但要特别注意，必须使用新的减压器，不可采用使用过的乙炔减压器。

减压器的使用有一定的规则：

安装减压器之前，要稍微打开氧气瓶阀门，吹去污物，以防灰尘和水分带入减压器。氧气瓶阀开启时，出气口不能对着人体。减压器出气口与氧气胶管接头处必须用铜丝、铁丝或夹头紧固，防止送气后胶管脱开伤人。

使用前应先检查减压器的调节螺钉是否松开，只有在松开状态下方可打开氧气瓶阀门。打开氧气瓶阀门时要慢慢开启，不要用力过猛，以防气体冲击损坏减压器及压力表。减压器不得附有油脂，若有油脂，应擦洗干净后再使用。

减压器冻结时，可用热水或蒸气解冻，不许用火烤。冬天使用时，可在适当距离安装红外线灯加热减压器，以防结冰。用于氧气的减压器应涂蓝色，乙炔减压器应涂白色，不得相互换用。减压器停止使用时，必须把调节螺钉旋松，并把减压器内的气体全部放掉，直到低压表的指针指向零值为止。

5. 焊炬的使用

1）应根据工件厚度，选择适当的焊嘴，并将其装好。

2）使用前必须检查其射吸情况，先把氧气胶管紧接在氧气接头上，使焊炬接通氧气，此时先开启乙炔调节阀，再开启氧气调节阀，用手指按在乙炔接头上，检查乙炔接头处是否有一股吸力，如果有吸力则表示焊炬射吸情况正常；相反，若乙炔接头处没有吸力，则表示焊炬射吸情况不正常，这种焊炬不能使用，必须进行检修。

3）焊炬射吸情况检查正常后，把乙炔胶管也紧接在乙炔接头上，一般要求将氧气及乙炔胶管用细铁丝扎紧或用夹头夹紧在进气接头上，同时检查焊炬其他各气体通道是否正常。

4）点火时，应先把氧气调节阀稍微打开，再开启乙炔调节阀，用点火枪或火柴点火，点火不宜用废纱头作为引燃源，以免遗留火种造成火灾。点火后应随即调整火焰的大小和形状，调整后的火焰应具有轮廓明显的焰心以及正常的火焰长度。如果将乙炔调节阀完全开启，但仍不能得到正常的中性焰或出现断火现象时，则应检查焊炬气体通道内是否发生了阻塞和漏气等现象，并进行检修。

5）焊炬停止使用时，应先关闭乙炔调节阀，然后关闭氧气调节阀，这样可以防止发生回火和减少断火时的烟灰。

6）在使用过程中若发生回火现象，应立即关闭乙炔调节阀，随即关闭氧气调节阀，这样回火就在焊炬内很快熄灭。待回火熄灭后，再开启氧气调节阀，吹灭焊炬内的余焰和吹出残留的炭质微粒，并将焊嘴和混合气管放在水中冷却。

7）焊炬的各气体通道，都不得沾染油脂，以防止氧气遇油脂燃烧和爆炸，同时焊嘴的配合面不得碰伤，防止漏气而影响使用。

8）焊炬各气体通道均不得漏气，如果有漏气现象应立即关闭各调节阀，经检查调整不漏气后才能使用。焊炬停止使用后应挂在适当的地方，严禁将带有气源的焊炬存在密封的容器内。

三、基本操作技巧

1. 起焊

起焊时，工件温度较低或接近环境温度，为便于形成熔池，并利于对工件进行预热，焊嘴倾角应大一些，同时在起焊处应使火焰往复移动，保证在焊接处加热均匀。如果两工件的厚度不相等，火焰应稍微偏向厚件，以使焊缝两侧温度基本相同，熔化一致且熔池刚好在焊缝处。当起点处形成白亮而清晰的熔池时，即可填入焊丝，并向前移动焊炬进行正常焊接。在施焊过程中应正确掌握火焰的喷射方向，使得焊缝两侧的温度始终保持一致，以免熔池不在焊缝正中而偏向温度较高的一侧，凝固后使焊缝成形歪斜。焊接火焰内层焰心的尖端要距离熔池表面3~5mm，始终保持熔池的大小、形状不变。

通常，对接接头平焊时，从接头一端30mm处起焊，目的是使焊缝处于板内，传热面积大，当母材金属熔化时，周围温度已升高，从而在冷凝时不易出现裂纹。管子焊接时起焊点应在两定位焊点中间。

2. 焊嘴和焊丝的运动技巧

为了控制熔池的热量，获得高质量的焊缝，焊嘴和焊丝应做均匀协调的摆动。焊嘴和焊丝的运动包括以下三种：

1）沿焊缝的纵向移动，不断地熔化工件和焊丝形成熔池。

2）焊嘴沿焊缝做横向摆动，充分加热工件，使液体金属搅拌均匀，得到致密性好的焊缝。在一般情况下，板厚增加，横向摆动幅度应增大。

3）焊丝在垂直焊缝的方向送进，并做上下移动，调节熔池的热量和焊丝的填充量。

同样，焊接过程中，焊嘴在沿焊缝纵向、横向运动时，还要上下运动，以调节熔池的温度。焊丝除前进、上下运动外，当使用熔剂时也要横向摆动，以搅拌熔池。

焊嘴和焊丝的摆动方式及幅度与工件厚度、材质、焊缝的空间位置和焊缝尺寸等因素有关，焊嘴与焊丝的常见摆动方式如图 6-8 所示。其中，图 6-8a、b、c 所示的方式适用于各种材料的较厚、大工件的焊接和堆焊；图 6-8d 所示的方式用于各种薄板的焊接；图 6-8e 所示的方式用于右焊法焊接厚度大于 3mm 而不开坡口的工件，也用于左焊法焊接厚度较大且开坡口的工件；图 6-8f 所示的方式多用于焊接填角焊缝；图 6-8g 所示的方式用于右焊法焊接厚度大于 5mm 且开坡口的工件，此时焊炬几乎不做横向摆动，而只沿直线均匀移动，但是焊丝做圆弧形的摆动。

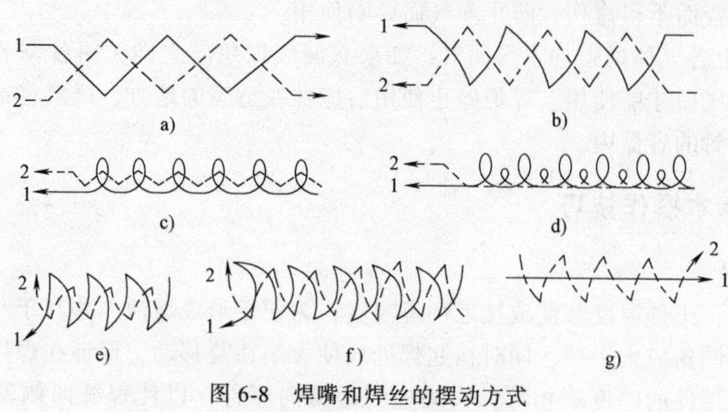

图 6-8　焊嘴和焊丝的摆动方式

1—焊嘴的摆动方式　2—焊丝的摆动方式

气焊填丝时，焊工不仅应密切注意熔池的形成情况，而且要将焊丝末端置于外层火焰下进行预热。当焊丝熔滴送入熔池后，要立即将焊丝抬起，让火焰向前移动，形成新的熔池，然后继续向熔池送入焊丝，如此循环形成焊缝。

为了获得优质的焊接接头，应使熔池的形状和大小始终保持一致。如果所需火焰能率较大，由于焊接温度高、熔化速度快，这时应使焊丝保持在焰心的前端，使熔化的焊丝熔滴连续加入熔池；如果所需火焰能率较小，由于熔化速度慢，则填入焊丝的速度也要相应减慢。当使用焊剂焊接时，还应用焊丝搅拌熔池，使熔池中的氧化物和非金属夹杂物浮到熔池表面。当焊接间隙较大或薄壁工件时，应将火焰焰心直接对着焊丝，利用焊丝挡住部分热量，同时焊嘴上下运动，以防止焊缝边缘或熔池前面过早地熔化。

3. 接头与收尾操作技巧

（1）接头　接头时，应用火焰把原熔池重新加热至熔化，形成新的熔池后再填入焊丝重新开始焊接，要注意焊丝熔滴应与熔化的原焊缝金属充分熔合。接头时要与前焊缝重叠 5~10mm，在重叠处要注意少加或不加焊丝，以保证焊缝的高度适合和接头处焊缝与原焊缝的圆滑过渡。

（2）收尾　收尾时，由于工件温度较高，散热条件差，因此应减小焊嘴的倾角和加快焊接速度，并应多加一些焊丝，以防止熔池面积扩大，避免烧穿。收尾时应注意使火焰抬高并慢慢离开熔池，直至熔池填满后，火焰才能离开。总之，气焊收尾时要遵循焊嘴倾角小、焊速提高、填丝快、熔池填满的要领。

实际上，气焊过程中的焊炬倾斜角度为30°~50°，而收尾阶段，焊嘴的倾斜角度为20°~30°，如图6-9所示。

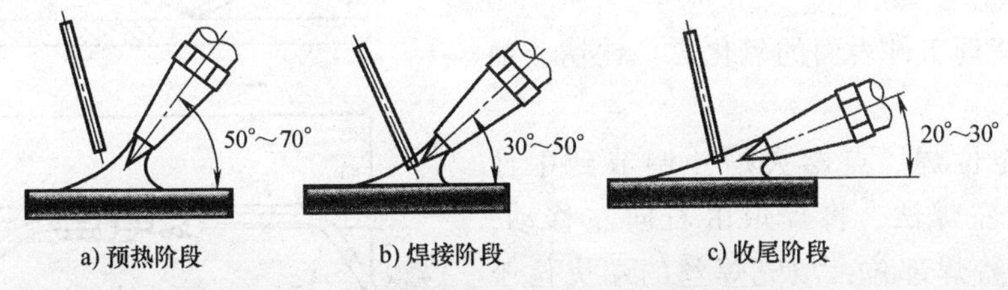

图6-9 焊炬倾斜角度在焊接过程中的变化

4. 左焊法和右焊法

气焊时焊炬和焊丝都是从左端向右端移动，或者从右端向左端移动，前者称为右焊法，而后者称为左焊法。这两种方法对于焊接生产率及焊缝的质量影响很大。

右焊法时（见图6-10a），焊炬火焰指向焊缝，焊接过程中是由左向右，并且焊炬是在焊丝前面移动的。由于焊炬火焰指向焊缝，因此火焰可以遮盖整个熔池，使熔池和周围的空气隔离，能防止焊缝金属的氧化和减少产生气孔的可能性，同时可使已焊好的焊缝缓慢地冷却，改善了焊缝组织，而且火焰热量较为集中，火焰能率的利用率也较高，使熔深增加、生产率提高。

右焊法的缺点主要是不易掌握，适用于焊接较厚的工件。

左焊法时（见图6-10b），焊炬火焰背着焊缝而指向工件未焊部分，焊接过程是由右向左，并且焊炬是跟着焊丝后面运走的。焊接时，焊工能够很清楚地看到熔池的上部凝固边缘，并可获得高度和宽度较均匀的焊缝。由于焊炬火焰指向工件未焊部分，对金属有着预热作用，因此焊接薄板时生产率较高。

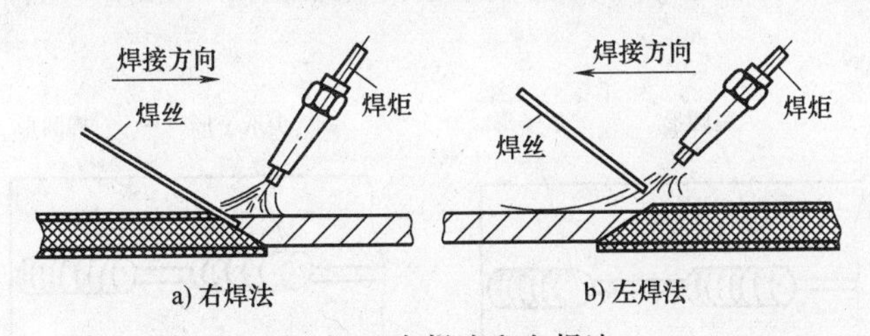

图6-10 右焊法和左焊法

实践 薄钢板对接平敷气焊

1. 操作准备

准备好手套、护具、工件、焊丝、气罐等。

2. 任务分析

平敷焊主要是练习焊道的起头和收尾。薄钢板气焊时，容易出现焊接变形，应采取合理的焊接顺序，防止热量过于集中。在平焊时一般采用左焊法与中性焰进行焊接，焊丝与焊炬对于工件的相对位置如图 6-11 所示。

3. 操作步骤

1）清理工件表面的氧化皮、铁锈、油污等杂物。

2）定位焊。点燃火焰并调节到中性焰，采用左焊法，将焊炬由右向左移动，火焰指向待焊部位，填充焊丝的端头位于火焰的前下方，距焰心 3mm 左右。

3）焊接操作。常见焊接操作如图 6-12 所示。

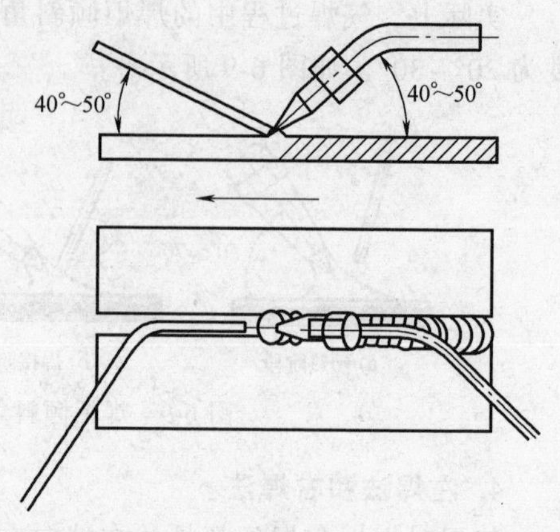

图 6-11　焊丝与焊炬对于工件的相对位置

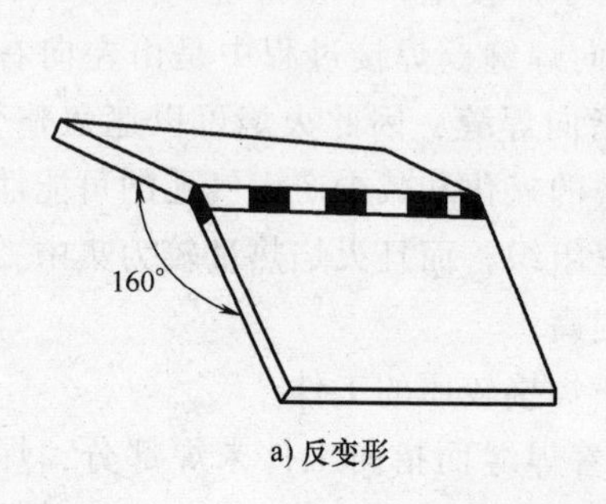

a) 反变形

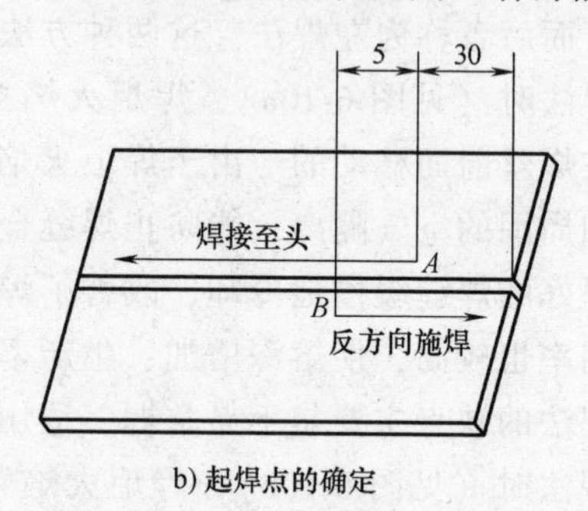

b) 起焊点的确定

图 6-12　常见焊接操作

4）焊接收尾。操作过程中焊炬倾角的变化如图 6-9 所示。几种熔池的形状如图 6-13 所示。

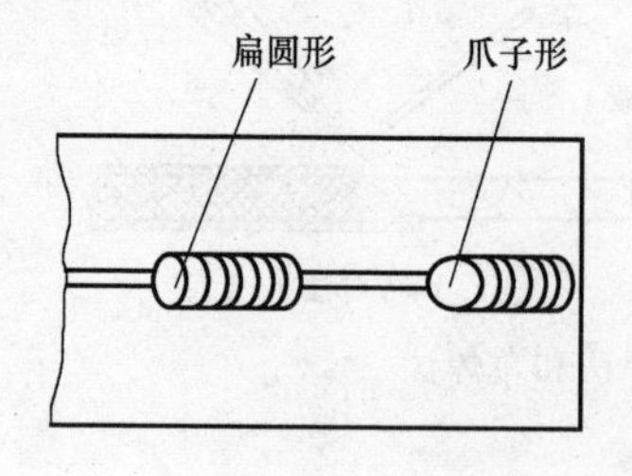

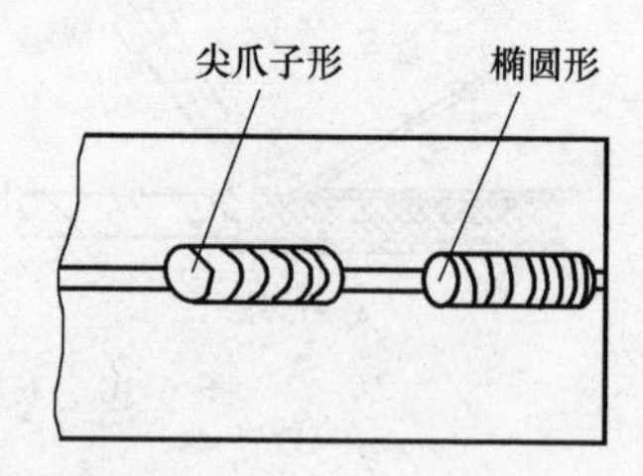

图 6-13　几种熔池的形状

4. 操作注意事项

焊接过程中，如果中途停顿后继续施焊，应用火焰把最后冷却的焊点重新加热熔化形成新的熔池后再加焊丝。接头应重叠 5~10mm，重叠焊道可不加焊丝或少加焊丝，以保证焊缝高度。

任务二 管对接气焊

一、水平转动管的气焊操作技巧

由于管子可以自由转动，因此焊缝熔池始终可以控制在方便的位置上焊接。

当管子壁厚小于 2mm 时，最好处于水平位置焊接。对于管壁较厚和开有坡口的管子，则应采用爬坡焊，而不应处于水平位置焊接。由于管壁厚，填充金属多，加热时间长，如果熔池处于水平位置，不易得到较大的熔深，也不利于焊缝的金属堆高，同时会造成焊缝成形不良。

当采用左焊法时，应始终控制在与管子竖直中心线呈 20°~40°的范围内进行焊接，如图 6-14a 所示。这样不但便于加大熔深，还能控制熔池形状，使接头均匀熔透，同时使填充金属熔滴自然流向熔池下部，使焊缝成形快，且有利于控制焊缝的高度。每次焊接结束时，要填满熔池，火焰要慢慢离开熔池，以免出现气孔、凹坑等缺陷。

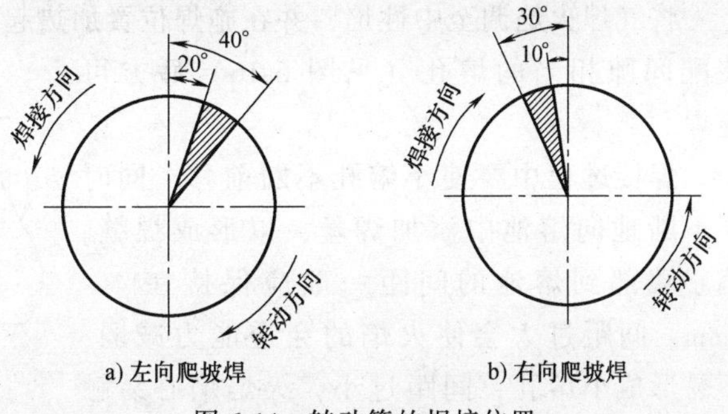

图 6-14 转动管的焊接位置

当采用右焊法时，火焰吹向熔化金属部分，为了防止熔化金属由于火焰吹力而产生焊瘤缺陷，熔池应控制在与管子竖直中心线呈 10°~30°的范围内，如图 6-14b 所示。

焊接直径为 200~300mm 的管子时，为防止变形，应采用对称焊法。

1. 打底层的焊接

为保证焊透，第一层焊缝可采用“非穿孔焊法”或“穿孔焊法”进行焊接。

（1）非穿孔焊法　非穿孔焊法是将气焊火焰在如图 6-15 所示的位置，使焊嘴中心线与钢管焊接处的切线方向呈 45°左右的倾斜角，并加热起焊点。当坡口钝边熔化并形成熔池后，立即向熔池中添加焊丝。

焊接过程中，焊嘴要始终不断地做圆圈形运动，焊丝要一直处于熔池的前沿，但不要挡住火焰，以免产生未焊透的现象，同时要不断地向熔池中添加焊丝。

收尾时，应在钢管环焊缝接头处重新熔化后，使火焰慢慢地离开熔池。

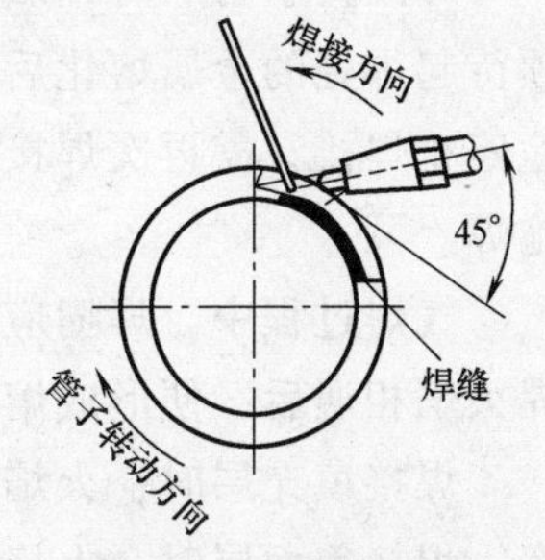

图 6-15 非穿孔焊法

（2）穿孔焊法　穿孔焊法就是在焊接过程中使金属熔池的前端始终保持一个

小熔孔的焊接方法。

首先根据管壁的厚度，按表6-2选择好焊炬的型号、焊嘴号码和焊丝直径。

表6-2 采用穿孔焊法气焊钢管的焊接参数

管壁厚度/mm	焊丝直径/mm	焊炬型号	焊嘴号码	焊嘴倾角/(°)
≤3	2~3	H01-6	1~2	50~70
≤6	2.5~3	H01-6	3~4	60~70

将气焊火焰调至中性焰，并在施焊位置加热起焊点，直至在熔池的前沿形成和装配间隙相当的熔孔（见图6-16）后方可施焊。

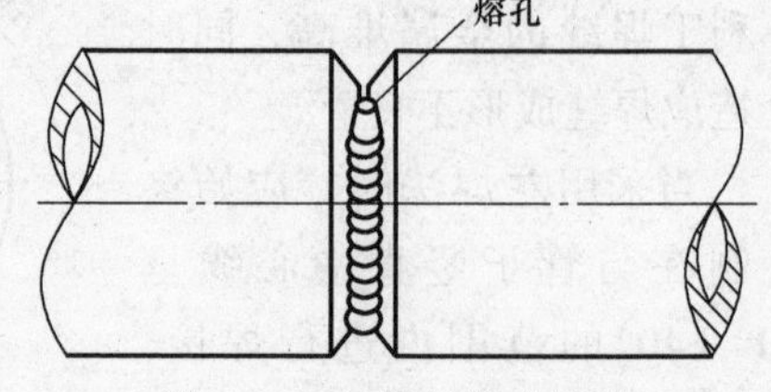

图6-16 起焊处的小熔孔

焊接过程中要使小熔孔不断前移，同时要不断地向熔池中添加焊丝，以形成焊缝。焰心端部到熔池的间距一般应保持在4~5mm。间距过大会使火焰的穿透能力减弱，不易形成小熔孔；间距过小，火焰焰心易触及金属熔池，使焊缝产生夹渣、气孔等缺陷。

在保证焊透的前提下，焊接速度应适当地加快。焊嘴一般要做圆圈形运动，这样一方面可以搅拌熔池金属，有利于杂质和气体的逸出，从而避免夹渣和气孔等缺陷的产生；另一方面也可以调节并保持熔孔直径。

中途停止焊接后，若需要再继续施焊，必须将前一焊缝的熔坑熔透，然后用“穿孔焊法”向前施焊。

收尾时，可稍稍抬起焊炬，用外焰保护熔池，同时不断地添加焊丝，直至收尾处的熔池填满后，方可撤离焊炬。

2. 其余各层的焊接

焊接其余各层时，层与层之间起焊点的间距应保持在20mm以上。起焊时，必须待起焊处的金属熔化后方可向熔池中添加焊丝。每层焊缝要尽量一次焊完。若中途停止焊接，需再次焊接时，应将前一段焊缝的熔坑熔化，形成熔池后，才可向前施焊。

气焊过程中，焊嘴应做适当的横向摆动，而焊丝仅仅做往复跳动。当焊丝与气焊火焰相遇后，便形成熔滴进入熔池。

焊接填充层时，火焰能率可适当加大一些，并多添加一些焊丝，以提高生产率。焊接盖面层时，火焰能率应适当小一些，以使得焊缝表面成形良好。

收尾时，应将终端和始端重叠10mm左右，并使火焰慢慢地离开熔池，以防熔池金属被氧化。

二、竖直固定管的气焊操作技巧

竖直固定管气焊时，管子竖直立放，接头形成横焊缝，其操作技巧与直焊缝的横焊相同，只需要随着环形焊缝的前进而不断地变换位置，以始终保持焊嘴、焊丝和管子的相对位置不变，从而更好地控制焊缝熔池的形状。

1. 左焊法

竖直固定管一般采用不开坡口或单边 V 形坡口等接头形式。左焊法如图 6-17 所示。

为保证焊透，需要进行多层焊，其焊接顺序如图 6-18 所示。

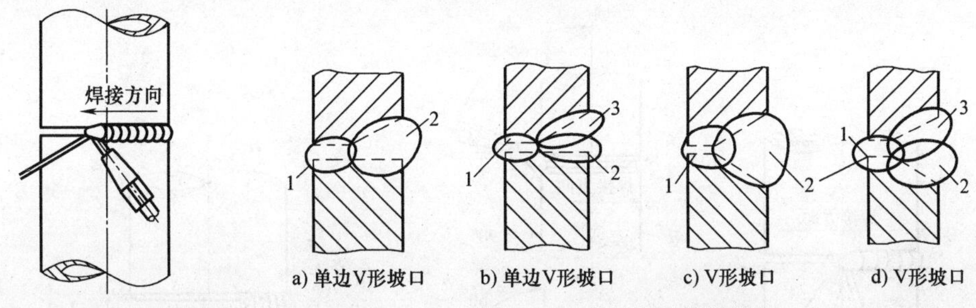

图 6-17　竖直固定管的左焊法

图 6-18　多层焊的焊接顺序

焊接时，应随多层（道）焊缝所处的位置，始终保持如图 6-19 所示的焊嘴中心线与钢管轴向之间的夹角，以保证每层（道）焊缝间的良好熔合，防止焊瘤等缺陷的产生。

当气焊不开坡口的竖直固定管时，火焰能率应比焊水平转动管时小 10%～15%。焊嘴应向上倾斜，并与钢管轴向呈 65°～75°的夹角，同时焊嘴还要保持与钢管切向的夹角为 45°～55°，如图 6-20 所示，以利于火焰的吹力来托住熔池金属，而不使其下淌。

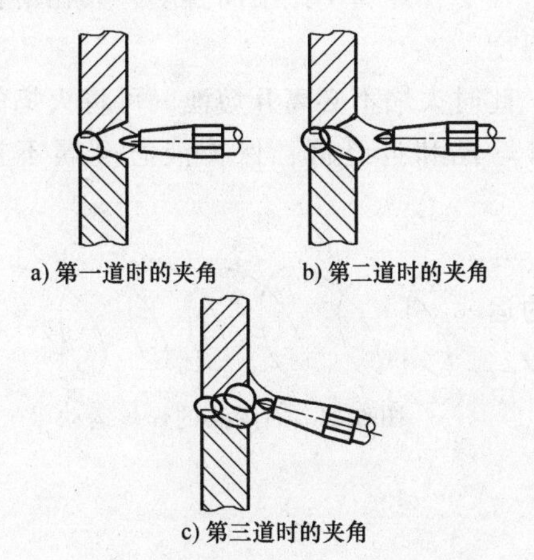

图 6-19　多层多焊道时焊嘴与钢管的相对位置

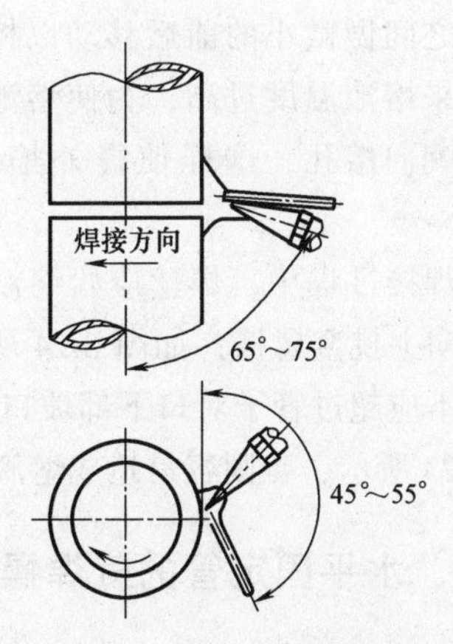

图 6-20　焊嘴、焊丝与钢管的相对位置

2. 右焊法

对于壁厚在 7mm 以下的竖直固定管焊接，操作熟练的焊工可采用右焊法单面焊双面成形一次焊成，但焊接速度不宜过快，必须将焊缝填满，并且具有一定的余高。竖直固定管的右焊法如图 6-21 所示。

采用右焊法时，焊嘴中心线与钢管轴向的夹角一般为 80°左右，与钢管切向的夹角为 60°左右，如图 6-22 所示。

开始焊接时，先将被焊处加热，使钝边熔化，然后将熔池烧穿，形成一个大小等于或稍大于焊丝直径的小熔孔，如图 6-23 所示。这样可以保证管子焊透，得到双面成形焊缝。

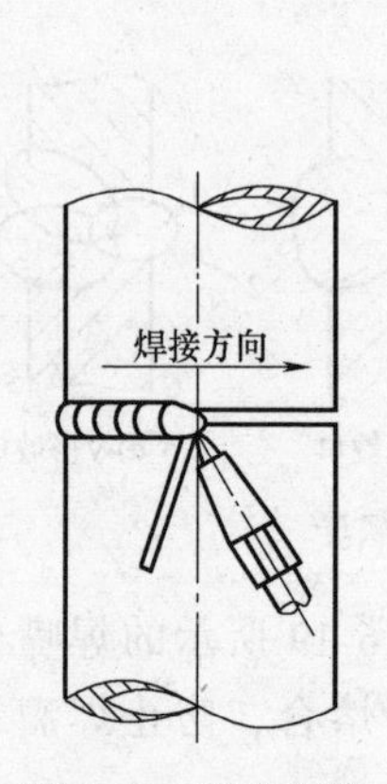

图 6-21　竖直固定管的右焊法

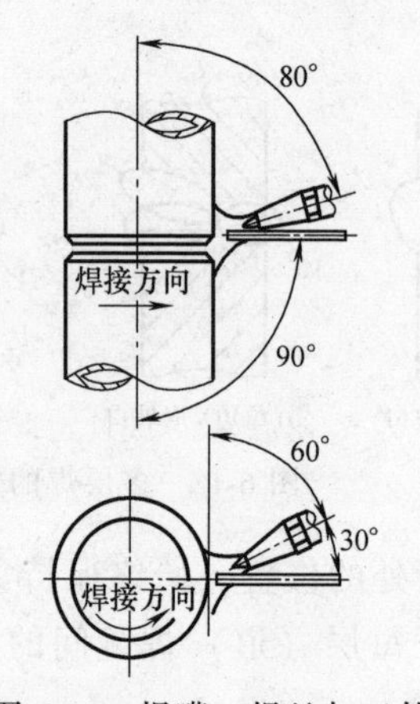

图 6-22　焊嘴、焊丝与工件的相对位置

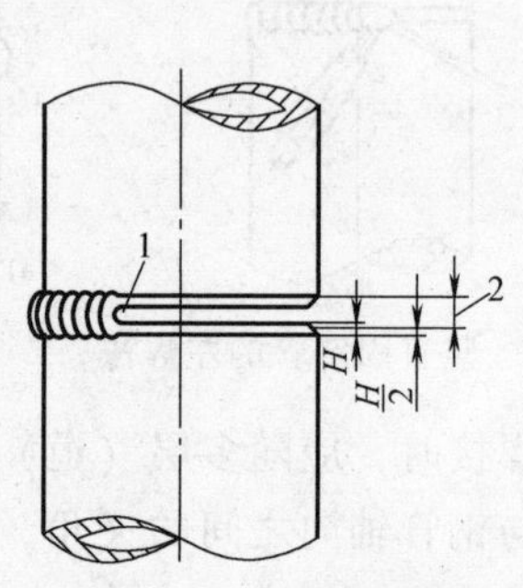

图 6-23　熔孔形状和焊丝的运动范围
1—熔孔　2—焊丝的运动范围

通过对熔孔大小的控制，可以控制熔池的温度。熔池的大小保持在等于或稍大于焊丝直径为宜，这样熔孔一直保持到焊接结束，最后填满。

当熔孔形成后，即可添加焊丝。在焊接过程中，焊嘴不做横向摆动，只在熔孔和熔池之间做微小的前后移动以控制熔池的温度。

如果熔池温度过高，为使熔池得到冷却，此时火焰不必离开熔池，可将火焰的高温区朝向熔孔，这样使得外焰仍然笼罩着熔池和近缝区，保护液态金属不被氧化。

在焊接过程中，焊丝应始终浸在熔池里，并不停地向上挑金属液，如图 6-24 所示。焊丝的运动范围不应超过管子对口下部坡口深度 H 的 1/2，如图 6-23 所示，否则容易造成熔滴下淌。

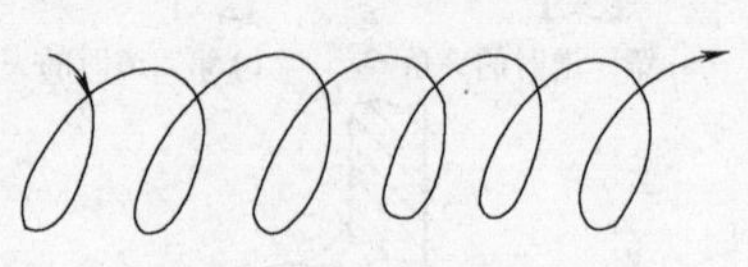

图 6-24　右焊法的焊丝运动

三、水平固定管的气焊操作技巧

水平固定管的气焊比较困难，由于包括所有的焊接位置，因此也称为全位置焊

接，其焊接位置分布如图 6-25 所示。

因为焊缝是环形，所以应随焊缝空间位置的改变，逐渐将焊嘴和焊丝绕着管子旋转，应不断地保持焊嘴和焊丝的夹角，通常保持在 90°。焊丝、焊嘴与工件的夹角一般保持在 45°。实际操作时，需要根据管壁的厚度和熔池形状的变化，适当调整和灵活掌握，以保持不同位置时的熔池形状，既保证焊透，又不至于过烧或烧穿。

水平固定管应分成两个半圈进行焊接，如图 6-26 所示。在定位焊结束后再进行正式焊接。焊接前半圈时，起点和终点都要超过管子的竖直中心线，其超出长度一般为 5~10mm。焊接后半圈时，起点和终占都要和前段焊缝搭接 10~20mm，以防止在起焊点和收尾处产生焊接缺陷。

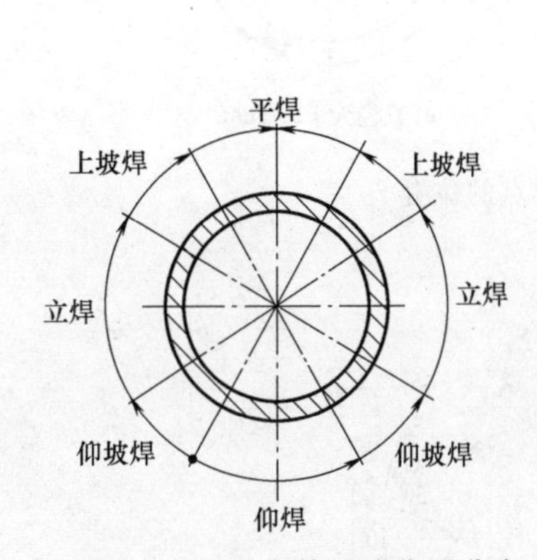

图 6-25　水平固定管焊接位置分布

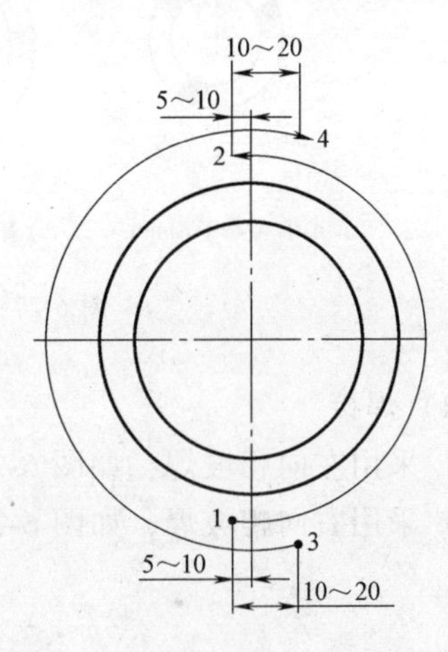

图 6-26　水平固定管的气焊

1、2—前半圈　3、4—后半圈

当焊缝根部要求焊透时，最好采用“穿孔法”进行焊接。

在焊接过程中，为了调整熔池的温度，焊接火焰不要离开熔池，而是利用火焰的温度分布来进行调节。当采用中性焰时，保持火焰的长度，离开焰心 2~4mm，这样的操作既能调节熔池温度，又不会使焊接火焰离开熔池，不让空气侵入熔池，同时又保证了焊缝底部不产生内凹和未焊透，特别是在打底层焊接时更为有利。但这种操作方法由于内焰的最高温度处与焰心的距离通常为 2~4mm，焊嘴的送进距离小，因此难度较大，不易控制。

实践　管对接水平转动气焊

1. 操作准备

准备好两根钢管、气焊设备、工具、辅助用品和防护用品。

2. 任务分析

要考虑环形焊缝的焊接特点，尤其是小直径钢管的焊接。由于钢管可以自由转动，始终可以控制在平焊位置施焊，但管壁较厚和开坡口的钢管不应在水平位置焊接。管壁厚时，填充金属多，加热时间长，若采用平焊，不易得到较大的熔深，同时焊缝表面成形也不美观，故通常采用爬坡位置施焊。

3. 操作步骤

（1）表面清理　清理工件表面的氧化皮、铁锈、油污等杂物。

（2）装配　同前。

（3）定位焊　定位焊和起焊点的位置如图 6-27 所示。

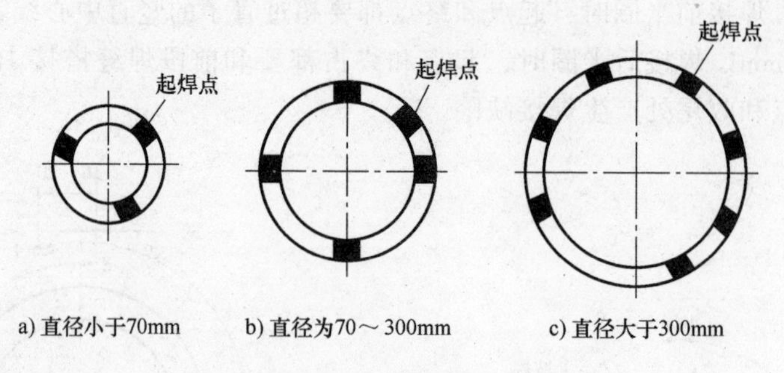

图 6-27　定位焊和起焊点的位置

（4）焊接

1）采用左向爬坡焊，如图 6-28a 所示。

2）采用右向爬坡焊，如图 6-28b 所示。

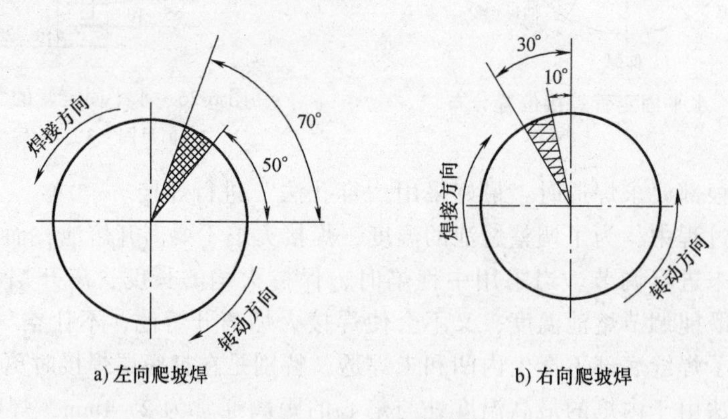

图 6-28　焊接方向

4. 操作注意事项

仰焊时，焊嘴与焊丝要配合得当，焊丝不应添加过多，根据熔池形状的变化，不断地调整气焊火焰对熔池的加热时间，当熔池增大时，应立即将火焰移开，待熔池稍冷后再继续焊接。焊接过程中要严格控制熔池温度，以防焊缝金属过热、过烧或形成焊瘤等缺陷。

任务三 钢板气割

一、气割的过程

气割是由氧气瓶和乙炔瓶中流出的氧气和乙炔，经氧气减压器和乙炔减压器减压至工作压力，然后经氧气管和乙炔管在割炬内汇合成为切割气流，经点火燃烧后，即可对割件进行切割。

气割的实质是利用气体火焰（如氧乙炔焰、氧-液化石油气焰等）将被切割的金属预热到燃点，即达到被切割金属在氧气中能够剧烈燃烧的温度，再向此处喷射高压氧气流，使金属燃烧（剧烈氧化），形成熔渣（氧化物）和放出大量的热，并借助高压氧气的吹力将燃烧产生的熔渣吹掉，所放出的热量又进一步加热下层金属达到燃点，如图 6-29 所示。由此可知，金属的切割过程是金属在纯氧中燃烧的过程，而不是熔化过程。

氧气切割包括下列三个过程：

（1）预热　气割开始时，割炬管路中通入氧气和乙炔气，经点火燃烧后，迅速将被割工件表面预热至该材料的燃烧温度（燃点）。

（2）燃烧　开启切割氧旋钮，向被加热至燃点的金属喷射。

（3）吹渣　金属燃烧生成的氧化物被氧气流吹掉，形成切口，使金属分离，完成切割过程。

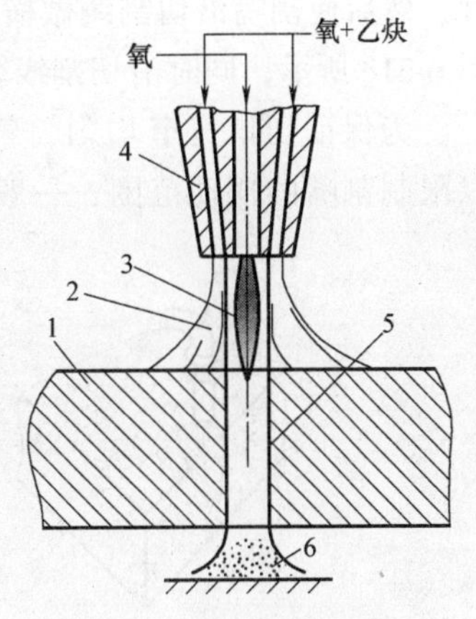

图 6-29　氧气切割示意图

1—工件　2—预热火焰
3—高压氧气流　4—割嘴
5—切口　6—熔渣

二、钢板气割参数选用原则

厚度在 4mm 以下的薄钢板在气割时，应选用较小的预热火焰能率和较快的切割速度。这样不仅可以使钢板变形减少，而且钢板的正面棱角不易被熔化，背面的挂渣易于清除。割嘴应后倾 25°～45°。割嘴与工件表面的距离应保持 10～15mm。

气割 4～20mm 中等厚度的钢板时，随着钢板厚度的增加，预热火焰能率应适当增大，切割速度要相应随之减慢。切割氧气流的长度应超过板厚的 1/3，预热火焰的焰心到工件表面的距离应保持 2～4mm，割嘴应后倾 20°～30°。随着切割钢板厚度的增加，后倾角应逐渐减小。

厚度大于 20mm 的钢板在气割时，应选用切割能力较大的割炬及较大号割嘴，以提高预热火焰能率。为提高切口质量和切割效率，最好选用超声速割嘴。

在气割过程中，不仅要保证氧气和乙炔的充足供应，而且要保持氧气的压力稳定。为确保氧气的供应，通常采用气体汇流排，即将多个氧气瓶并联起来供气。为保证氧气压力稳定，应选用流量较大的氧气减压器。乙炔气应由乙炔瓶供给。

三、气割前的准备工作

气割前，先要调整割嘴和切割线两侧平面的夹角为90°，如图6-30所示，以减少机械加工量。

起割点应选择在棱角处。起割前，先用较大的预热火焰加热工件边缘的棱角处，如图6-31a所示。待工件被加热到燃烧温度时，再慢慢地打开切割氧调节阀，并将割嘴向切割方向倾斜20°~30°，如图6-31b所示。当工件边缘全部被割穿时，即可加大切割氧流，并使割嘴垂直于工件，然后使割嘴沿切割线做横向月牙形摆动，如图6-31c所示，同时沿切割线缓慢向前移动。

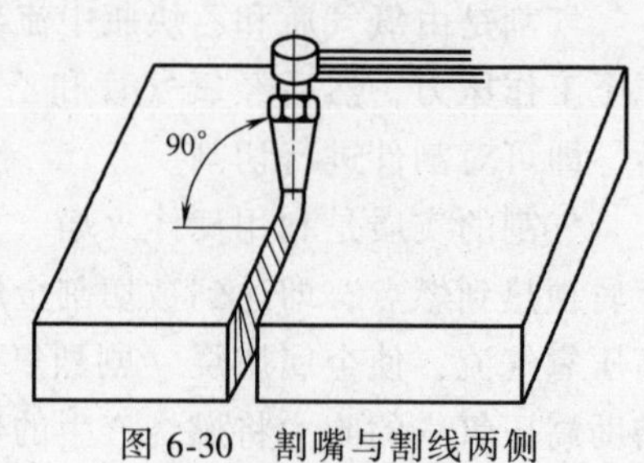

图6-30　割嘴与割线两侧平面的夹角

为保证切口宽窄均匀，气割前可在切割线两侧划好限位线，如图6-31所示，以限制割嘴的摆动范围，一般为10~15mm。

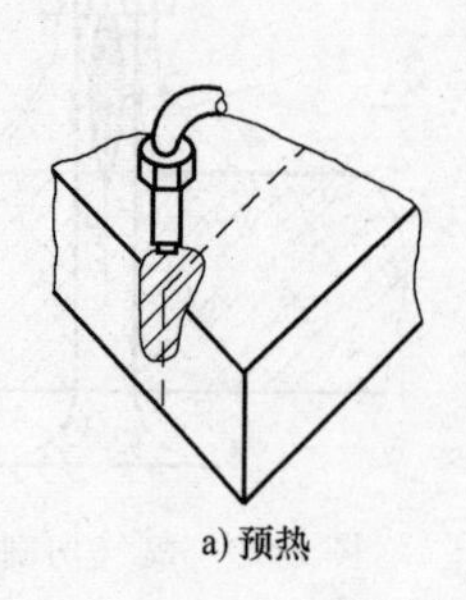
a) 预热

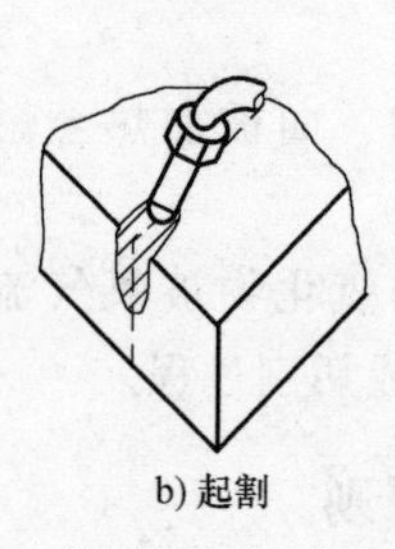
b) 起割

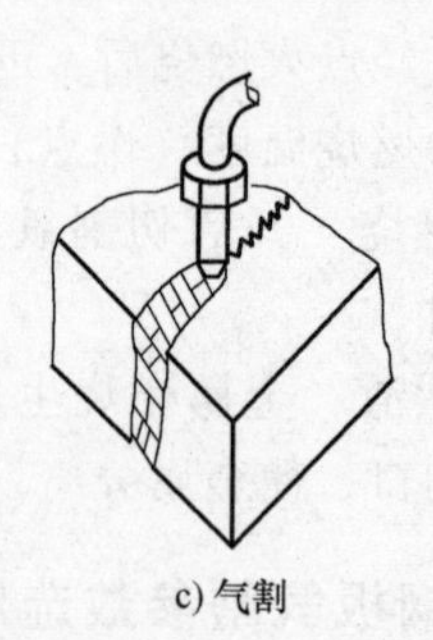
c) 气割

图6-31　厚钢板气割过程示意图

四、气割过程控制

气割过程中，若遇到割不穿的情况时，应立即停止气割，以免发生气体涡流使熔渣在切口中旋转，切割面产生凹坑，如图6-32所示。重新起割时应选择另一端作为起割点。

在整个气割过程中，必须保持切割速度均匀一致，否则将会影响切口的质量，同时应不断调节预热氧调节阀，以保持一定的预热火焰能率。

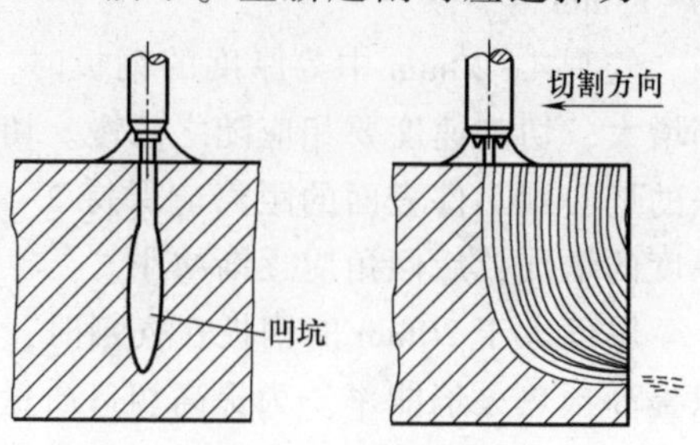

图6-32　凹坑

气割临近结束时，应慢慢地将割嘴向后倾斜20°~30°，并适当地放慢切割速度，以减少后拖量，并使整条切口完全割断。

当进行成叠钢板的气割时，应将每块薄钢板表面的铁锈、氧化皮和油污等彻底清除干净。将清除干净的薄钢板和两块厚度为6~8mm的压板叠成3°~5°的倾斜角，如图6-33所示。成叠后的总厚度一般不应大于120mm。

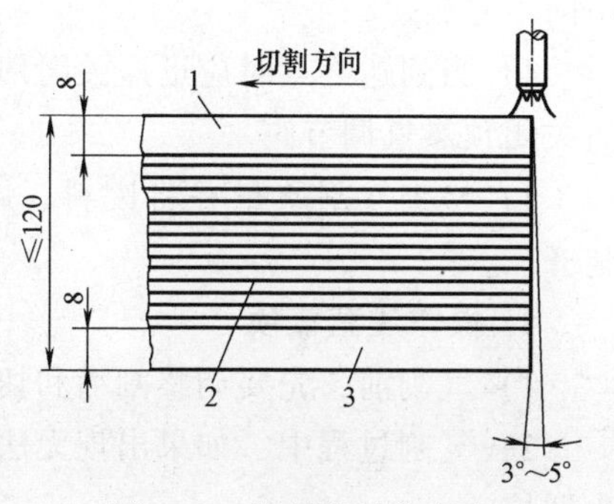

图6-33 钢板的叠合方式

1—上压板 2—薄钢板 3—下压板

用夹具把叠合的钢板夹紧，使钢板之间不能留有间隙，否则将使钢板局部被烧熔。切割速度要比切割同样厚度的钢板慢一些，并且切割氧的压力要相应增加0.1~0.2MPa。

当进行多层钢板的分层气割时，用将重叠的钢板一层一层地分别切割的方法。操作时要采用较大火焰能率的预热火焰，把起割处加热到亮红色，然后将割嘴沿切割方向前倾，如图6-34所示，并开启切割氧调节阀，将第一层钢板割穿。割嘴倾角的大小，应根据熔渣吹出的情况来决定。若气割过程顺利，熔渣未造成堵塞，则倾角可选择得小一些；相反倾角应大些，并且将割嘴做适当的横向摆动，以加速熔渣的排出。

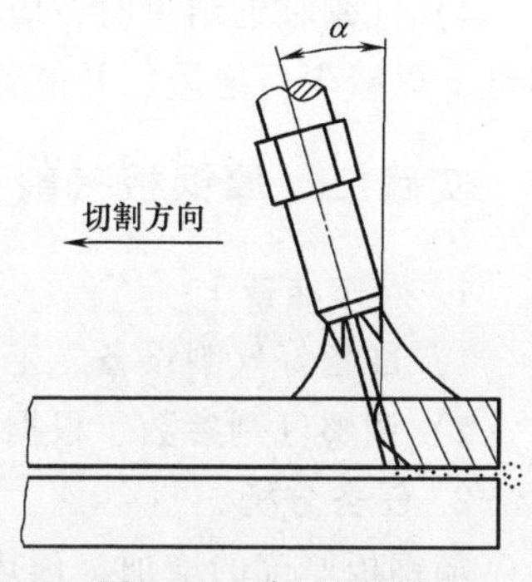

图6-34 分层切割法

将第一层钢板切口处的熔渣清理干净后，再按上述方法依次切割其余各层。切割氧压力和切割速度的调整，应以割穿该层钢板为准。

实践一 薄钢板气割

1. 操作准备

1）准备好气割设备、工具、辅助用品和防护用品。

2）调整气割参数，根据割件厚度、氧气纯度、切割压力选取割嘴型号。

2. 任务分析

薄板应选用较小的预热火焰能率和较快的切割速度。这样不仅可以使钢板变形减小，而且钢板的正面棱角不易被熔化，背面的挂渣易于清除。割嘴应后倾25°~45°。割嘴与工件表面距离应保持10~15mm。

3. 操作步骤

1）准备。将气割工具及气体储存设备安装好，并用钢丝刷将割件表面的铁锈、氧化皮、脏污等仔细清理干净，然后将工件垫空便于切割。

2）熟悉图样，确定气割路线。

3）起割时注意姿势，为保证切口质量，气割过程中割炬移动要快而且均匀，中间不停顿。

4）当到达终点时应迅速关闭切割氧气阀并将割炬抬起再关闭乙炔调节阀，最后关闭预热氧调节阀。

5）检查气割质量并将废料、熔渣清理干净，将设备及工具按规定位置摆放整齐。

4. 操作注意事项

1）气割前，先要调整割嘴和切割线两侧平面的夹角为90°。

2）气割过程中，如果出现无法割穿的情况，应立即停止气割，以免切割面产生凹坑。

3）整个气割过程必须保持切割速度均匀一致。

4）气割临近结束时，应慢慢地将割嘴向后倾斜20°~30°，并适当地放慢切割速度，以减少后拖量，并使整条切口完全割断。

实践二　厚钢板气割

1. 操作准备

1）准备好气割设备、工具、辅助用品和防护用品。

2）调整气割参数，根据割件厚度、氧气纯度、切割压力选取割嘴型号。

2. 任务分析

随钢板厚度的增加，预热火焰能率应适当增大，切割速度要相对减慢，切割氧流的长度应超过板厚的1/3，后倾角也应随板厚的增加而减小。

3. 操作步骤

1）准备。同薄板气割。

2）熟悉图样并划线，确定气割路线。

3）起割时注意姿势，要准确控制割嘴与工件间的垂直度，先打开乙炔调节阀，再打开切割氧气调节阀，利用预热火焰将工件预热到切割温度，逐渐增大切割氧压力，并将割嘴向气割方向倾斜5°~10°。待工件边缘全部割透再加大切割氧气流并使割嘴垂直于工件，开始气割。

4）为保证切口质量，割炬移动要慢而且均匀，割嘴与工件表面要保持一定距离，割嘴要做横向月牙形或“之”字形摆动，如图6-35所示。切割过程尽量不要中断，以防止工件降温。在切割内孔时，要先在孔内待切除的部分，离切割线适当距离割开一较小的通孔。在开孔部位进行预热，然后将割嘴稍向旁边移，并略倾斜，再逐渐加大切割氧气流以吹除熔渣，直至将钢板割穿，再过渡到切割线上进行切割。

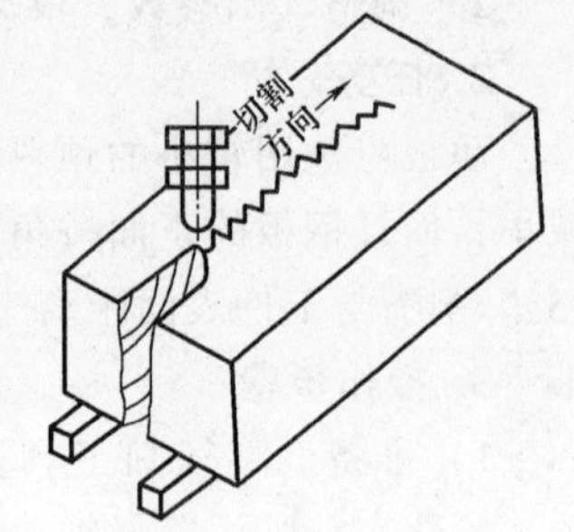

图6-35　割嘴沿工件横向摆动示意图

5）在临近终点时，速度可以放慢些，可以减少后拖量。停割后应迅速关闭切割氧气阀并将割炬抬起再关闭乙炔调节阀，最后关闭预热氧调节阀。

6）仔细清理割件，检查并评定气割质量。

7）清扫并整理工作现场，将工（辅）具摆放整齐。

4. 操作注意事项

1）气割过程中，如果出现无法割穿的情况，应立即停止气割，以免切割面产生凹坑。

2）整个气割过程必须保持切割速度均匀一致。

3）气割临近结束时，应慢慢地将割嘴向后倾斜 20°~30°，并适当地放慢切割速度，以减少后拖量，并使整条切口完全割断。

4）注意氧气瓶的安全使用。

任务四　法兰气割

一、划规的调节

用气割方法割圆时，为提高切口质量，均采用简易划规式割圆器进行切割，如图 6-36 所示。

切割前，应将割圆器定准尺寸，闭一只眼，用另一只眼竖直向下瞄，使圆形切割线处在割炬箍内孔的中心上，对不留加工量的切割一定要对准。先用样冲在圆的中心打个定位眼，定位眼要有足够的深度，否则应重新打深，以避免在切割过程中割圆器的定心锥滑出定位眼。理顺割炬附近的橡胶管，以防止在切割过程中受挂拉而影响切割质量。

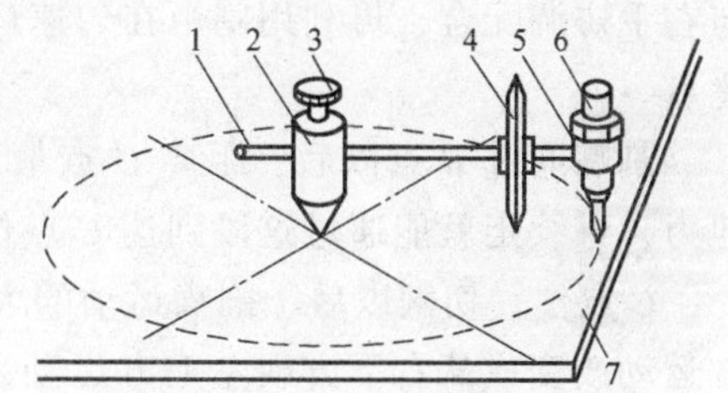

图 6-36　划规式割圆器切割法兰

1—圆规杆　2—定心锥　3—顶丝　4—滚轮　5—割炬箍　6—割嘴　7—工件

将简易划规式割圆器的割炬箍套在割嘴上，然后调节定心锥尖与割嘴切割氧喷射孔中心的距离，使其等于待割圆半径，并拧紧顶丝。摆正割炬，使圆规杆与工件保持水平，在钢板边缘点着火，将钢板边缘割穿后，右手握着燃烧的割炬，左手拿着圆规杆，依靠双手的协调配合，迅速将割嘴套在割炬箍内孔中，当割嘴落到底后，再把割圆器的定心锥尖放到定位眼内，将割嘴沿圆周旋转一周，即可完成切割圆的操作。如果在厚度为 6mm 以下的工件上割圆，可以套好割圆器直接在工件圆形切割线上割孔并开始切割。

二、小圆的气割

如图 6-37 所示，当进行小圆切割时，操作者可以不换位置一次就能完成圆形切割。割嘴从 A 点开始，按顺时针方向切割圆形，割嘴外径与割炬箍内孔之间留 0.2～0.5mm 的间隙，这是为了防止割嘴从割炬箍内脱出，同时也是为了防止割圆器定位锥尖滑出定位眼，可用握着割炬手柄的右手腕微微给割嘴传递一对扭力，即在割嘴垂直方向，上部力的方向指向圆心，下部力的方向指向圆外，以割嘴不脱出为宜；且不可用力过大，否则，割嘴与割炬箍内孔间摩擦力过大，转动不灵活，割嘴运动受阻碍，还会使割圆器定位锥尖从定位眼内滑出来而造成切割故障。

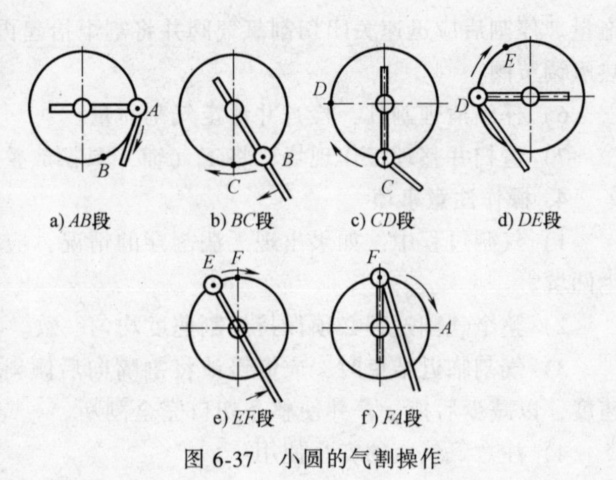

图 6-37　小圆的气割操作

割嘴从 A 点处开始切割后，按顺时针方向朝着 B 点处进行切割运动，这段比较容易切割，只要操持割炬的双手均匀地向左后方向用力，割嘴就会顺利地通过这段。在 B 点前 30～50mm 处，有意识地让左手给割炬一个向左后方向的拉力，并且与右手协调配合，再利用割炬在匀速运动中具有的惯性，就能够使割嘴顺利地通过此点。

割嘴通过 B 点以后，距离 C 点最近，这一段运动也比较容易，不需要附加其他力，继续走就能通过这段到达 C 点位置。

C 点位置切割以后，割嘴运动的大方向发生了改变，由原来的从右上方朝左下方运动改变成从右下方朝左上方运动。从 C 点位置到 D 点位置只要双手按顺时针方向均匀地给割炬以动力，割嘴就能顺利地完成这段切割线到达 D 点位置。

到达 D 点位置以后，割嘴的运动大方向又发生了改变，由原来的从右下方朝左上方运动改变成从左下方朝右上方运动。D 点到 E 点位置之前这段切割，双手按顺时针方向均匀地给割炬以动力，割嘴就能顺利地完成这段切割线。再往前切割，割嘴就要到 E 点位置了，在 E 点前 30～50mm 处，有意识地让左手给割炬一个向右前方的推力，并且与右手协调配合，再利用割炬在匀速运动中具有的惯性，就能够使割嘴顺利地通过此点。

割嘴通过点 E 以后，继续走就能通过这段到达 F 点位置。

F 点位置切割以后，割嘴运动的大方向又发生了改变，由原来的从左下方朝右上方运动改变成从左上方朝右下方运动，只要双手按顺时针方向均匀地给割炬以动力，割嘴就能顺利地完成最后一段切割线到达 A 点位置，从而完成整个圆形切割线的全部切割过程。

操作中要把割炬端平，割炬箍上平面在切割的全过程中都要平行于工件平面，以保证切割氧气流垂直于工件平面，保证工件的垂直度，对于厚板料尤其要注意，否则将影响切割尺寸。

三、大圆的气割

当进行大圆切割时，操作者不换位置不能一次完成，应根据圆半径的大小来确定需要多少次去完成，在不影响切割质量的情况下，每次的切割长度要尽可能大。如果大圆的半径很大，在换位置时，应特别注意尽可能使每一次的切割范围都要避开卡死（即共线）的位置。如图 6-38 所示，割嘴从 *A* 点开始，按顺时针方向切割圆形切割线，其操作方法与能一次完成的小圆切割法相同。

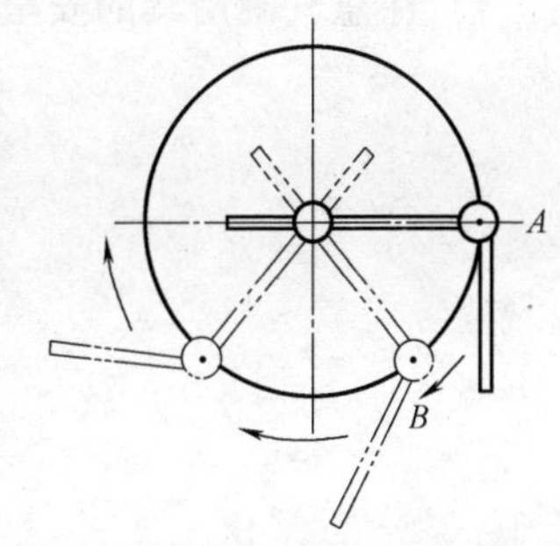

图 6-38　大圆气割

在实际切割中，可根据现场的实际情况及操作习惯选择切割方向，即也可以选择逆时针方向进行割圆器割圆操作，可以选择圆上的任意一点作为起始点。这些都没有具体的要求，可灵活运用。

实践　法兰气割

1. 操作准备

准备好划规式割圆器、薄板、气割设备、辅助工具等。

2. 任务分析

1）要考虑法兰的外形特征，即思考如何满足法兰的尺寸要求：法兰有外圆直径的要求，还有内部各个小圆的直径要求，小圆与外部边界的大圆之间还有位置（圆心之间距离）的要求。

2）要考虑法兰的工艺特征要求，法兰的边界要求气割后保持光滑，需利用所学知识满足该项技术要求。

3. 操作步骤

1）准备。将气割工具及气体储存设备安装好，并用钢丝刷将工件表面的铁锈、氧化皮和脏物等仔细清理干净，然后将工件垫空便于切割。

2）熟悉图样并划线，确定气割路线。

3）将待割圆的半径在定位杆上对好位置，用螺钉紧固。气割时把割嘴穿在钢套内，把定位杆插在打好的圆心孔内。

4）起割时注意姿势，为保证切口质量，割炬移动要快而且均匀，不能停顿。

5）在临近终点时，割嘴无须沿气割的反方向倾斜一个角，直接垂直于工件。在到达终点时应迅速关闭切割氧气阀并将割炬抬起再关闭乙炔调节阀，最后关闭预热氧调节阀。

6）仔细清理割件，检查并评定气割质量。

7）清扫并整理工作现场，将工（辅）具摆放整齐。

4．操作注意事项

1）气割前一定要将法兰零件清洗干净。

2）注意法兰气割路线绘制工具的使用方法，确保路线绘制公差满足要求。

3）气割姿势和气割速度要注意保持正确，这是保证切口质量的重要环节。

4）注意气割用具的安全使用。

参考文献

[1] 李荣雪. 金属加工与实训：焊工实训［M］. 北京：高等教育出版社，2010.
[2] 张应立，周玉华. 焊工手册［M］. 北京：化学工业出版社，2018.
[3] 许小平，陈长江. 焊接实训指导［M］. 武汉：武汉理工大学出版社，2003.
[4] 杨跃. 典型焊接接头电弧焊实作［M］. 北京：机械工业出版社，2016.
[5] 姚网. 焊工操作实务［M］. 杭州：浙江科学技术出版社，2005.
[6] 人力资源和社会保障部教材办公室. 焊工技能训练［M］. 4版. 北京：中国劳动社会保障出版社，2014.
[7] 金凤柱，陈永. 电焊工操作技巧轻松学［M］. 北京：机械工业出版社，2018.
[8] 代纯军，王季民. 焊工［M］. 北京：中国铁道出版社有限公司，2019.
[9] 张能武. 焊工入门与提高全程图解［M］. 北京：化学工业出版社，2018.
[10] 刘家发. 焊工手册：手工焊接与切割［M］. 3版. 北京：机械工业出版社，2001.
[11] 陈裕川. 埋弧焊［M］. 北京：机械工业出版社，2019.
[12] 机械工业职业技能鉴定指导中心. 中级电焊工技术［M］. 北京：机械工业出版社，1999.
[13] 王滨涛，代景宇，张政兴，等. 新版电焊工入门［M］. 北京：机械工业出版社，2011.
[14] 刘云龙. 焊工：初级［M］. 2版. 北京：机械工业出版社，2014.
[15] 孙国君. 手工钨极氩弧焊速学与提高［M］. 2版. 北京：化学工业出版社，2016.